iPhone 15 Pro/15 Pro Max/15/15 Plus 便利すぎる!テクニック

standards

CONTENTS

ネットの快適技

SECTION 3

写真・音楽・動画

SECTION 4

SECTION 5 仕事効率化

SECTION 6 設定とカスタマイズ

生活お役立ち技 SECTION 7

トラブル解決とメンテナンス SECTION 8

最新iPhoneが
もっと便利に
もっと快適になる
技あり操作と
正しい設定
ベストなアプリが満載!

いつでも手元に用意してSNSやゲーム、動画や音楽を楽しんだり、
時には仕事の道具としても活躍するiPhone。
しかし、本来の先進的でパワフルな実力をを最大限に引き出すには、
iOSの隠れた便利機能や最適な設定、効率的な操作法、
自分の目的に合ったベストなアプリを知ることが大事。
本書では、iPhoneをもっとしっかり活用したいユーザーへ向けて
255のテクニックを公開。日々の使い方を劇的に変える1冊になるはずだ。

SoftBank
9月21日 木曜日
19:45
明日
13:00–14:00
ミーティング
27°
曇り時々晴れ
最高:29° 最低:22°
iOS 17
の新機能も
まとめてわかる

本書の見方・使い方 >>>>

「マスト!」マーク

255のテクニックの中でも多くのユーザーにとって有用な、特にオススメのものをピックアップ。まずは、このマークが付いたテクニックから試してみよう。

「iOS 17」マーク

iOS 17で追加・変更された機能や操作法、また、iOS 17に関わる新たなテクニックにはこのマークを表示。iPhone15 Pro/15 Pro Max/15/15 Plusではじめて搭載された機能にも、便宜的にこのマークを表示している。

LINE CLOVA Note
作者／WORKS MOBILE Japan Corp.
価格／無料

QRコード

QRコードをカメラで読み取れば、App Storeの該当アプリのインストールページへ簡単にアクセスできる。コントロールセンターから「コードスキャナー」を起動して読み取ろう。

Q R コ ー ド の 利 用 方 法

1 コードスキャナーを起動する

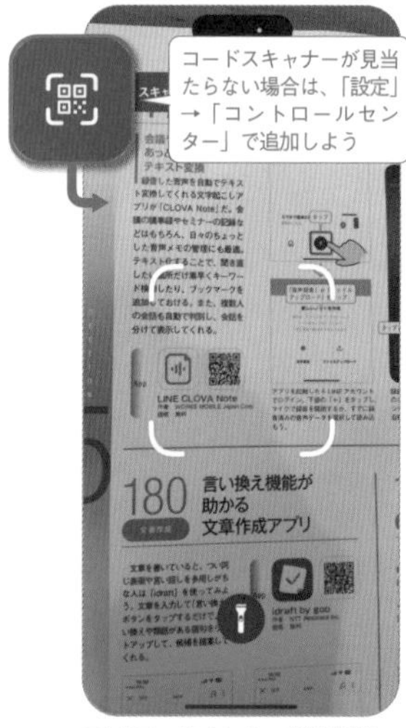

コントロールセンターを引き出し、「コードスキャナー」をタップ。カメラをQRコードへ向ければすぐにスキャンされる。

2 App Storeのページが開く

自動でApp Storeの該当ページが開くので、「入手」か「¥250」などの価格表示部分をタップしてインストールしよう。

カメラアプリでスキャンする

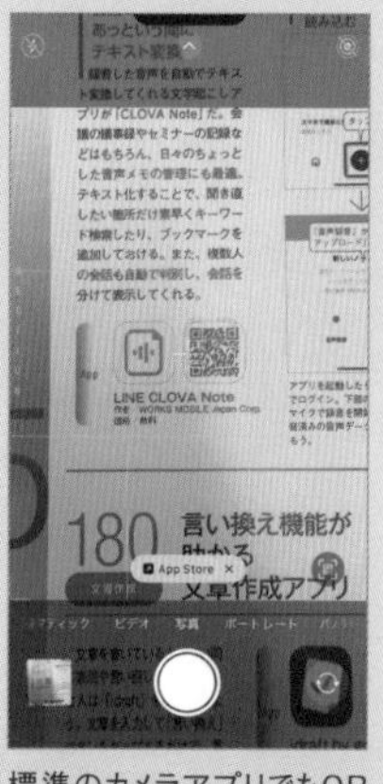

標準のカメラアプリでもQRコードを読み取ることができる。「写真」モードでQRコードへカメラ向けると「App Store」と表示されるので、これをタップ。すぐにApp Storeの該当ページが開く。

掲載アプリINDEX

巻末のP111にはアプリ名から記事を検索できる「アプリINDEX」を掲載。
気になるあのアプリの使い方を知りたい……といった場合に参照しよう。

CAUTION ◉本書掲載の情報は2023年9月現在のものであり、各種機能や操作方法、価格や仕様、WebサイトのURLなどは変更される可能性があります。本書の内容はそれぞれ検証した上で掲載していますが、すべての機種、環境での動作を保証するものではありません。以上の内容をあらかじめご了承の上、すべて自己責任でご利用ください。

SECTION 1

注目新機能と基本の便利技

新型iPhoneやiOS 17の隠れた便利機能を総まとめ。さらに、iPhoneを買ったら最初に必ずチェックしたい設定ポイント、頻繁に使う快適操作法など、すべてのユーザーにおすすめの基本テクニックが満載。

マスト! iOS17

001 アクションボタン 新たに搭載されたアクションボタンの活用法をマスターする

本体側面のボタンに任意の機能を割り当てる

iPhone 15 Proシリーズの本体側面には、従来の「着信/消音スイッチ」に変わって、ユーザーが機能を自由にカスタマイズできる「アクションボタン」が搭載されている。「設定」→「アクションボタン」で「消音モード」や「集中モード」などの機能を割り当てておけば、アクションボタンを長押しすることで機能を実行したりオン/オフできるようになる。何も実行しない「アクションなし」に設定することも可能だ。またショートカットアプリ(No032で解説)で設定したショートカットを割り当てできるので、アクションボタンを押すだけで複雑な操作を自動的に実行させることもできる。

>>> アクションボタンの設定と使い方

1 アクションボタンの機能を割り当てる

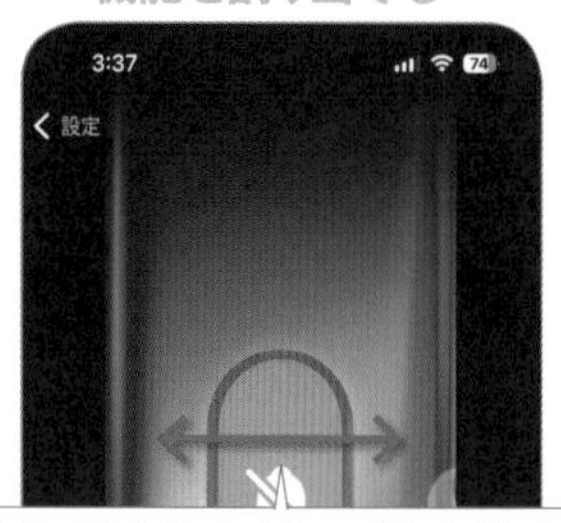
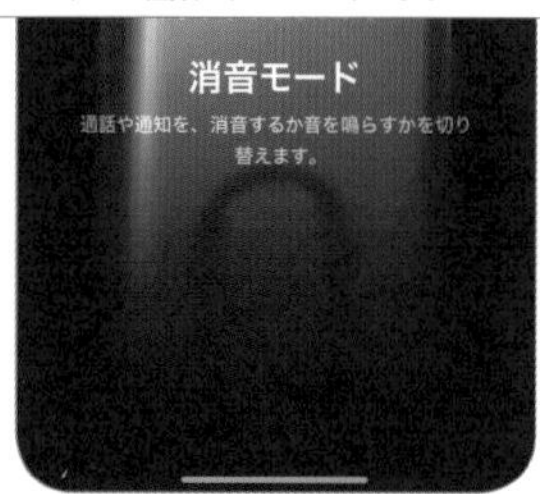

アクションボタンの機能は「設定」→「アクションボタン」で割り当てる。左右にスワイプすると、8種類の機能に変更できるほか、「アクションなし」に設定することもできる。

2 集中モードなどは機能の選択が必要

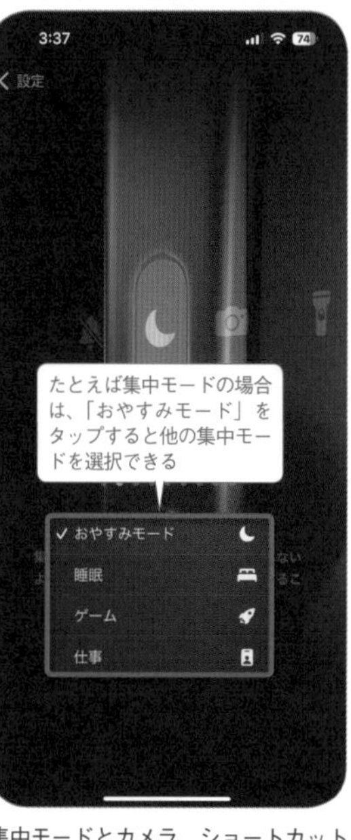

集中モードとカメラ、ショートカット、アクセシビリティを選択した場合は、オプションメニューからアクションボタンで実行する特定の機能を選択する必要がある。

3 アクションボタンで機能を実行する

アクションボタンの設定を済ませたら、あとは本体側面のアクションボタンを長押ししてみよう。設定した機能をオン/オフしたり、素早く実行することができる。

>>> アクションボタンでさらに多彩な操作を実行する

1 ショートカットを選択をタップ

アクションボタンにショートカットを割り当てれば、より自由度の高い設定が可能だ。まず「設定」→「アクションボタン」で「ショートカット」を選択し、「ショートカットを選択」ボタンをタップ。

2 アクションボタンでアプリを起動させる

「アプリを開く」をタップし、開いた画面でアプリを選択しておくと、アクションボタンを長押ししたときに選択したアプリが起動するようになる。

3 マイショートカットを実行する

「マイショートカット」をタップすると、ショートカットアプリに追加済みのショートカットが一覧表示される。タップして選択しておけば、アクションボタンの長押しで実行できる。

4 アプリの特定の機能を実行する

画面を下の方にスクロールすると、特定の機能を実行できるショートカットを備えたアプリが一覧表示される。任意のアプリをタップして機能を選択すれば、アクションボタンでその機能を実行できる。

002 横向きのスタンバイモードでさまざまな情報を表示する

スタンバイモード

充電中で横向きのiPhoneにウィジェットや写真を表示

iPhoneが充電中で、ロックされており本体が横向きになっている時は、画面が「スタンバイ」モードに変わり、ウィジェットと写真、時計の3種類の画面を表示できる。iPhone 15 Proおよび14 Proシリーズに搭載されている常時表示ディスプレイと組み合わせると、スマートディスプレイのような使い方が可能だ。その他のモデルでは、画面をタップした時にスタンバイ画面が表示される。またスタンバイ画面をロングタップすると、ウィジェットの入れ替えやカラーの変更など好みに応じて自由に編集できる。iPhoneを横向きで固定できる、ワイヤレス充電器やスタンドも用意しておこう。

>>> スタンバイモードの準備と使い方

1 スタンバイを有効にする

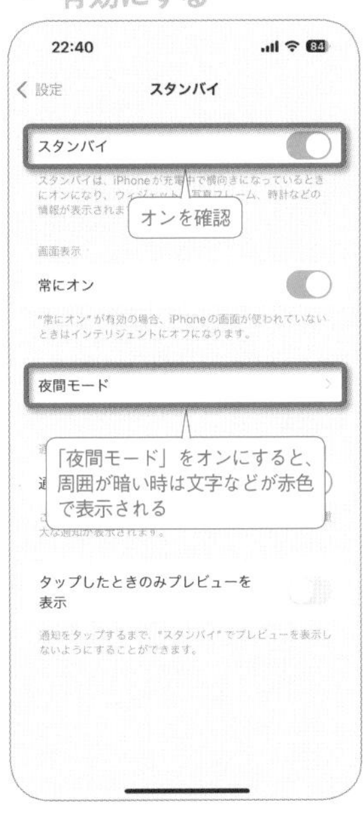

スタンバイモードを有効にするには、「設定」→「スタンバイ」で「スタンバイ」のスイッチをオンにすればよい。あとは充電中およびロック中のiPhoneを横向きに置くと、スタンバイ画面が表示される。

2 充電中のiPhoneを横向きで設置する

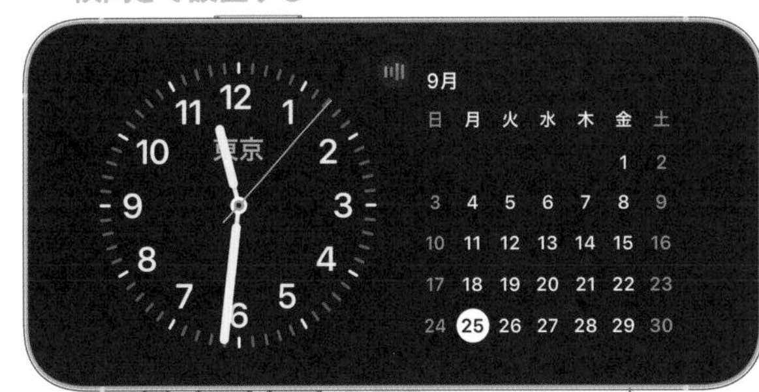

スタンバイモードでは、ウィジェット、写真、時計の3つの画面を左右スワイプで切り替えることが可能だ。上の写真はウィジェットを表示した画面。

Twelve South Forte
実勢価格／6,200円

Apple Storeで購入できるiPhoneスタンド。別売りのApple製「MagSafe充電器」(6,180円)を取り付けて使用する。MagSafeのマグネットで固定する仕組みなので、ケーブルで充電しながら使用することはできない。MagSafeを使わないないサードパーティ製のスタンドで横向きに設置し、ケーブルで充電しなら使ってもよい。

3 ウィジェットを表示する

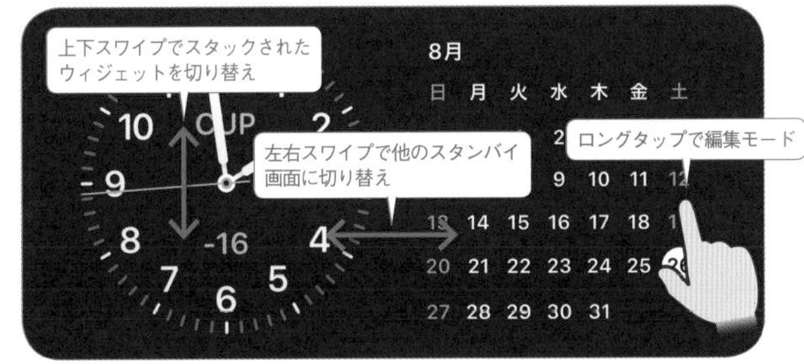

スタンバイのウィジェット画面では、ウィジェットが左右に2つ並んで表示される。それぞれ上下にスワイプするとスタックされたウィジェットを切り替え可能だ。左右にスワイプすると他のスタンバイ画面に切り替わる。

4 ウィジェットを編集する

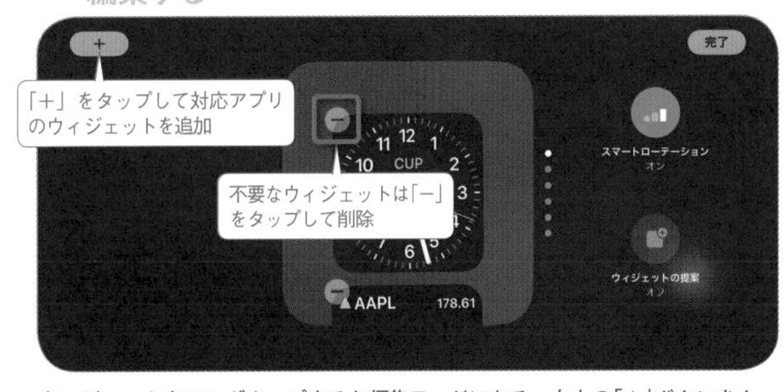

ウィジェットをロングタップすると編集モードになる。左上の「＋」ボタンをタップすると新しいウィジェットを追加できる。ウィジェットの左上にある「－」ボタンをタップすると削除できる。

5 写真を表示、編集する

スタンバイの写真画面では、「おすすめ」「自然」「都市」などの写真がスライドショーで表示される。上下スワイプでジャンルを切り替える。ロングタップで編集モードになり、表示するアルバムの追加などを行える。

6 時計を表示、編集する

スタンバイの時計画面では、上下にスワイプして、「アナログ」「デジタル」「世界」「太陽」「フローティング」の5種類の時計を表示できる。ロングタップで編集モードになり、時計のカラーを変更可能だ。

iOS17

003 連絡先 好きな写真やミー文字で連絡先ポスターを作成する

連絡先の写真や名前のデザインをカスタマイズ

連絡先アプリでは、連絡先ごとに好きな写真やミー文字を使った「ポスター」を作成できる。写真にフィルタや被写界深度エフェクトを適用したり、名前のフォントサイズや色を変更したり、名前を縦書きにすることも可能だ。連絡先アプリの「マイカード」で作成した自分のポスターを開き、「名前と写真の共有」をオンにしておけば、連絡先に登録している相手に自分が作成したポスターが共有され、連絡先の相手に電話やFaceTimeをかけた際は相手の着信画面に自分が作成したポスターが大きく表示されるようになる。

1 連絡先の写真とポスターをタップ

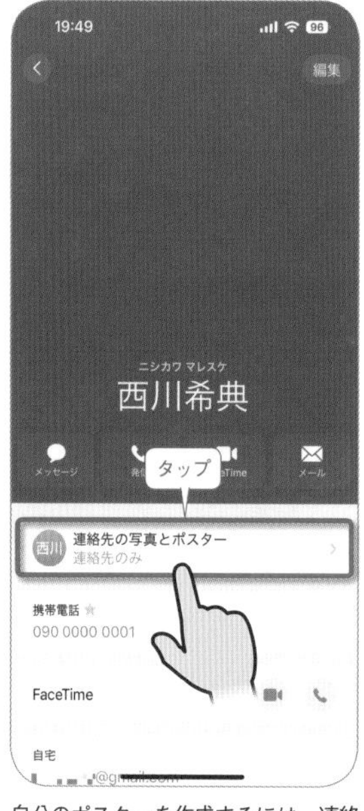

自分のポスターを作成するには、連絡先アプリで「マイカード」を開き、「連絡先の写真とポスター」をタップ。ポスターの作成を促されるので「続ける」をタップしよう。

2 連絡先ポスターを作成する

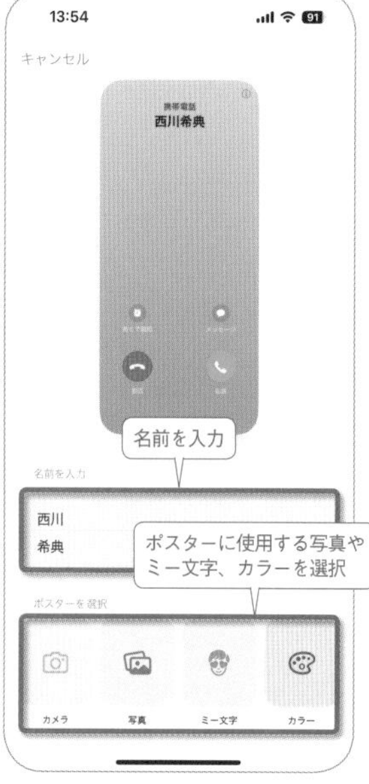

「名前を入力」欄で相手に表示する名前を入力。その下のメニューで、ポスターに使用する写真やミー文字、背景のカラーをを選択する。「カメラ」をタップして撮影することも可能だ。

3 連絡先ポスターをカスタマイズ

写真を選択したらカスタマイズを行おう。名前欄をタップして縦書きにしたりフォントサイズやカラーを変更できる。左右にスワイプでフィルタが適用される。「完了」でポスターが保存される。

マスト! iOS17

004 ウィジェット 直接アプリを操作可能になった新ウィジェット

リマインダーやミュージックのウィジェットを操作

ホーム画面などに配置してアプリの情報を素早く確認できるパネル型ツール「ウィジェット」は、従来だとウィジェットをタップして一度アプリを起動してから操作する必要があったが、iOS 17からウィジェット上で直接操作できるようになった。たとえばリマインダーのウィジェットでタスクを完了したり、ミュージックのウィジェットで曲の再生や一時停止を行える。他にも、ポッドキャストやホームアプリなどがウィジェット上の操作に対応している。ロック画面やスタンバイ画面（No002で解説）でもウィジェットの直接操作が可能だ。

1 リマインダーを完了する

リマインダーのウィジェットでは、「○」マークをタップして直接タスクを完了できるようになった。その他のスペースをタップするとリマインダーが起動する。

2 ミュージックやポッドキャストを操作

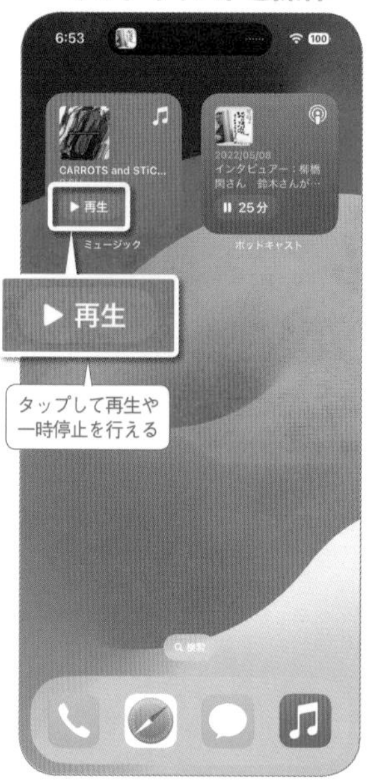

ミュージックやポッドキャストのウィジェットには、再生ボタンが表示される。タップすると曲や番組の再生が開始され、もう一度タップすると一時停止できる。

3 ロック画面などでも操作できる

SECTION 1

iOS17

005 FaceTimeで相手の不在時にメッセージを残す

FaceTime

FaceTimeでも留守番電話機能が利用できる

FaceTimeにはこれまで留守番電話機能がなかったが、iOS 17からは不在時にビデオやオーディオでメッセージを残せるようになった。相手がFaceTime通話に応答しなかったり拒否した際は、「参加できません」という画面でメッセージの収録ボタンが表示される。これをタップしてメッセージを録画または録音し送信ボタンをタップすることで、相手に留守番メッセージを送信することが可能だ。留守番メッセージを受け取った側は、FaceTimeアプリの履歴画面にメッセージが表示されているので、タップして再生したり写真アプリに保存できる。

1 ビデオ収録ボタンをタップする

FaceTime発信時に、相手が応答しなかったり拒否した際はこの画面が表示される。不在時メッセージを収録したい場合は、「ビデオ収録」ボタンをタップしよう。

2 メッセージを録画して送信する

カウントダウン後にビデオメッセージの収録が開始される。メッセージの収録を終えたら、停止ボタンをタップ。続けて送信ボタンをタップすると、相手にメッセージを送信できる。

3 受信したメッセージを再生する

FaceTimeの不在メッセージを受け取った側は、FaceTimeアプリの履歴画面で確認することが可能だ。「ビデオ」をタップすると、受信したビデオメッセージを再生したり保存できる

iOS17

006 FaceTime中にジェスチャーでエフェクトを表示

FaceTime

8種類のアニメーションで会話を彩る

FaceTimeビデオの通話中は、特定のジェスチャーをカメラに向けることで、画面にハートマークや花火など8種類のアニメーションを表示できる。今の気分を華やかなアニメーションで相手に伝えられるので、何のジェスチャーがどのアニメーションに対応しているかを把握しておこう。ジェスチャーの形を作って少し停止することで、アニメーションが表示されるようになっている。なおジェスチャーを使わなくても、FaceTime通話中の自分の画面をロングタップすると、メニューから選択してアニメーションを表示することもできる。

1 ジェスチャーでアニメーションを表示

たとえば両手でサムズアップ（親指を立てるジェスチャー）すると、通話中の画面に花火のアニメーションが表示される。その他のジェスチャーについては、右のPOINTにまとめている。

2 メニューから選んでアニメーションを表示

通話中の自分の画面をロングタップすると、下部にジェスチャーアニメーションのメニューが表示される。これをタップすると、ジェスチャーを使わなくてもアニメーションを表示できる。

POINT

FaceTime通話中に使えるジェスチャー

ジェスチャー	アニメーション
両手でハートマーク	ハートマーク
片手でサムズアップ	サムズアップ
両手でサムズアップ	花火
片手でサムズダウン	サムズダウン
両手でサムズダウン	雨
片手でピースサイン	風船
両手でピースサイン	紙吹雪
両手でロックオンサイン(人差し指と小指を立てる)	レーザー

iOS17

007 写真からオリジナルのステッカーを作成する

ステッカー

メッセージアプリなどで利用できる「ステッカー」は、自分で作成することもできる。お気に入りの写真から、会話を楽しく彩るオリジナルステッカーを作ってみよう。メッセージアプリで作成する方法は下の画面で解説しているが、写真アプリから直接作成することもできる。好きな写真を開いたら、画面内の被写体をロングタップ。被写体が切り抜かれるので、上部に表示されるメニューから「ステッカーに追加」をタップすればよい。

メッセージの入力欄左にある「+」→「ステッカー」をタップし、ステッカー一覧画面を開いて「+」をタップ。ステッカーにしたい写真を選択すると被写体が自動で切り抜かれるので、「ステッカーを追加」をタップしよう

作成したステッカーはステッカー一覧に表示され、メッセージなどで利用できる。なおLive Photosからステッカーを作成すると、動くステッカーになる。またステッカーをロングタップして「エフェクトを追加」をタップすると、ステッカーに白枠を追加したり漫画風に加工できる

iOS17

008 オーディオメッセージを文字にして表示する

メッセージ

メッセージアプリでは、入力欄左の「+」→「オーディオ」をタップし、音声を録音してオーディオメッセージを送信できる。オーディオメッセージを受信した側は、従来だと再生ボタンをタップして音声でメッセージを聴く必要があったが、iOS 17からは音声とともに内容が自動でテキスト化された状態で受信するようになった。これにより、オーディオメッセージを再生しなくても、テキストだけで内容を把握できるようになっている。

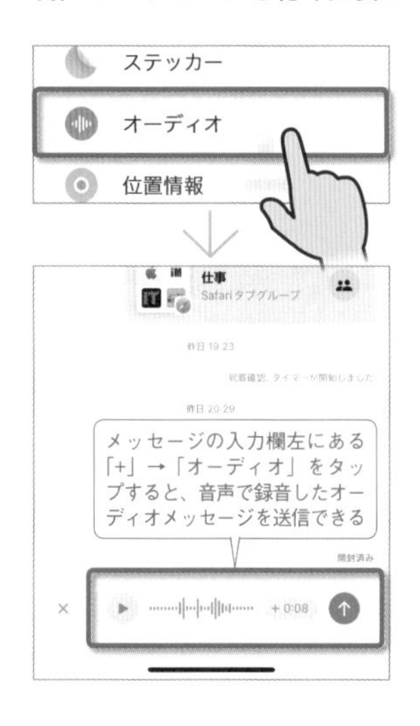

メッセージの入力欄左にある「+」→「オーディオ」をタップすると、音声で録音したオーディオメッセージを送信できる

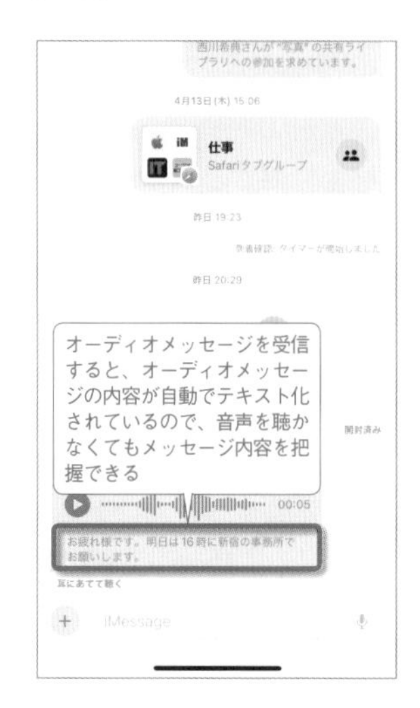

オーディオメッセージを受信すると、オーディオメッセージの内容が自動でテキスト化されているので、音声を聴かなくてもメッセージ内容を把握できる

iOS17

009 メッセージアプリ以外でもステッカーを利用する

ステッカー

iMessage対応アプリから入手したステッカーや、自分で作成したステッカー（No007」で解説）は、絵文字キーボードから呼び出せるので、絵文字キーボードが使える場所ならどこでもステッカーを使うことが可能だ。絵文字キーボードがない場合は、「設定」→「一般」→「キーボード」→「キーボード」から追加しておこう。またマークアップ画面からも呼び出せるので、写真や書類などを開いて好きな場所にステッカーを貼り付けることもできる。

絵文字キーボードに切り替え、「よく使う項目」に配置されているステッカーボタンをタップすると、ステッカー一覧が開き好きなステッカーを貼り付けることができる

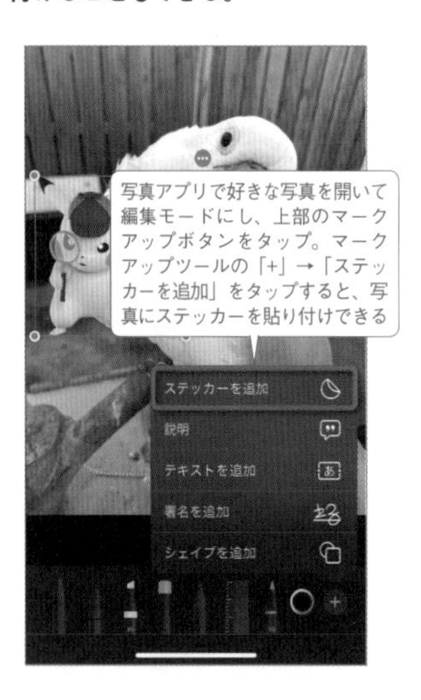

写真アプリで好きな写真を開いて編集モードにし、上部のマークアップボタンをタップ。マークアップツールの「+」→「ステッカーを追加」をタップすると、写真にステッカーを貼り付けできる

iOS17

010 目的地への到着を家族に自動で知らせる

メッセージ

メッセージアプリでは位置情報を元に、自分が自宅や目的地に無事到着したことを家族や友人に自動で知らせる「到着確認」機能を利用できる。予定通り到着しなかった場合は、時間を延長したり到着確認を終了するようパネルが表示され、これに応答しないと相手に警告が届き、自分の位置情報やバッテリー残量、電波状況が共有される仕組みだ。「設定」→「メッセージ」→「データ」を「制限なし」に設定しておけば、移動経路などの詳細も共有される。

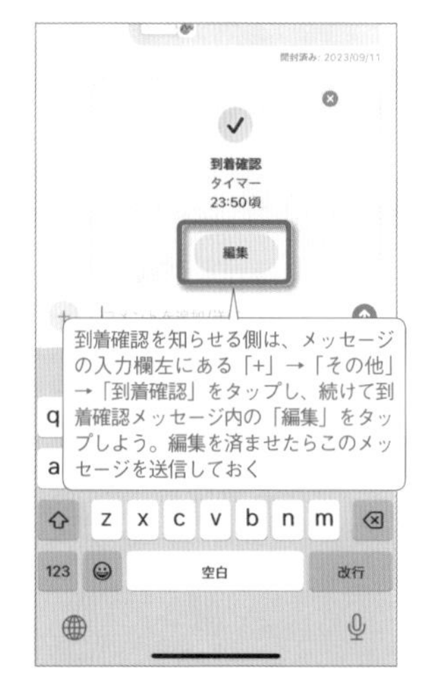

到着確認を知らせる側は、メッセージの入力欄左にある「+」→「その他」→「到着確認」をタップし、続けて到着確認メッセージ内の「編集」をタップしよう。編集を済ませたらこのメッセージを送信しておく

上部タブを「到着時」にして、地図の「変更」ボタンから目的地と移動手段を設定しておくと、目的地に到着した時点で相手に通知が届く。予定通り到着せず、時間延長などの操作も行わなかった場合は、相手に警告が届き、位置情報やバッテリー残量、電波状況が共有される。なお、上部タブの「タイマー終了後」で到着確認を設定すると、位置情報ではなくセットした時間で到着確認を通知する

マスト!

011 ディスプレイの常時表示を設定する

ステッカー

iPhone 15 Proおよび14 Proシリーズは、iPhoneを使っていない状態でも完全に消灯せず、画面を少し暗くして時刻やウィジェット、通知を表示し続ける「常時表示ディスプレイ」が有効になっている。ロック画面に配置したウィジェットをいつでも確認できて利便性が高く、省電力モードで表示するためバッテリー消費も抑えられているが、当然スリープしたほうがバッテリーは節約できる。気になるようなら設定でオフにしよう。

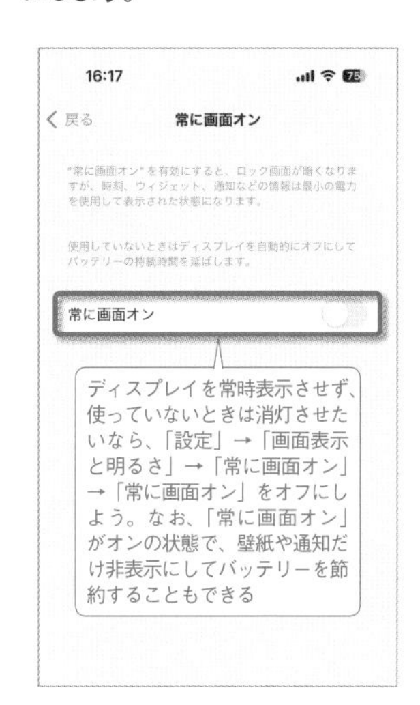

マスト!

012 画面の黄色味が気になる場合の設定法

画面表示

iPhoneのディスプレイには「True Tone」機能が搭載されている。これは周囲の光に合わせてディスプレイのホワイトバランスを自動調節し、自然な色合いを再現してくれる機能だ。しかし、環境によっては画面が黄色っぽい色味になる傾向がある（特に室内だと黄色くなりやすい）。黄色味がどうしても気になるという人は、True Tone機能をオフにしてしまおう。色味の自動調節機能が解除され、画面の黄色味がなくなってすっきりとした色合いになる。

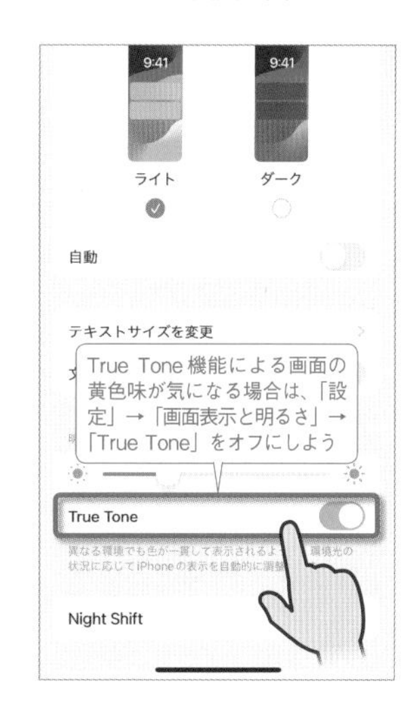

013 ホーム画面のページを隠したり並べ替えたりする

ホーム画面

ホーム画面をページ単位で整理しよう

ホーム画面のアプリが多すぎて目的のアプリを探しづらい場合は、使用頻度の低いアプリを非表示にしておけるが、いちいち個別に操作するのは面倒だ。あまり使わないアプリは特定のページにまとめて配置し、ページ単位で非表示にしておこう。非表示にしたページを再表示する必要がないなら、ページを丸ごと削除してもいい。削除したページに配置していたアプリも、ホーム画面を一番右までスワイプして表示される「Appライブラリ」画面には残っている。また、ホーム画面を左右にフリックした際のページ表示順も、ドラッグして簡単に並べ替えできる。

1 ホーム画面を非表示にする

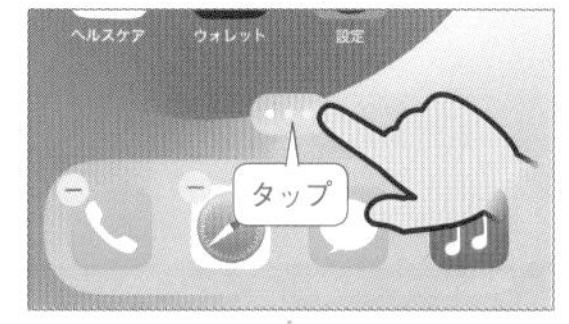

ホーム画面の空いたスペースをロングタップして編集モードにし、画面下部に並ぶドット部分をタップすると、ホーム画面のページ一覧が表示される。チェックを外したページは非表示になる。

2 ホーム画面を削除する

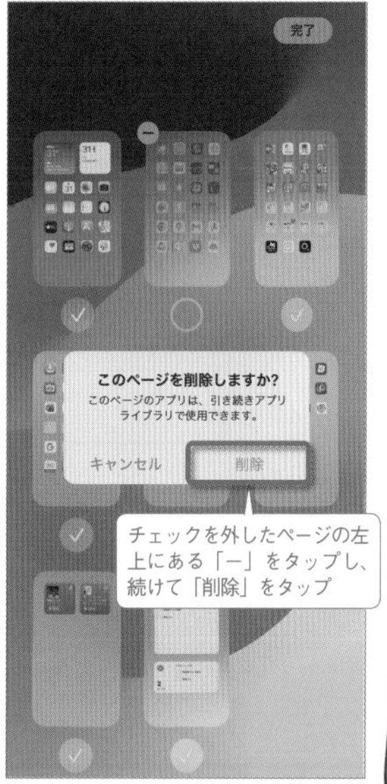

チェックを外したページの左上に表示される「ー」ボタンをタップすると、このページを丸ごと削除できる。削除したページにあるアプリも、ホーム画面を一番右までスワイプして表示される「Appライブラリ」画面には残っている。

3 ホーム画面を並べ替える

014 アプリ間でテキストや写真をドラッグ&ドロップ

ファイル操作

iPhoneでは、写真やファイル、テキストなどを、ドラッグ&ドロップで他のアプリに受け渡すことができる。ただし両手を使う必要があり、操作には少し慣れが必要だ。まず、受け渡したい写真などをロングタップして少し動かし、写真が浮いた状態になったらそのまま指をキープする。次に、他の指でホーム画面に戻り、メールの作成画面などを開く。あとはロングタップしたままの写真を、メールの画面内にドロップすれば、写真を添付できる。

写真などをロングタップし、少し指を動かす。浮いた状態になるので、そのまま指を離さずキープ。別の指で他の写真をタップして、複数選択することも可能だ

別の指でホーム画面に戻って、メールなど他のアプリを起動する。あとはロングタップした写真をメールの作成画面などに移動して指を離せば、メールに写真を添付できる。切り抜いた写真（No131で解説）やテキストを貼り付けたり、連絡先情報を宛先にドロップするといった使い方もできる

015 アプリを素早く切り替える方法を覚えておこう

マスト!

画面操作

ホームボタンがないiPhoneでは、画面最下部を右へスワイプするとひとつ前に使ったアプリを素早く表示することができる。その後、すぐに左へスワイプすると、元のアプリへ戻ることが可能だ。少し前に使ったアプリに切り替えるなら、この方法が早いので覚えておこう。もっと前に使ったアプリに切り替えたければ、画面最下部から中央までスワイプし、画面から指を離さずにいれば、アプリスイッチャーが表示され選択できる。

ホーム画面やアプリ利用中に、画面の下端を右へスワイプ

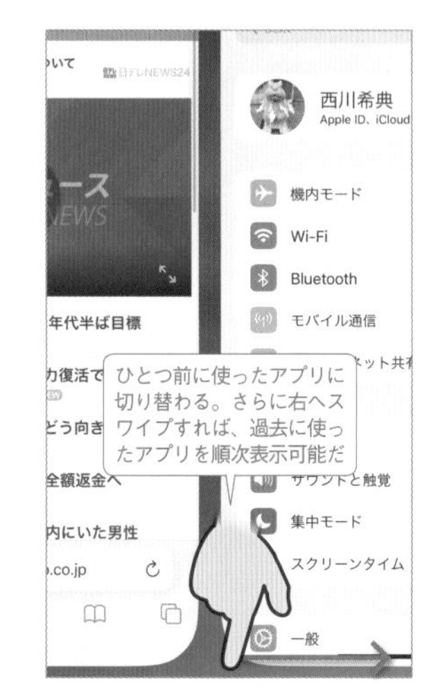
ひとつ前に使ったアプリに切り替わる。さらに右へスワイプすれば、過去に使ったアプリを順次表示可能だ

016 音声付きで画面を動画として録画する

画面収録

ゲーム実況や解説動画の作成に使える

iOSには、画面収録機能が用意されており、各種アプリやゲームなどの映像と音を動画として記録することが可能だ。また、コントロールセンターで「画面収録」ボタンをロングタップすると、マイクのオン／オフを切り替えることができる。マイクをオンにした場合、画面収録中に自分の声などをマイクで同時に録音することが可能。マイクの音はアプリ側の音とミックスされるので、ゲーム実況やアプリの解説動画を作るのにも使える。ただし、FaceTimeやZoomでの通話中は、画面の収録はできるが音声は録音できない仕様になっている。

1 コントロールセンターを設定する

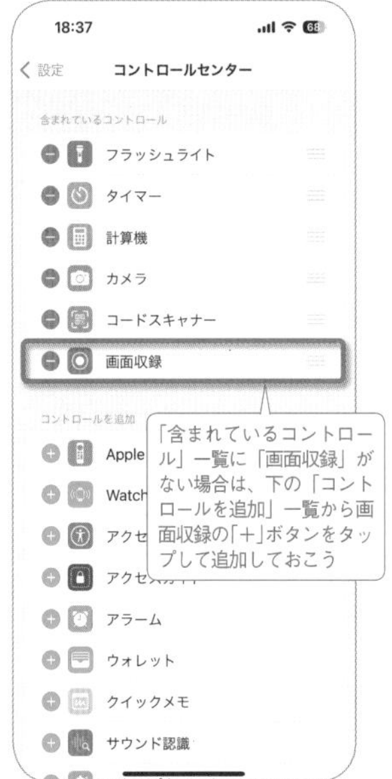
「含まれているコントロール」一覧に「画面収録」がない場合は、下の「コントロールを追加」一覧から画面収録の「+」ボタンをタップして追加しておこう

まずは「設定」→「コントロールセンター」を表示。「含まれているコントロール」に「画面収録」を追加しておこう。

2 画面収録時にマイクで録音する

コントロールセンターで画面収録ボタンをロングタップ

マイクをオンにすると、同時に音声も録音できる

コントロールセンターの画面収録ボタンをロングタップして、「マイク」をオンにすると、画面収録時にiPhoneのマイクで音声も録音できる。

3 画面収録の開始と停止

コントロールセンターの画面収録ボタンを押せば収録開始。収録時は画面上部のDynamic Islandに赤いマークが表示される。ここをタップして停止ボタンをタップすれば、録画を停止できる。初期設定のままであれば、録画した動画は写真アプリで確認することが可能だ。なお、アプリの音が録音されない場合は、消音モードを解除し、目的のアプリを起動して音が鳴っている状態にしてから画面収録しよう

017 着信音と通話音の音量を側面ボタンで調整する

音量調整

本体側面にある音量ボタンは、通常、音楽や動画再生などの音量を調節できる。しかし、着信音と通知音に関しては、初期状態だと音量ボタンでの操作が行えない。これらの音量は、「設定」→「サウンドと触覚」画面にあるスライダーで変更する仕組みだ。音量ボタンで着信音と通知音の音量も変更したい場合は、「設定」→「サウンドと触感」→「ボタンで変更」を有効にしておこう。また、通話音の音量は、通話時に音量ボタンを押せば変更することができる。

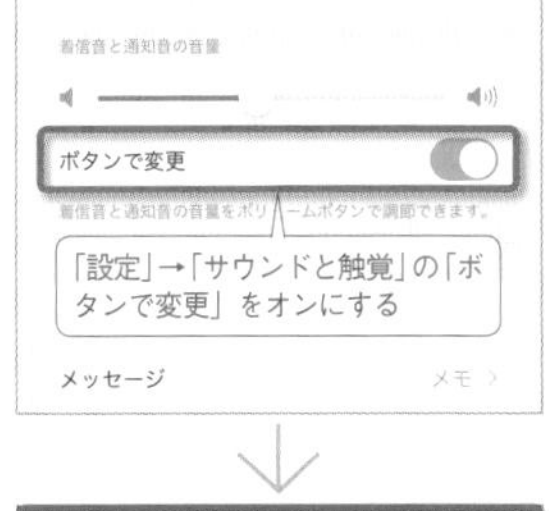

018 夜間は目に優しい画面表示に自動切り替え

画面表示

iPhoneには、暗い場所で画面を見ても目が疲れにくいように、黒をベースとした画面配色にする「ダークモード」や、画面を暖色系の色調に変えてブルーライトを軽減する「Night Shift」機能が用意されている。またダークモードの場合は、対応アプリの画面も黒基調で表示されるため、バッテリー消費が抑えられるメリットもある。どちらもスケジュールに従って自動で切り替えできるので、就寝直前までスマホを使っている人は設定しておこう。

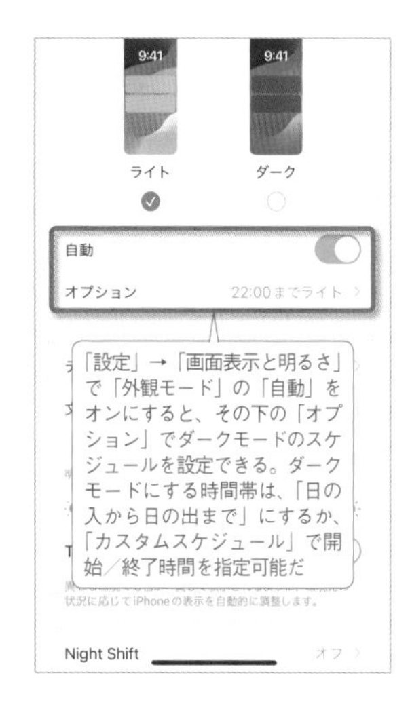

019 Siriの真価を発揮する便利な活用法

Siri

ますます便利になったSiriを使いこなそう

スリープ（電源）ボタンやホームボタンを長押ししたり、「Hey Siri」の呼びかけで起動する「Siri」は、iPhoneの操作をユーザーの代わりに行ってくれる、音声アシスタント機能だ。たとえば、「明日の天気は？」や「母親に電話をかけて」などと話しかけると、Siriが情報を検索したりアプリを実行し、音声だけでさまざまな操作を行える。さらに、ここで紹介するような意外な使い方もできるので、試してみよう。なお、Siriを利用するには、あらかじめ「設定」→「Siriと検索」で機能を有効にしておく必要がある。

日本語を英語に翻訳

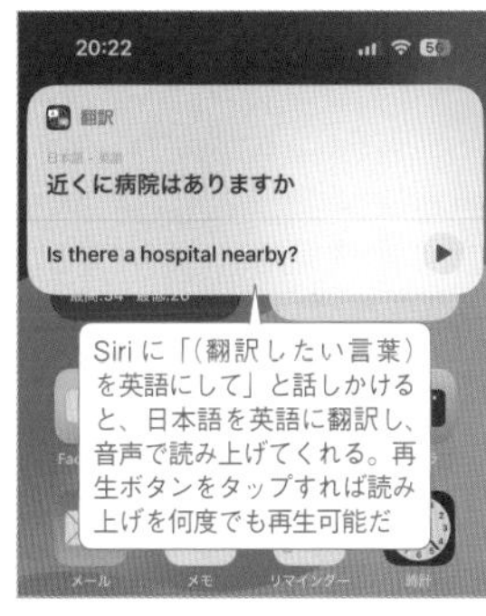

パスワードを調べる

流れている曲名を知る

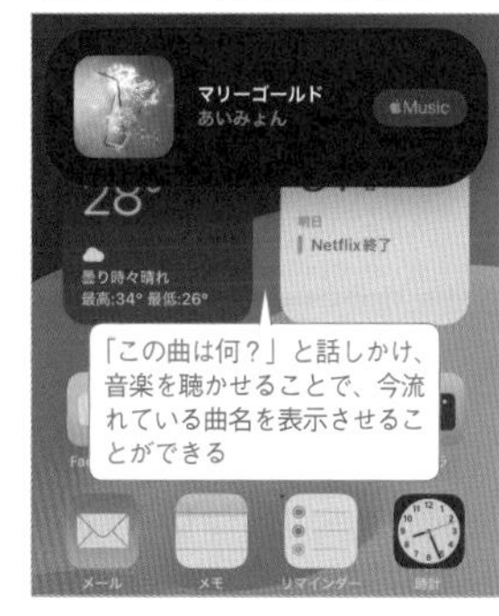

リマインダーを登録

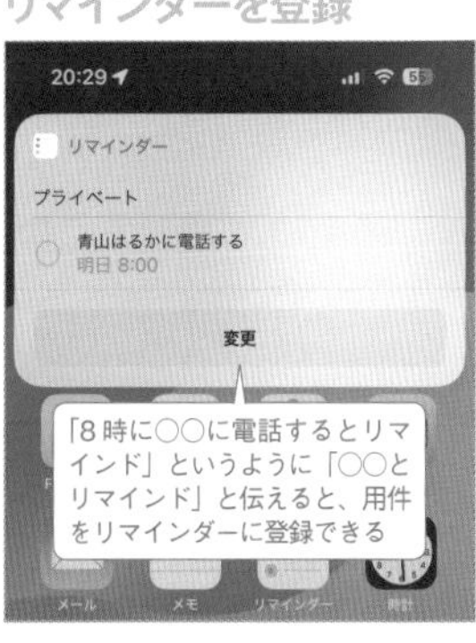

通貨を変換する

アラームをすべて削除

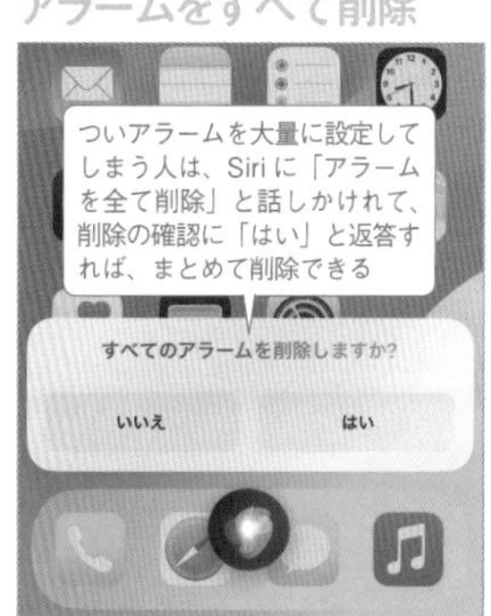

020 Siriへの問いかけや返答を文字で表示

Siri

Siriに頼んだ内容がうまく伝わらず、間違った結果が表示される場合は、「設定」→「Siriと検索」→「Siriの応答」で、「話した内容を常に表示」をオンにしておこう。自分が話した内容がテキストで表示されるようになり、正しい質問に書き直すこともできる。また、「Siriキャプションを常に表示」をオンにすると、Siriが話した内容がテキストで表示されるので、Siriの音声読み上げがオフの状態でもテキストでSiriの返答を確認できる。

「設定」→「Siriと検索」→「Siriの応答」で、「Siriキャプションを常に表示」と「話した内容を常に表示」をオンにしておく

Siriを利用すると、自分がSiriに話した内容やSiriの返答（Siriキャプション）がテキストで表示されるようになる。自分が話したテキストをタップすると質問の内容を修正でき、Siriが新しい質問に対して返答してくれる

021 Siriに頼めば音量をもっと細かく調整できる

マスト!

Siri

音楽や動画の再生中に音量を調整したいとき、側面の音量ボタンを使うと16段階でしか調整できない。アプリに用意された音量スライダを使う場合も、細かく動かして調整するのは難しい。そこで、Siriに「音量を47%にして」や「音量を13%上げて」と頼んでみよう。1%単位の100段階で音量を調整できる。また、「現在の音量は？」と尋ねると最大音量の何%かを教えてくれる。なお、通話中の音量や着信音、アラームの音量はSiriで調整できない。

Siriに「音量を28%にして」などとと伝えると、1%単位で音量を変更できる。「音量を最大(最小)にして」で、素早く最大音量や最小音量に設定することもできる

「現在の音量は？」と尋ねると、現在のメディアの音量が何%かを教えてくれる

022 2本指ドラッグでファイルやメールを選択する

マスト!

ファイル選択

ファイルアプリで複数のファイルを同時に選択したい場合、通常であれば画面右上の「…」をタップしてから「選択」でファイルの選択モードに切り替え、目的のファイルをタップまたはドラッグして選択する。しかし、実は選択モードに入らなくても、2本指でファイルをドラッグしていくだけで複数選択が可能だ。この操作はメールアプリなど他のアプリでも利用できる。複数項目を一気に選択したいときに便利なので使いこなそう。

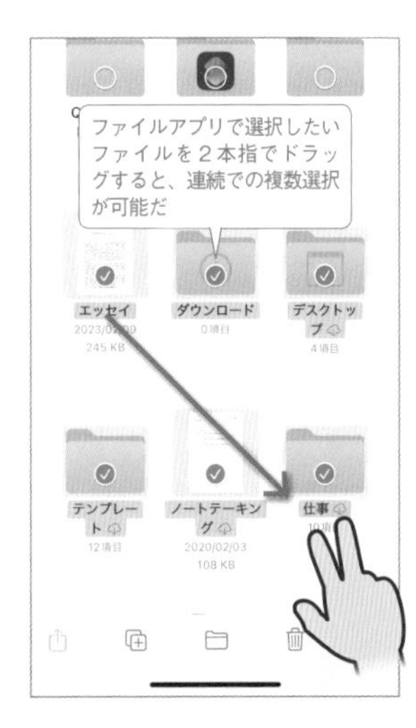

ファイルアプリで選択したいファイルを2本指でドラッグすると、連続での複数選択が可能だ

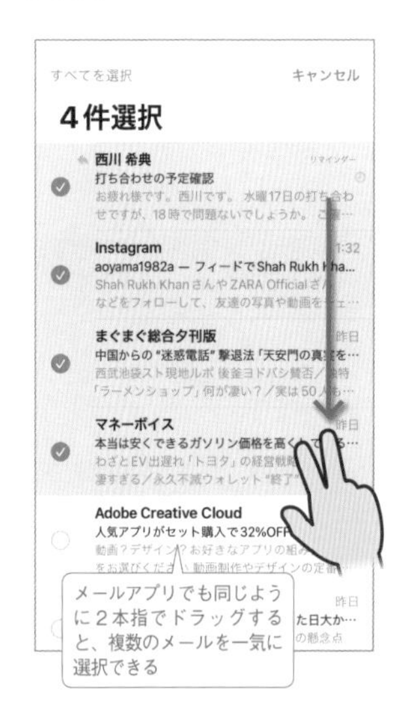

メールアプリでも同じように2本指でドラッグすると、複数のメールを一気に選択できる

023 自動ロックの時間を適切に設定する

マスト!

自動ロック

iPhoneの標準状態では、1分間操作を行わないと自動ロックがかかり、ディスプレイがスリープ状態（常時表示が有効な場合は少し暗い画面）になる。この自動ロック時間は「設定」→「画面表示と明るさ」→「自動ロック」の項目から変更可能だ。少し放置するだけで自動ロックがかかってしまい、いちいち顔認証や指紋認証、パスコード入力を行うのが面倒に感じる場合は、自動ロックまでの時間を長めに設定しておくといい。

「設定」→「画面表示と明るさ」→「自動ロック」をタップする

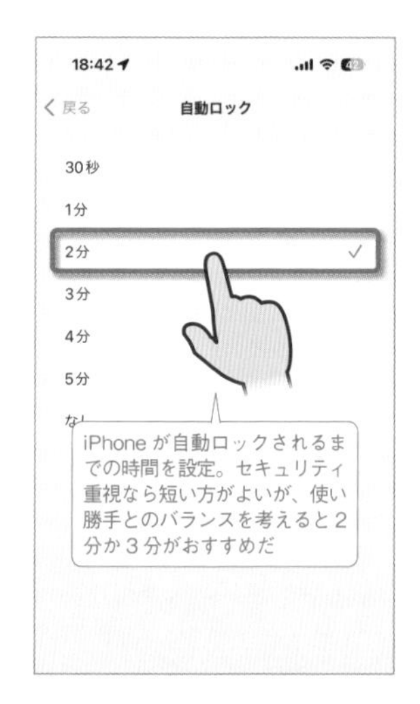

iPhoneが自動ロックされるまでの時間を設定。セキュリティ重視なら短い方がよいが、使い勝手とのバランスを考えると2分か3分がおすすめだ

SECTION 1

024 画面をタップしてスリープ解除できるようにする

スリープ解除

iPhoneを使うには、画面のスリープを解除してからロックを解除する必要がある。常時表示ディスプレイがオンでも(No011で解説)、画面が暗いときはスリープ状態なので、一度スリープを解除しないとFace IDなどでロックを解除できない。このスリープを解除するには、本体側面のスリープ(電源)ボタンを押す以外に、画面をタップするだけで解除できるので覚えておこう。または、iPhoneを手前に傾けて解除することもできる(No188で解説)。

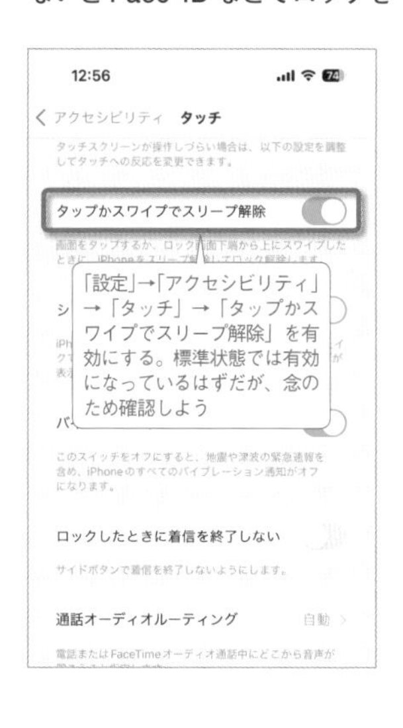

マスト!

025 不要な操作音をオフにする

サウンド

iPhoneの各種操作音を消したい場合は、本体側面のアクションボタンや着信／消音スイッチで消音モードにするのが一番手っ取り早いが、これだと着信音も消えてしまう。着信音は鳴らしつつ、ほかの音を極力減らしておきたいという人は、「設定」→「サウンドと触覚」で個々の項目のスイッチをオフにしよう。着信音以外は「なし」も選択できる。また「キーボードのフィードバック」をタップすると、文字入力中のサウンドも無効にできる。

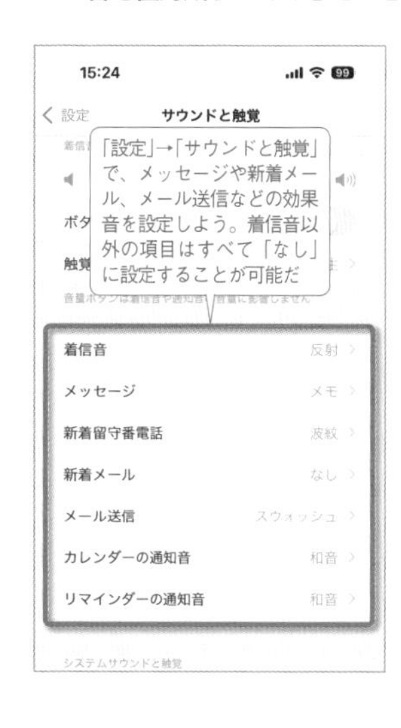

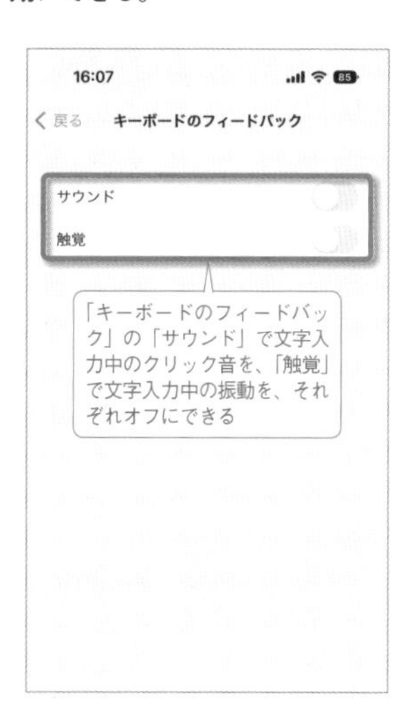

026 バッテリー残量を数値で表示する

バッテリー

iPhoneのバッテリー残量は、ステータスバーの右上にあるバッテリーアイコンで確認できるが、アイコンの表示だけだと大体の残量しか把握できない。バッテリー残量が少なくなってから慌てないように、正確な残量を常に数値で確認できるよう設定を変更しておこう。「設定」→「バッテリー」→「バッテリー残量(%)」をオンにすると、ステータスバーのバッテリーアイコン内に、バッテリー残量がパーセントで表示されるようになる。

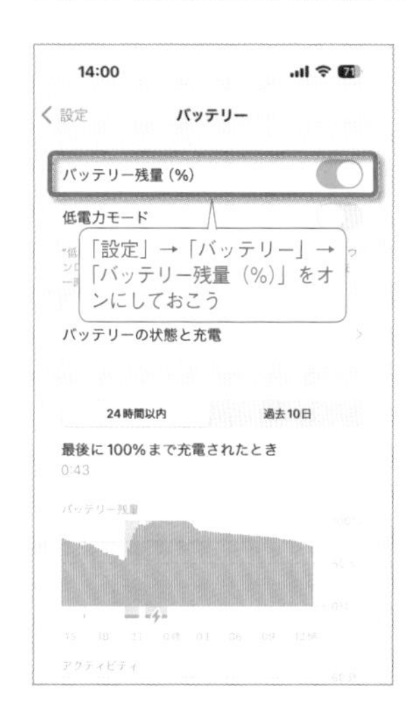

iOS17

027 文字入力時に使える自動入力機能

自動入力

文字入力中にカーソルをタップするとメニューが表示される。このメニューから「自動入力」を選択すると、さまざまなデータを自動で入力することが可能だ。「連絡先」をタップすると、連絡先一覧から電話番号やメールアドレス、住所などを選択して入力できる。「パスワード」はiCloudキーチェーンに保存されたIDやパスワードを入力可能。「テキストをスキャン」をタップすると、カメラに写したテキストが認識され自動入力できる。

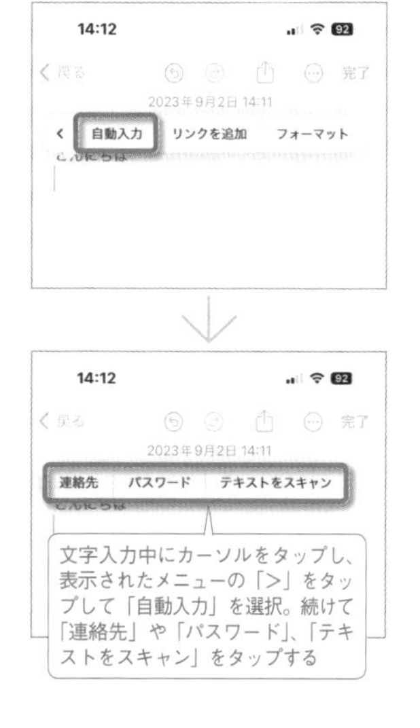

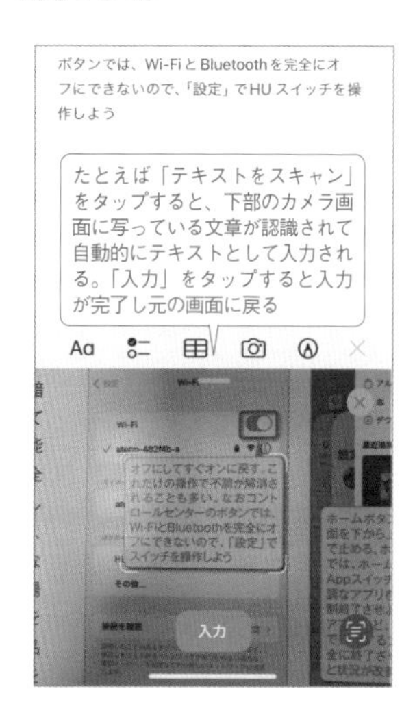

028 複数のアプリをまとめて移動する

ホーム画面

iPhoneアプリは無料のものも多く、つい気軽にインストールしてしまいがちだ。普段あまり使わないアプリをひとつのページにまとめておけば、そのページを非表示にしてホーム画面をすっきり整理できる（No013で解説）が、アプリをひとつひとつ移動するのは意外と面倒。そこで覚えておきたいのが、複数アプリをまとめて移動する技だ。以下のように両手を使ってタップすることで、複数のアプリを同時に移動することができる。

029 画面のスクリーンショットを保存する

画面撮影

iPhoneには、表示している画面をそのまま写真として保存できるスクリーンショット機能が搭載されている。スリープ（電源）ボタンと音量を上げるボタン（もしくはホームボタン）を同時に押して、すぐにボタンを離すと、カシャッと音がして撮影可能だ。撮影が完了すると、画面左下に画像のサムネイルが表示される。左にスワイプするかしばらく待つと消えるが、タップすればマークアップ機能による書き込みやメールなどでの共有が行える。

マスト!

030 壁紙を好みのイメージに変更する

壁紙

複数の壁紙セットを気分に応じて切り替えできる

ロック画面やホーム画面の壁紙は自分で好きなものに変更できる。iPhoneにはじめから用意されている画像だけでなく、自分で撮影した写真やダウンロードした画像を壁紙にすることも可能だ。ロック画面とホーム画面は同じ壁紙でもいいし，別々の写真やイメージを設定してもよい。複数の壁紙セットを追加しておけるので、気分に応じて切り替えて利用しよう。追加済みの他の壁紙セットに切り替えるには、「設定」→「壁紙」画面で壁紙を左右にスワイプするか、ロック画面をロングタップして編集モードにし左右にスワイプすればよい。

1 新しい壁紙を追加をタップ

「設定」→「壁紙」をタップすると、現在のロック画面とホーム画面の壁紙が表示され、左右にスワイプして他の壁紙セットに切り替えできる。新しい壁紙を追加するには「+新しい壁紙を追加」をタップ。

2 壁紙を選択して追加する

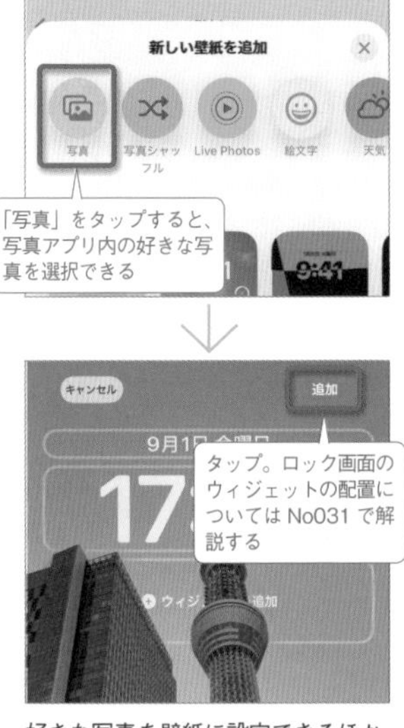

好きな写真を壁紙に設定できるほか、現在地の天気や天文状況を表示できる壁紙なども用意されている。壁紙を選択したら、ドラッグやピンチ操作でレイアウトを調整して「追加」をタップしよう。

3 画面収録の開始と停止

031 ロック画面 ロック画面をカスタマイズする

ロック画面に好きなウィジェットを配置しよう

壁紙を設定したロック画面（No030で解説）には、ウィジェット（No004で解説）を配置できるようになっている。標準アプリだけでなく他社製アプリのウィジェットも数多く対応しており、ロックを解除することなく天気やカレンダーの予定、乗換案内などの情報を素早くチェックできるほか、一部のウィジェットはロック画面から直接操作することも可能だ。ウィジェットは時計の上にひとつ、時計の下に最大4つまで配置でき、時計のフォントやカラーも変更できる。またロック画面の壁紙は写真をシャッフル表示することもできる（No192で解説）。

1 ロック画面を編集モードにする

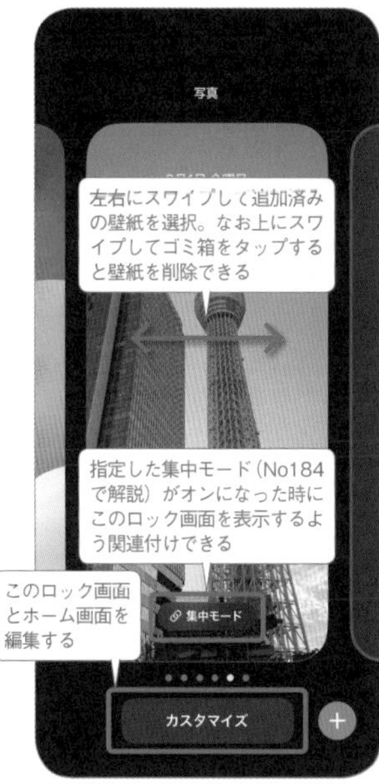

ロック画面をロングタップして編集モードにしたら、左右にスワイプして編集したい壁紙を選択しよう。続けて「カスタマイズ」→「ロック画面」をタップするとロック画面を編集できる。

2 白枠のエリアをカスタマイズする

白枠で囲まれた部分がカスタマイズ可能だ。時計をタップするとフォントやカラーを変更できる。時計の上の日付と、時計の下のエリアをタップすると、好きなウィジェットを選択して配置できる。

3 ウィジェットエリアのカスタマイズ

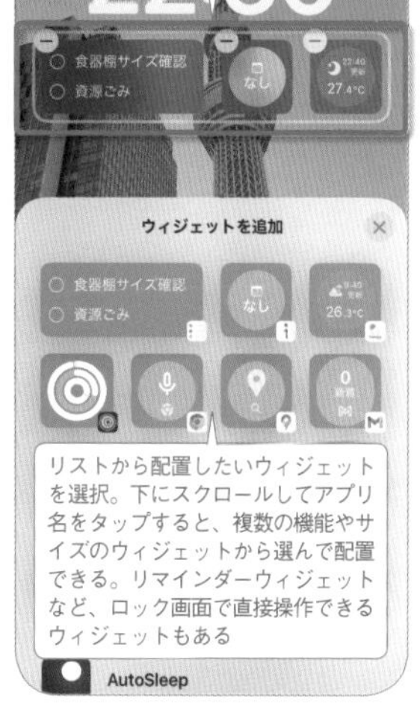

時計の下のウィジェットエリアでは、ウィジェットを最大4つまで配置できる。「ウィジェットを追加」のリストから、好きな機能やサイズのウィジェットを選んで配置していこう。

032 ショートカット よく行う操作を素早く呼び出せる「ショートカット」アプリ

アプリの面倒な操作をまとめてすばやく実行

iOSには「ショートカット」というアプリが標準搭載されている。このショートカットアプリは、よく使うアプリの操作やiPhoneの機能など、複数の処理を連続して自動実行させるためのアプリだ。実行させたい処理をショートカットとして登録しておけば、ウィジェットをタップしたり、Siriにショートカット名を伝えるだけで、自動実行できるようになる。たとえば、ギャラリーにある「自宅までの所要時間」を登録すると、ワンタップで現在地から自宅までの移動時間を計算し、特定の相手に「18:30に帰宅します！」といったメッセージを送ることが可能だ。

1 ギャラリーからショートカットを追加

ショートカットアプリでは、自分でゼロからショートカットを作れるが、初心者には少し難しい。まずは「ギャラリー」から使いやすそうなショートカットを選んでみよう。

2 ショートカットの設定を行う

次に「ショートカットを設定」をタップ。ギャラリーで選んだショートカットの場合、いくつかの設定項目が表示されるので、入力していこう。

3 ウィジェットを追加して実行しよう

033 電子決済 Suicaも使える Apple Payの利用方法

iPhoneを使って各種支払いをスマートに行う

「Apple Pay」は、クレジットカードや電子マネー、Suica、PASMOなどの各種情報をウォレットアプリに登録して利用できる電子決済サービスだ。対応店舗や改札の読み取り機にiPhoneをかざすだけで各種支払いを完了できるだけでなく、アプリ内購入やオンラインショッピングなどにも対応している。ウォレットにクレジットカードを登録した場合は、電子マネーの「iD」や「QUICPay」で決済するか、Visaなどのタッチ決済も利用できる。また、SuicaやPASMOは「エクスプレスカード」に設定でき、面倒なFace IDなどの認証なしに改札を通ったり決済を実行できる。電子マネーとしては他にも、「WAON」と「nanaco」を追加することが可能だ。

>>> クレジットカードを登録して利用する

1 クレジットカードを登録する

Apple Payでクレジットカードを利用するには、あらかじめウォレットアプリにカード情報を登録しておこう。まずはウォレットアプリを起動して、右上の「+」から「クレジットカードなど」→「続ける」をタップ。

2 カード情報を入力して認証する

カードをカメラで読み取ると、名前やカード番号、有効期限が自動入力される。内容が間違っていれば修正し、セキュリティコードを入力すれば、登録作業は完了だ。あとは、電話やSMSで認証作業（カードごとに認証方法が異なる）を行えば使えるようになる。

3 Face IDなどで認証して利用する

実際に支払うときは、使いたいカードをウォレットアプリで表示し、Face IDなどで認証。そのままiPhoneをリーダーにかざせばOKだ。なお、端末ロック中にスリープ（電源）ボタンをダブルクリックすれば、メインカードでの支払いがすぐ行える。クレジットカードに付随する電子マネーのiDやQUICPayで決済できるほか、国内ではまだ利用できる店舗が少ないが、クレジットカードのタッチ決済（コンタクトレス決済）にも対応する

>>> Suicaなどの電子マネーを新規登録して利用する

1 ウォレットにSuicaを登録する

ウォレットアプリでは、Suicaを新規登録して電子マネーとして使うことができる。Suicaを新規登録するには、右上の「+」から「交通系ICカード」→「Suica」をタップしよう。

2 金額のチャージとエクスプレスカード

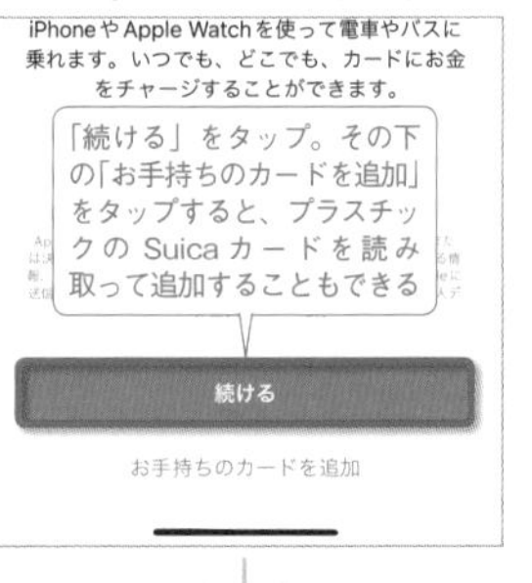

¥1,000

Suicaにチャージする金額を入力する。あらかじめ決済に使うクレジットカードの登録も必要だ。なお、エクスプレスカードに設定するSuicaやPASMOは、あとから「設定」→「ウォレットとApple Pay」の「エクスプレスカード」で変更できる

4 5 6

「続ける」をタップし、チャージ金額を入力して「追加」をタップすると、Suicaがウォレットアプリに追加される。最初に追加したSuicaやPASMOは「エクスプレスカード」に設定され、Face IDなどの認証なしに利用できる。

3 WAONやnanacoも登録できる

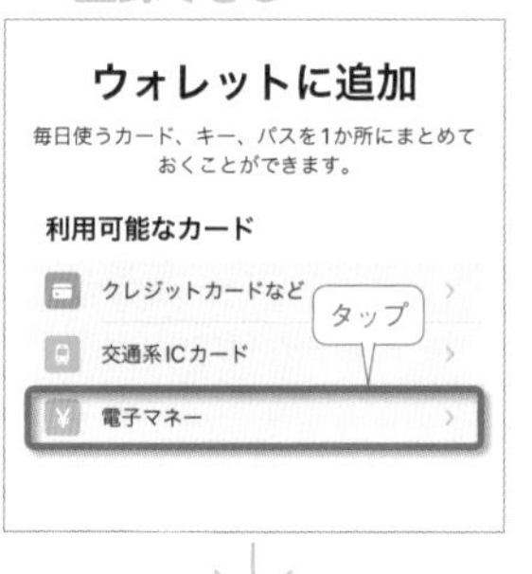

「+」→「電子マネー」をタップすると、WAONやnanacoをApple Payに追加できる。ただしnanacoを登録するには、公式アプリか虹色デザインのnanacoカードが必要。WAONはウォレットアプリ内でも新規発行ができるが、ポイント確認などに公式アプリが必要となる。

POINT

Suicaをチャージする

クレジットカードがウォレットに登録されていれば、ウォレット上でSuicaのチャージも可能だ。Suicaを表示し「チャージ」ボタンをタップ。必要な金額を入力しよう。なお、以前はVisaカードだとウォレット上でチャージできず、別途「Suica」アプリからチャージする必要があったが、現在はVisaでもチャージできる。

マスト! iOS17

034 iPhone同士で写真やデータを簡単にやり取りする

AirDrop

AirDropでさまざまなデータを送受信する

iOSの標準機能「AirDrop」を使えば、近くのiPhoneやiPad、Macと手軽に写真やファイルをやり取りできる。AirDropを使うには、送受信する双方の端末が近くにあり、それぞれのWi-FiとBluetoothがオンになっていることが条件だ。なお、iOS 17以降のiPhone同士であれば、端末の上部を近づけて写真やファイルを送受信することもできる。また、2023年中のアップデートで、サイズが大きいファイルを送る際は送信が終わるまで相手の近くにいなくても、インターネット経由で送信が継続されるようになる予定だ。

1 受信側でAirDropを許可しておく

受信側の端末でコントロールセンターを表示し、Wi-Fiボタンがある場所をロングタップ。「AirDrop」をタップして「すべての人（10分間のみ）」に設定しておく。

2 送信側で送りたいデータを選択する

人

青山太郎

タップ。相手が「受け入れる」をタップすると送信できる

送信側の端末で送信作業を行う。写真の場合は「写真」アプリで写真を開いて共有ボタンをタップし、「AirDrop」をタップ。あとは相手の端末名を選択しよう。

3 iPhone同士を近づけて送受信する

iOS17以降のiPhone同士で、「設定」→「一般」→「AirDrop」→「デバイス同士を近づける」がオンになっていれば、iPhoneの上部を近づけてデータを送受信することもできる。写真の場合は、写真を開くか複数選択した状態でiPhoneの上部同士を近づけるとこのような画面になるので「共有」をタップしよう。相手のAirDropの受信設定が「受信しない」や「連絡先のみ」でも送信可能だ。なおNo035のNameDropが表示される場合は、共有ボタンをタップして「AirDrop」をタップした画面を開いてからiPhoneの上部同士を近づけよう。写真以外のファイルも、ファイルを開いて共有ボタンをタップし、「AirDrop」をタップした画面でiPhoneの上部同士を近づけると送信できる

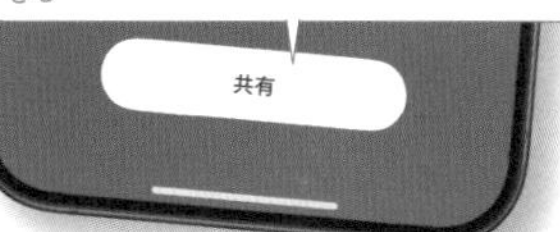

iOS17

035 NameDropでお互いの連絡先をスマートに交換する

AirDrop

AirDrop（No034で解説）には、iPhoneの上部同士を近づけるだけで自分の連絡先を簡単に交換できる「NameDrop」という機能も用意されている。「設定」→「一般」→「AirDrop」→「デバイス同士を近づける」がオンになっていれば、AirDropの受信設定が「受信しない」や「連絡先のみ」の場合でも、NameDropで連絡先をお互いに交換できる。連絡先の交換時に「受信のみ」を選択して、自分の連絡先は相手に渡さないことも可能だ。

036 Dynamic Islandの表示を消去する

Dynamic Island

iPhone15シリーズや14 Proでは、画面上部のパンチホール部が「Dynamic Island（ダイナミックアイランド）」という表示領域を兼ねており、着信や通話、ミュージックの再生など、対応アプリの動作が表示される。このDynamic Islandに表示される項目やアニメーションが邪魔なら、Dynamic Island部を内側に向けてスワイプしてみよう。Dynamic Islandの表示が消える。ただしボイスレコーダーの録音中など、表示を消せない場合もある。

マスト!

037 横向きだけで使える機能を活用する

横画面

コントロールセンターにある画面縦向きのロックがオフ状態なら、iPhone本体を横にすると画面も横向きに回転し、ランドスケープモードになる。YouTubeなどの動画再生時は、横向きの方が大きな画面で楽しめるのでぜひ活用しよう。また、メッセージの手書きメッセージや、計算機の関数電卓、カレンダーの週間バーチカル表示など、アプリによってはランドスケープモードだけで使える機能もある。いろいろなアプリで試してみよう。

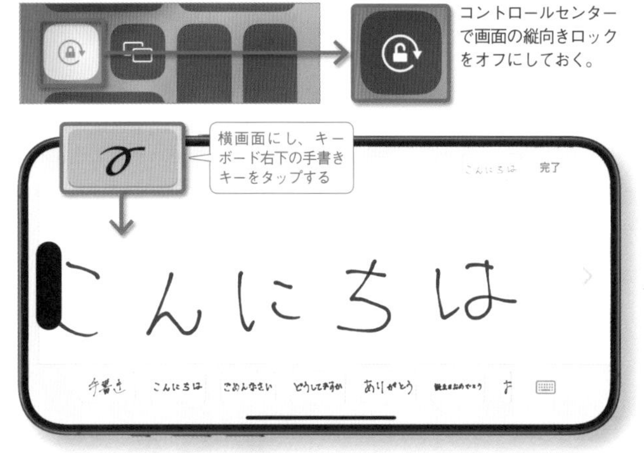

メッセージアプリのiMessage送信画面で横向きにすると、手書きメッセージを送信可能。相手に届くと筆跡通りのアニメーションで再生される。

038 さまざまな認証をFace IDで行う

Face ID

本体のロックを解除するために使う顔認証機能「Face ID」は、App StoreやiTunes Storeでのアイテム購入時の認証や、サードパーティ製アプリの起動および各種認証時にも利用することができる。Apple IDや各アプリ、サービスの面倒なパスワード入力を省略できるのでぜひ利用したい。また、パスワード入力の機会が減るということは、それぞれのパスワードの文字列を複雑なものにしやすいという、セキュリティ上のメリットもある。

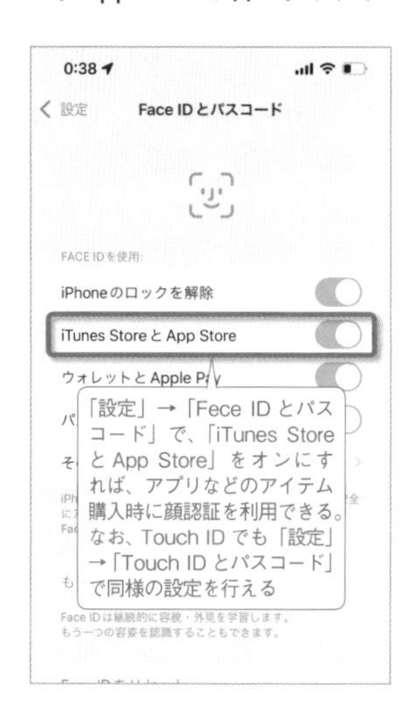

039 Wi-Fiのパスワードを一瞬で共有する

Wi-Fi

iPhoneやiPad、Mac同士なら、自分のiPhoneに設定されているWi-Fiパスワードを、一瞬で相手の端末にも設定できる。友人に自宅Wi-Fiを利用してもらう際など、パスワードを教えて入力する手間が省けるので覚えておこう。また、パスワードの文字列が相手端末に表示されないので、セキュリティ面でも安心できる。なお、この機能を利用するには、お互いのApple IDのメールアドレスが、お互いの連絡先アプリに登録されている必要がある。

040 お得なサブスクのApple Oneを利用する

Apple One

音楽配信サービスのApple Musicと、動画配信サービスのApple TV+、ゲーム配信サービスのApple Arcade、iCloudの容量を追加できるiCloud+の、4サービスをまとめて契約できるサブスクリプションが「Apple One」だ。料金は個人プランが月額1,200円(iCloud+は50GB)、ファミリープランは月額1,980円(iCloud+は200GB)で、個別に契約するより安い。たとえばiCloud+とApple Musicを利用中ならApple Oneで契約したほうがお得だ。

SECTION 1

SECTION 2

電話・メール・LINE

iPhoneの電話やメール、メッセージには、隠れた便利機能が満載だ。しっかり使いこなして日々の操作をスムーズかつスマートに行おう。人気のLINEやGmailの裏技、活用技もユーザーなら必見だ。

041 かかってきた電話の着信音を即座に消す

電話

電車の中や会議中など、電話に出られない状況で着信があった場合、消音モードにしていないとしばらく着信音が鳴り響いてしまう。素早く着信音を消したい場合は、スリープ（電源）ボタンもしくは音量ボタンのどちらかを一度押してみよう。iPhone 15 Proシリーズならアクションボタンを押してもよい。即座に着信音が消え、バイブレーションもオフになるのだ。なお、この操作では着信音が消えるだけで、着信状態は続いているので注意しよう。留守番電話サービスを契約済みなら、そのまましばらく待っていれば自動的に留守番電話に転送される。ちなみに、すぐ留守番電話に転送したい場合はスリープ（電源）ボタンを2回押せばいい。

電話がかかってきたら、スリープボタンか音量ボタン、またはアクションボタン（iPhone 15 Proシリーズのみ）を押せば、即座に着信音を消音することが可能。またスリープボタン（電源）を2回押せば、素早く留守番電話に転送できる

042 電話やFaceTimeの着信拒否機能を利用する

電話

特定の相手からの着信を拒否したい時は、電話アプリの履歴や連絡先画面から、拒否したい相手の「i」ボタンをタップし、「この発信者を着信拒否」をタップすればよい。電話はもちろん、メッセージやFaceTimeも着信拒否できる。

また、知り合いからの電話のみ通知して欲しいなら、「設定」→「電話」→「不明な発信者を消音」をオンにしよう。連絡先やSiriからの提案にない番号からかかってきた電話は着信音が鳴らず、すぐに留守番電話に送られる。

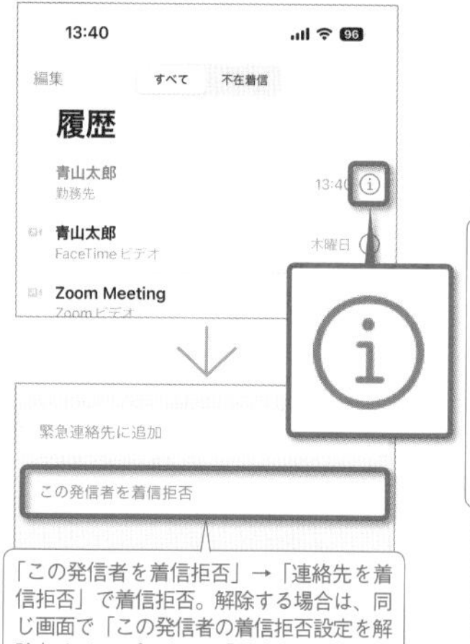

「この発信者を着信拒否」→「連絡先を着信拒否」で着信拒否。解除する場合は、同じ画面で「この発信者の着信拒否設定を解除」をタップ。なお、「設定」→「電話」→「着信拒否した連絡先」でも設定できる

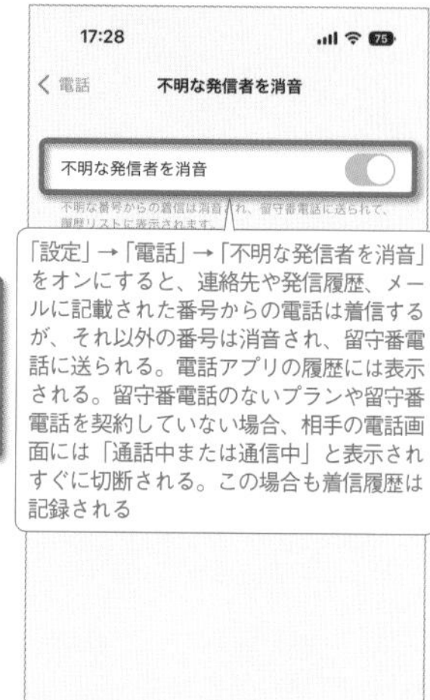

「設定」→「電話」→「不明な発信者を消音」をオンにすると、連絡先や発信履歴、メールに記載された番号からの電話は着信するが、それ以外の番号は消音され、留守番電話に送られる。電話アプリの履歴には表示される。留守番電話のないプランや留守番電話を契約していない場合、相手の電話画面には「通話中または通信中」と表示されすぐに切断される。この場合も着信履歴は記録される

043 WindowsやAndroidともFaceTimeで通話する

FaceTime

招待リンクを送るとWebブラウザ経由で参加できる

無料で音声通話やビデオ通話を行えるFaceTimeは、Appleデバイス同士だけでなく、WindowsやAndroidユーザーとも通話することが可能だ。FaceTimeで通話のリンクを作成し、メールなどで招待すると、WindowsやAndroidユーザーはWebブラウザからログイン不要で通話に参加できる。相手のデバイスを選ばずオンラインミーティングなどに活用できるので覚えておこう。なお、Webブラウザで通話に参加する場合、ミー文字などの機能は利用できないが、カメラのオンオフやマイクのミュートといった基本的な機能は利用できる。

1 FaceTimeの招待リンクを送る

FaceTimeを起動したら「リンクを作成」をタップし、メールやメッセージで招待リンクを送信しよう。なお「新規FaceTime通話」は、Appleデバイス同士で通話するためのボタンだ。

2 ホスト側で通話を開始する

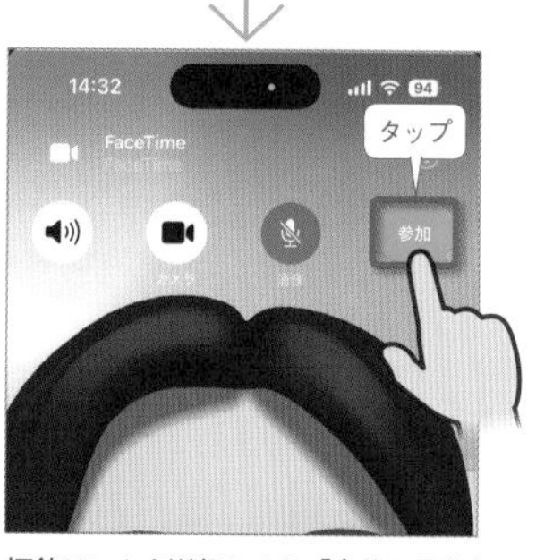

招待リンクを送信したら、「今後の予定」欄に作成したFaceTime通話のリンクが表示されるのでタップ。FaceTime通話の画面が開始されたら、右上の「参加」ボタンをタップしよう。

3 Androidスマホなどで参加する

AndroidスマホなどでFaceTimeの招待リンクを受け取ったら、記載された「FaceTimeリンク」をタップしよう。Webブラウザが起動するので、名前を入力して「続ける」→「参加」で参加できる。

044 通話中に気になる周りの雑音をカットする

電話

外出中に電話する際、周りの音がうるさいようなら、通話中にコントロールパネルを開き、「マイクモード」を「声を分離」に変更してみよう。周辺の雑音が遮断され、相手には自分の声だけが届くようになる。電話アプリでの通話のほか、FaceTimeやLINE、ZOOMでの通話でも利用可能だ。なお、マイクモードを「ワイドスペクトル」に変更する（電話では変更できない）と、逆に自分の声に加えて周囲の音声も伝わるようになる。

電話やFaceTimeでの通話中にコントロールパネルを開き、「マイクモード」をタップする

「声を分離」を選択すると、周辺の雑音が遮断されて相手には自分の声のみが届く。「ワイドスペクトル」を選択すると（FaceTime通話中などにスピーカーをオンにした場合のみ選択できる。音声回線での電話では選択できない）、周辺の音も含めてすべて相手に届くようになる

045 ビデオ通話中に自分の背景をぼかす

FaceTime

FaceTimeビデオには、自分の画面の背景をぼかして表示するポートレートモード機能が用意されている。FaceTimeビデオの発信中や通話中の画面で「f」ボタンをタップすることで、ポートレートモードのオン／オフが可能だ。またコントロールセンターを開いて「エフェクト」→「ポートレート」をタップして機能をオン／オフすることもできるほか、「深度」のスライダーを左右にドラッグしてボケ具合の強さを調整することもできる。

FaceTime通話中の自分の画面をタップして「f」ボタンをタップ（FaceTime通話の発信中に「f」をタップしてもよい）すると、ポートレートモードが有効になり背景がぼかして表示される

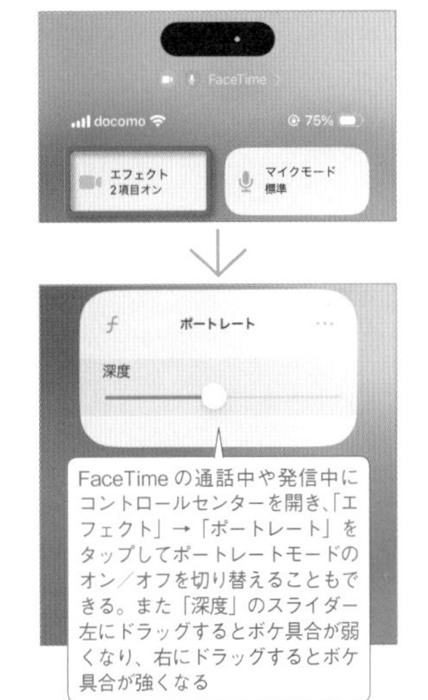

FaceTimeの通話中や発信中にコントロールセンターを開き、「エフェクト」→「ポートレート」をタップしてポートレートモードのオン／オフを切り替えることもできる。また「深度」のスライダー左にドラッグするとボケ具合が弱くなり、右にドラッグするとボケ具合が強くなる

046 相手によって着信音やバイブパターンを変更しよう

着信音

電話やメッセージの着信音とバイブパターンを、相手によって個別に設定したい場合は、「連絡先」または「電話」アプリで変更したい連絡先を開き、「編集」をタップ。「着信音」「メッセージ」項目で、それぞれ着信音やバイブレーションの種類を個別に変更可能だ。内蔵の着信音で物足りない場合は、iTunes Storeで購入できるほか、自分で着信音ファイルを作成してパソコンのiTunesやFinder（Macの場合）経由で転送することもできる。

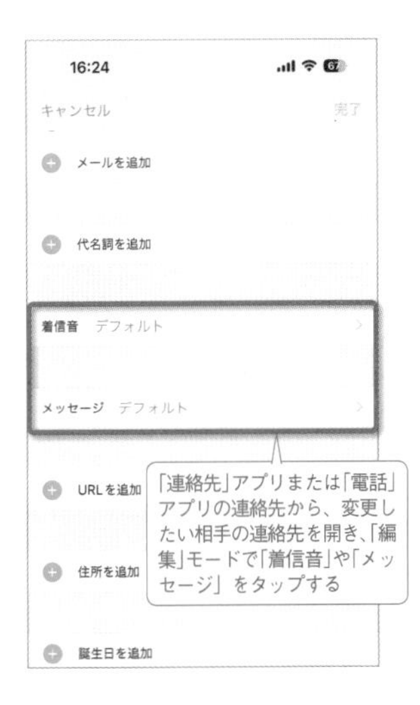

「連絡先」アプリまたは「電話」アプリの連絡先から、変更したい相手の連絡先を開き、「編集」モードで「着信音」や「メッセージ」をタップする

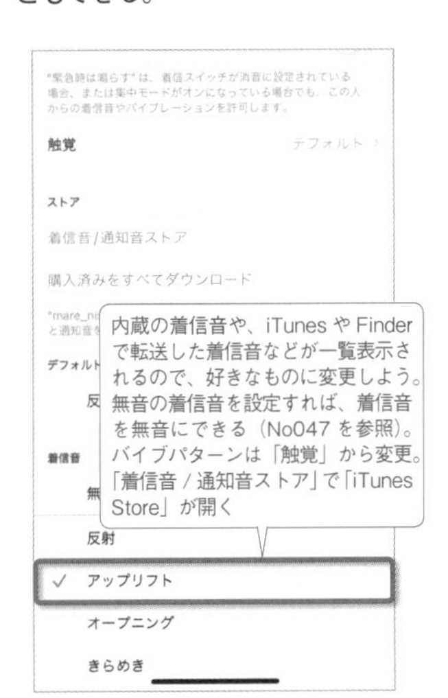

内蔵の着信音や、iTunesやFinderで転送した着信音などが一覧表示されるので、好きなものに変更しよう。無音の着信音を設定すれば、着信音を無音にできる（No047を参照）。バイブパターンは「触覚」から変更。「着信音／通知音ストア」で「iTunes Store」が開く

047 特定の相手の着信音を無音にする

着信音

電話の着信音を鳴らしたくない場合は、左側面のサイレントスイッチをオレンジが見える状態（iPhone 15 Proシリーズは「設定」→「サウンドと触覚」→「消音モード」をオン）にしてマナーモードにすればよいが、特定の相手のみ無音にしたい場合は、着信音設定時（No046参照）に無音ファイルを適用すればよい。無音ファイルはiTunes Storeで購入できるほか、ネット上で「無音着信音」などで検索すれば、無料で入手することもできる。

iTunes Storeアプリを起動し、「無音」でキーワード検索すれば、無音の着信音がヒットするので購入しよう。ネット上で配布されている無音ファイルを入手しパソコンのiTunesやFinder経由で転送してもよい

電話や連絡先アプリで着信音を変更したい相手を開き、「編集」→「着信音」をタップ。購入／転送した無音ファイルを選択すれば、着信音が無音になる

048 かかってきた電話の相手をSiriに教えてもらう

電話

「音声で知らせる」機能を有効にすると、電話の着信時にSiriが相手の名前を教えてくれる。料理中や車の運転中でも、画面を見ることなく相手がわかり、応答するかどうか判断できる。ただし、Siriが読み上げるのは「連絡先」アプリに登録された名前だけだ。また、電車内や外出先で読み上げて欲しくない場合は、設定で「ヘッドフォンのみ」を選択しておこう。ヘッドフォンを接続し、消音モードを有効にしている場合のみSiriが名前を読み上げてくれる。

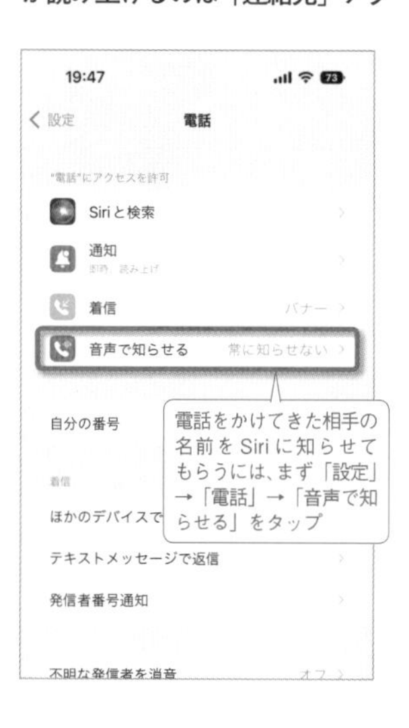

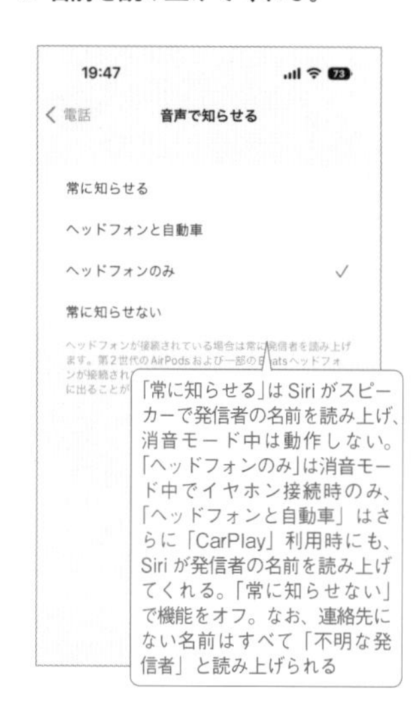

049 送信したメッセージの取り消しや編集を行う

メッセージ

メッセージアプリで送信したメッセージをロングタップすると、送信して2分以内であれば「送信を取り消す」で送信の取り消しが可能だ。また送信後15分以内であれば「編集」をタップしてあとから内容を修正できる。ただし、取り消しや編集が可能なのはiMessageのみで、SMSやMMSは非対応。また編集した場合、相手側はメッセージに表示される「編集済み」ボタンをタップすることで、編集前のメッセージも確認できる点に注意しよう。

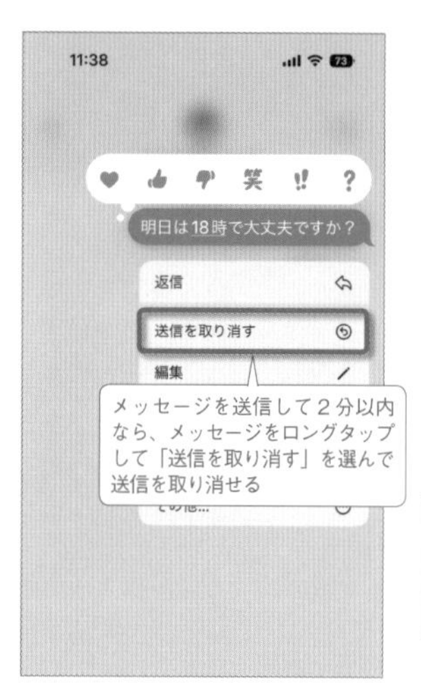

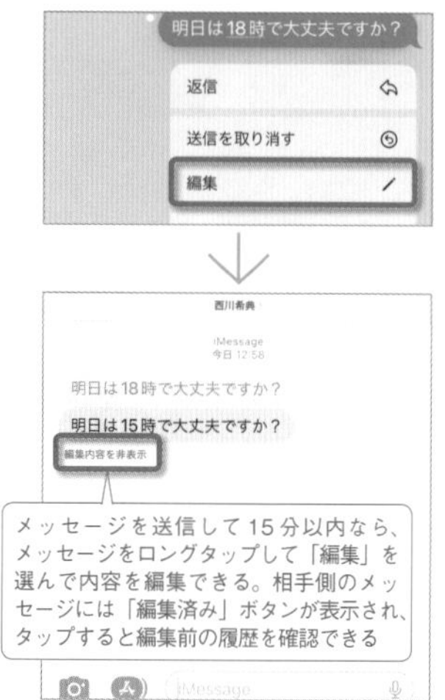

050 誤って削除したメッセージを復元する

メッセージ

メッセージを誤って削除しても、削除してから30日以内であれば復元することが可能だ。メッセージ一覧画面で左上の「フィルタ」→「最近削除した項目」を開こう。フィルタではなく「編集」が表示されているなら、「編集」→「最近削除した項目を表示」をタップ。最近削除したメッセージが一覧表示されるので、選択して右下の「復元」をタップすると復元できる。また、「削除」をタップするとこのメッセージを完全に削除できる。

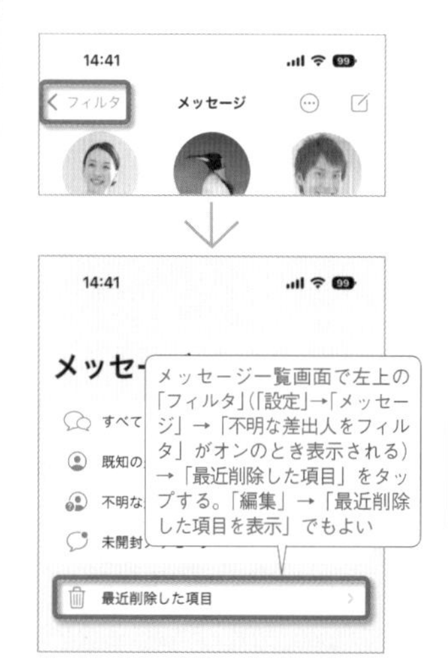

051 入力したメッセージを後から絵文字に変換

メッセージ

「メッセージ」アプリで絵文字を使う場合、絵文字キーボードに切り替えて好きな絵文字を選択するか、変換候補から絵文字を選択する方法がある。さらにもうひとつ、いったん文章を最後まで入力した後、一気に絵文字変換を行えることを覚えておこう。文章を最後まで入力した後、キーボードを「絵文字」に切り替えよう。すると、絵文字変換可能な語句がオレンジ色に表示されるので、タップして変換可能な絵文字を選択すればOKだ。

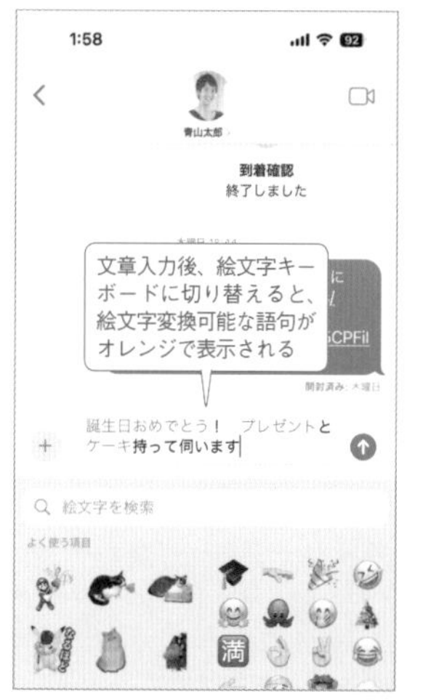

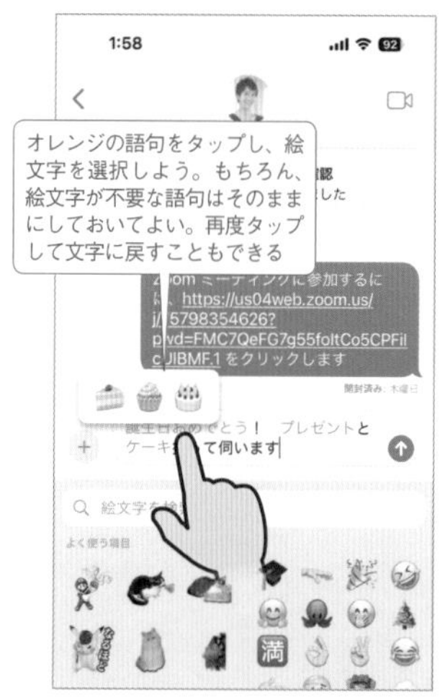

052 メッセージでよくやり取りする相手を固定する

メッセージ

メッセージでよくやり取りする相手やグループは、見やすいようにリスト上部に固定表示させよう。よくやり取りする相手をロングタップし、「ピンで固定」をタップすると、最大9人（グループ）までリスト上部にアイコンで配置できる。またピン留めした相手からメッセージが届くと、アイコンの上にフキダシで表示され、メッセージの内容がひと目で分かるようになる。ピンを解除するには、アイコンをロングタップし「ピン固定を解除」をタップ。

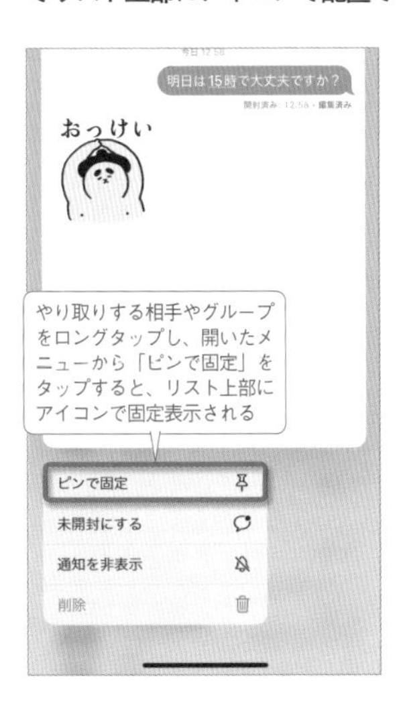

やり取りする相手やグループをロングタップし、開いたメニューから「ピンで固定」をタップすると、リスト上部にアイコンで固定表示される

ピンで固定した相手からの新着メッセージは、アイコン上にフキダシで表示される。アイコンをロングタップして「ピン固定を解除」をタップすると、固定表示が解除される

053 メッセージにエフェクトを付けて送信する

メッセージ

メッセージアプリでiMessageを送る際は、吹き出しや背景に様々な特殊効果を追加する、メッセージエフェクトを利用できる。まずメッセージを入力したら、送信（↑）ボタンをロングタップしよう。上部の「吹き出し」タブでは、最初に大きく表示される「スラム」などの吹き出しを装飾する効果を選べる。「スクリーン」タブでは、背景に花火などをアニメーション表示できる。それぞれの画面で「↑」をタップしてエフェクト付きで送信しよう。

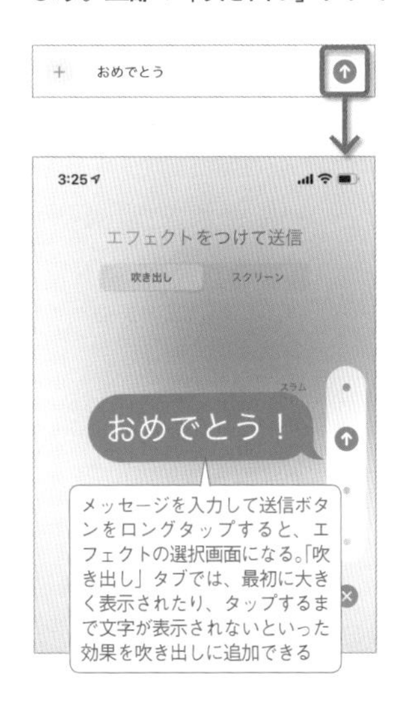

メッセージを入力して送信ボタンをロングタップすると、エフェクトの選択画面になる。「吹き出し」タブでは、最初に大きく表示されたり、タップするまで文字が表示されないといった効果を吹き出しに追加できる

上部のタブを「スクリーン」に切り替えると、背景に風船や花火をアニメーション表示させるなど、メッセージに派手なエフェクトを追加できる。スクリーンの種類は画面を左右にスワイプして切り替える

054 3人以上のグループでメッセージをやり取り

メッセージ

複数の宛先を入力するだけでグループを作成

「メッセージ」アプリでは、複数人でメッセージをやりとりできる「グループメッセージ」機能も用意されている。新規メッセージを作成し、「宛先」にやりとりしたい連絡先を複数入力しよう。これで自動的にグループメッセージへ移行するのだ。なお上部ユーザー名をタップすると詳細画面が開き、グループメッセージに新たなメンバーを追加したり、グループメッセージ自体に名前を付けることができる。個別のやりとりが面倒な、グループでの旅行やイベントに関する連絡に利用したい。

1 複数の連絡先を入力する

「メッセージ」アプリでグループメッセージを利用したい場合は、新規メッセージを作成し、「宛先」欄に複数の連絡先を入力すればよい。

2 グループメッセージを開始する

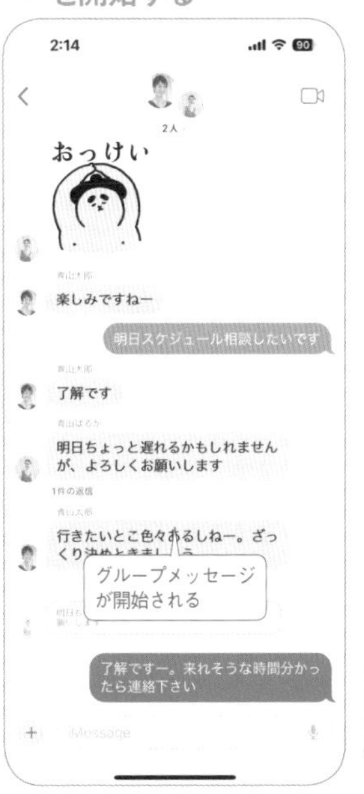

自動的にグループメッセージが開始される。宛先の全メンバー間でメッセージや写真、動画などを投稿でき、ひとつの画面内で会話できるようになる。

3 詳細画面で連絡先を追加する

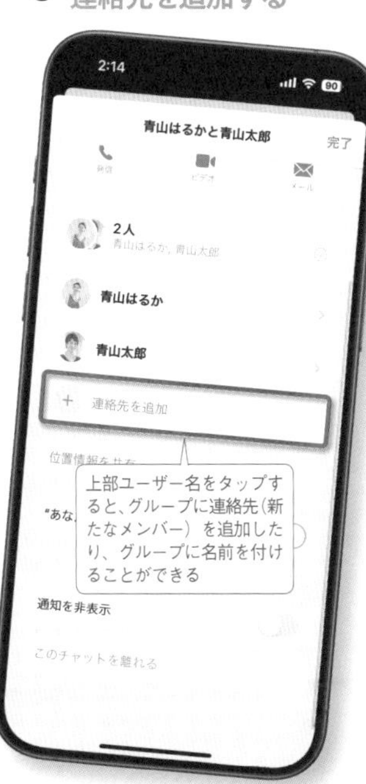

055 メッセージで詳細な送受信時刻を確認

メッセージ

「メッセージ」アプリで過去にやりとりしたメッセージは、上下にスクロールすることで閲覧が可能だ。この際、各メッセージの送受信時刻を確認したい場合がある。標準状態では、日ごとのメッセージ送受信を開始した時刻は表示されるが、個々のメッセージの送受信時刻は表示されない。それぞれのメッセージの送受信時刻を確認したい時は画面を左へスワイプしてみよう。個々のメッセージそれぞれの送受信時刻を個別に確認することができる。

iOS17

056 メッセージを素早く検索する

メッセージ

メッセージアプリの検索欄では、メッセージを送信元やリンク、写真、位置情報などの項目でフィルタリングし、その検索結果からさらに追加のキーワードで絞り込んでいく「検索フィルタ」機能を利用できる。たとえば特定の相手とのやり取りから「打ち合わせ」を含むメッセージを抽出したり、受け取ったすべての写真から猫が写ったものだけを抽出するといったことも行える。目的のメッセージをピンポイントで探し出したい時に活用しよう。

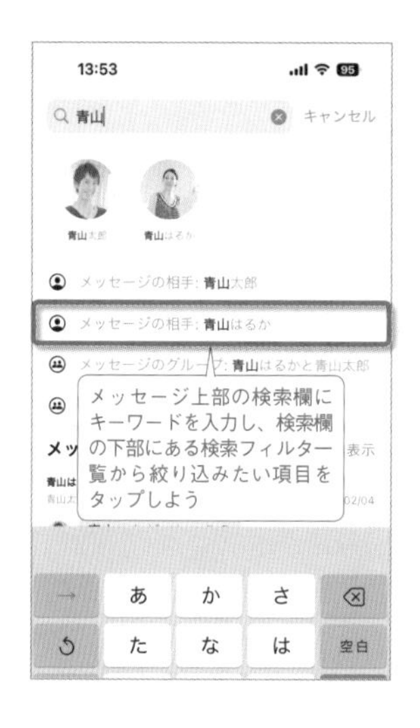

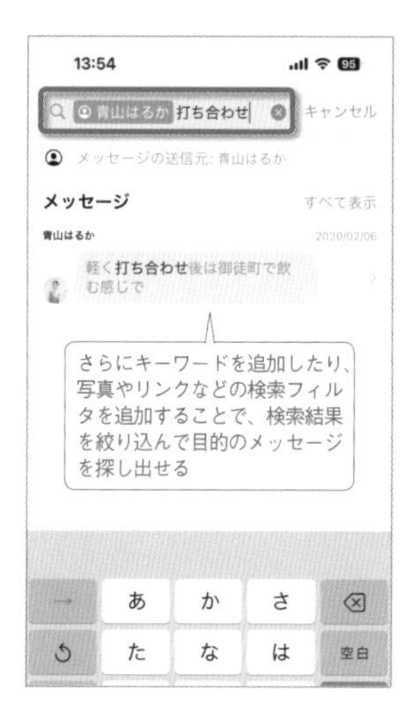

057 メッセージの「開封済み」を表示させない

マスト!

メッセージ

メッセージアプリでメッセージを確認すると、相手の画面に「開封済み」と表示され、メッセージを読んだことが通知される「開封証明」機能。便利な反面、LINEの既読通知と同様に、「読んだからにはすぐ返信しなければ」というプレッシャーに襲われがちだ。開封証明をオフにしたい場合は、「設定」→「メッセージ」→「開封証明を送信」のスイッチをオフにしよう。また、相手ごとに個別に開封証明を設定することも可能だ。

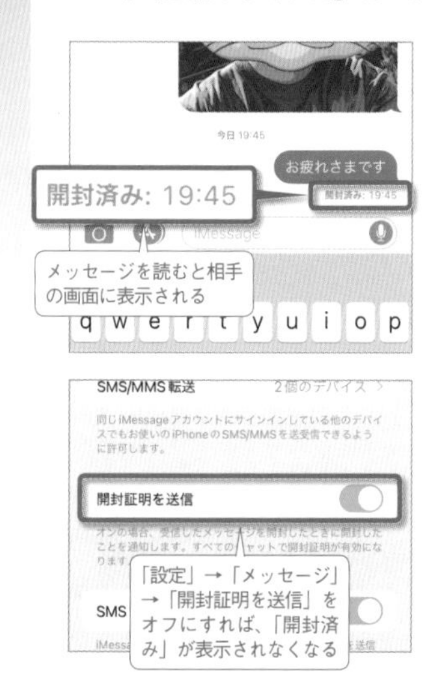

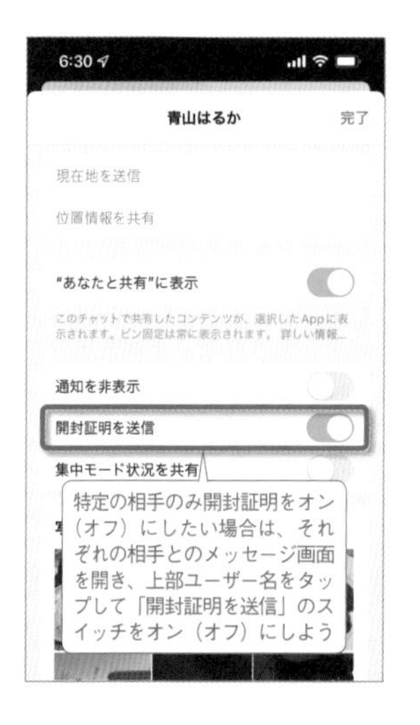

058 グループで特定の相手やメッセージに返信する

メッセージ

メッセージのグループチャットで同時に会話していると、誰がどの件について話しているか分かりづらい。特定のメッセージに返信したい時は、インライン返信機能を使おう。メッセージの下に会話が続けて表示され、どの話題についての返信か分かりやすくなる。また特定の相手に話しかけるにはメンション機能を使おう。会話で相手の名前が強調表示されるほか、相手がグループの通知をオフにしていても通知できる。

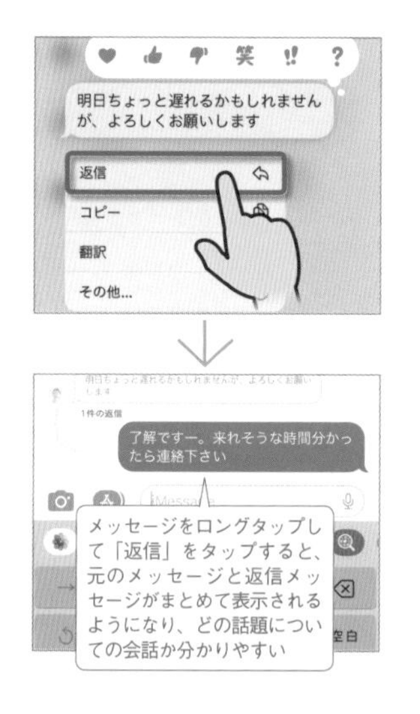

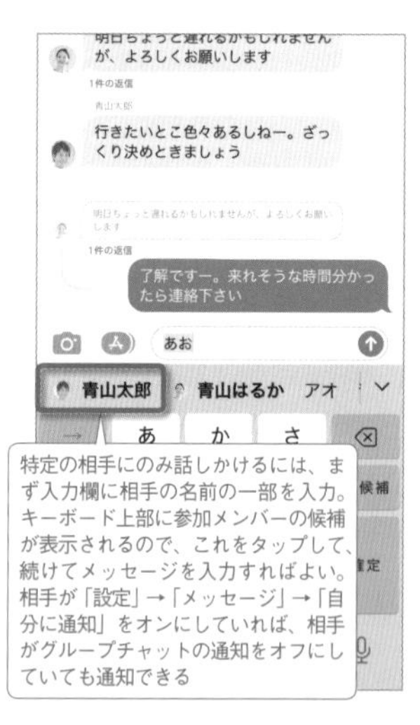

マスト!

059 パソコンで連絡先データを楽々入力

連絡先

「設定」画面の一番上のApple IDをタップし、「iCloud」→「すべてを表示」→「連絡先」のスイッチをオンにしておくと、他のiPhoneやiPad、Macと同期して利用できるだけではなく、iCloud.com（https://www.icloud.com/）でもデータの閲覧、編集を行えるようになる。新規に多数の連絡先を入力する際は、iPhoneよりもパソコンで作業した方が効率的だ。また、複数の選択先を選択して一括削除する際も、iCloud.com上で操作したほうが楽だ。

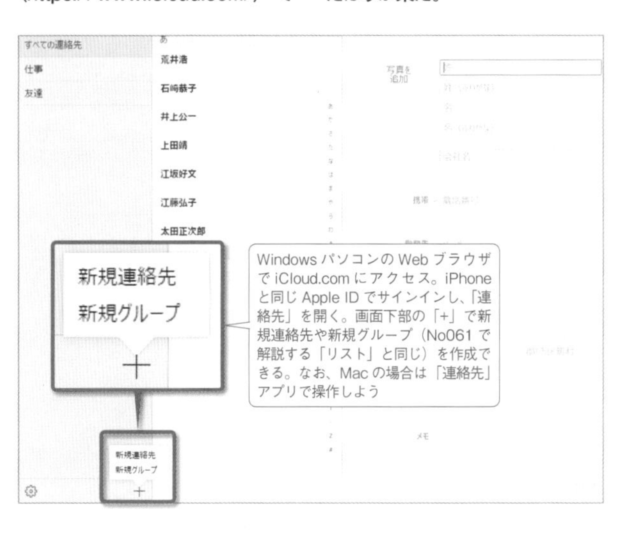

Windowsパソコンの Webブラウザで iCloud.comにアクセス。iPhoneと同じ Apple IDでサインインし、「連絡先」を開く。画面下部の「+」で新規連絡先や新規グループ（No061で解説する「リスト」と同じ）を作成できる。なお、Macの場合は「連絡先」アプリで操作しよう

060 複数の連絡先をまとめて削除する

連絡先

連絡先アプリでデータを削除するには、削除したい連絡先をタップして情報を表示し、画面右上の「編集」ボタンをタップ。編集画面の一番下にある「連絡先を削除」をタップし、もう一度「連絡先を削除」をタップする必要がある。複数の連絡先を削除したい時、この操作を繰り返すのは非常に手間がかかる。そこで、Windowsパソコンの Webブラウザで iCloud.comにアクセスしてみよう。iCloud.com上では、連絡先を複数選択しまとめて素早く効率的に削除することができる。Macの場合は「連絡先」アプリで操作しよう

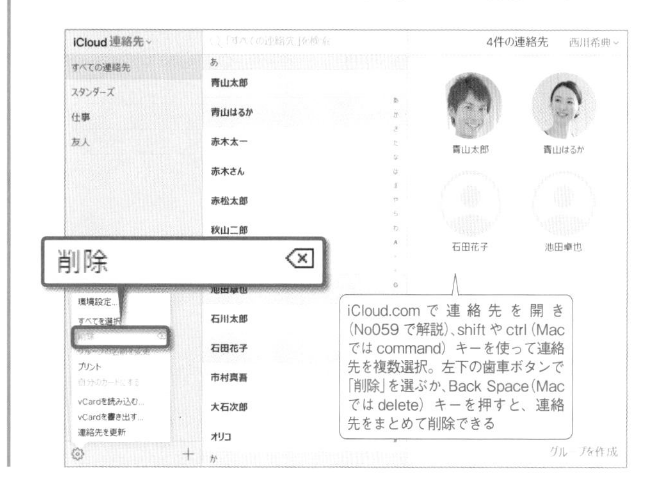

iCloud.comで連絡先を開き（No059で解説）、shiftやctrl（Macではcommand）キーを使って連絡先を複数選択。左下の歯車ボタンで「削除」を選ぶか、Back Space（Macではdelete）キーを押すと、連絡先をまとめて削除できる

061 リスト機能で連絡先をグループ分けする

連絡先

仕事や友人などのリストで分類して連絡先を整理しよう

連絡先の数が多いと、目的の連絡先を探し出すのも一苦労だ。リスト機能を活用して、連絡先をしっかり整理しておこう。リスト内の連絡先を宛先に、メールで一斉送信することもできる（No070で解説）ので、仕事相手やサークルの連絡先などをリストにまとめておくと便利だ。なお、リストは連絡先アプリのリスト一覧画面から作成できるが、iCloud.comの「連絡先」→「+」→「新規グループ」でも作成できる（No059で解説）。大量の連絡先をリストに振り分けるなら、パソコンのWebブラウザで作業したほうが効率的だ。

1 「リストを追加」をタップ

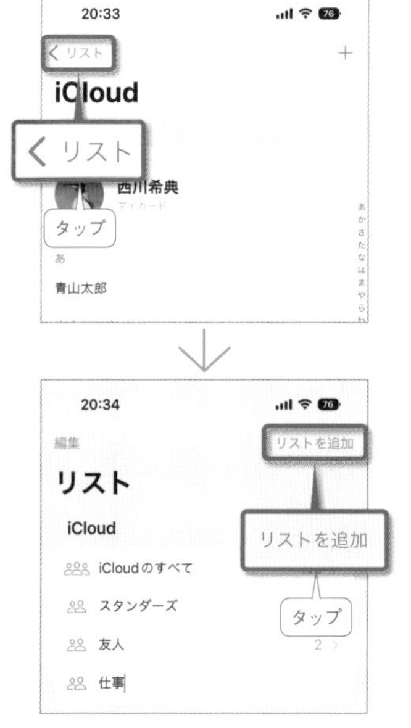

まず、連絡先アプリで左上の「リスト」をタップしてリスト一覧を開こう。続けて、右上の「リストを追加」をタップし、「仕事」や「友人」といったリストを作成しておく。

2 リストに連絡先を追加する

3 作成したリストを編集する

作成したリストをタップして開き、右上の「+」ボタンをタップ。このリストに追加する連絡先にチェックを入れて、右上の「完了」ボタンをタップしよう。

リスト一覧画面で左上の「編集」をタップすると、リストの名前を変更したり削除できる

062 連絡先 誤って削除した連絡先を復元する

iCloud.comにアクセスして復元しよう

iPhoneでiCloudの連絡先を誤って削除してしまうと、即座に同期されて他のiPadやMacの連絡先からも消えてしまうが、これはiCloud.com（No059で解説）で簡単に復元できる。パソコンのWebブラウザを使う必要はなく、iPhoneのSafariなどでiCloud.comにアクセスすればよい。Apple IDでサインインしたら、「データの復旧」→「連絡先を復元」で復元したい日時の「復元」ボタンをタップして復元しよう。なお連絡先を復元すると、直前の連絡先の状態が保存され復元対象になるので、復元を実行したあとにもう一度復元前の連絡先に戻すこともできる。

1 データの復旧をタップする

SafariでiCloud.comにアクセスしたら、「サインイン」をタップしてApple IDでサインイン。画面を下の方にスクロールし、「データの復旧」をタップしよう。

2 連絡先を復元をタップする

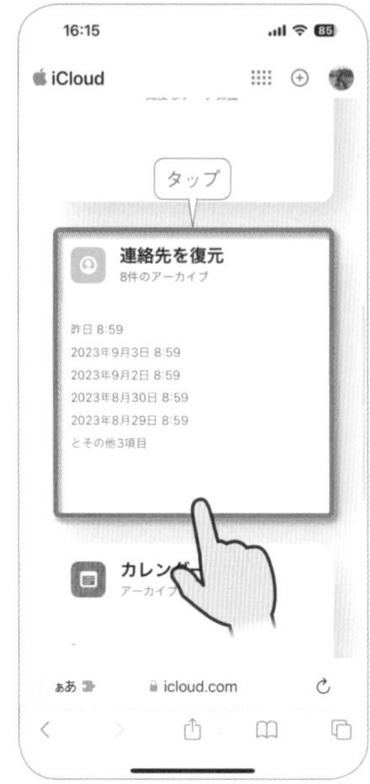

データの復旧画面から「連絡先を復元」をタップしよう。なおこの画面では、過去30日以内に削除したファイルやブックマーク、カレンダーなどを復元することもできる。

3 復元したい日時の「復元」をタップ

連絡先を復元可能なアーカイブが一覧表示されるので、復元したい日時を選んで「復元」をタップしよう。その時点の連絡先に復元され、削除した連絡先も元通りに戻る。

063 連絡先 重複した連絡先を統合する

連絡先アプリに「○件の重複が見つかりました」と表示されたら、「重複項目を表示」をタップしよう。重複が検出された連絡先が表示されるので、内容を確認して「結合」をタップすると、ひとつの連絡先にまとめられる。手動で複数の連絡先を結合するには、重複した一方の連絡先を開いて「編集」→「連絡先をリンク」をタップし、重複しているもう一方の連絡先を選択。右上の「リンク」をタップすると、ひとつの連絡先にまとめて表示される。

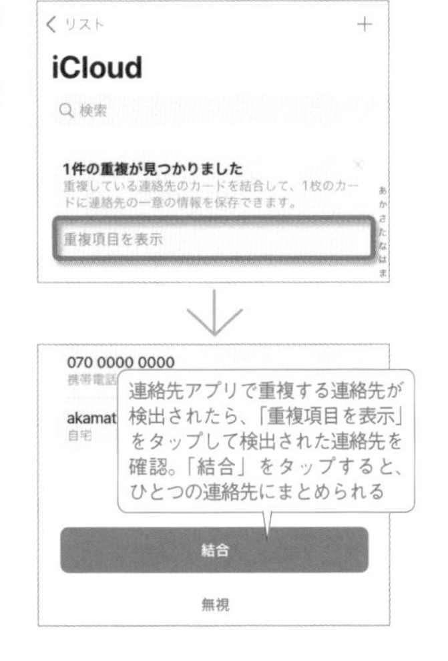

連絡先アプリで重複する連絡先が検出されたら、「重複項目を表示」をタップして検出された連絡先を確認。「結合」をタップすると、ひとつの連絡先にまとめられる

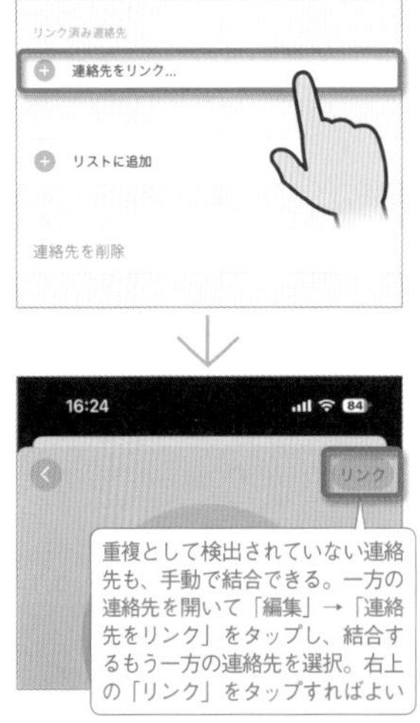

重複として検出されていない連絡先も、手動で結合できる。一方の連絡先を開いて「編集」→「連絡先をリンク」をタップし、結合するもう一方の連絡先を選択。右上の「リンク」をタップすればよい

064 マスト! メール メールアカウントごとに通知を設定する

メールアカウントを複数追加している場合は、それぞれのアカウントで通知のオン／オフを切り替えたり、通知音を変更できる。即座に対応すべき仕事のメールは通知をオンにして通知音も目立つものに変更しておき、個人用のメールはバッジのみにするなど、重要度に応じて使い分けよう。なお、この方法は受信アドレスごとに通知方法を変える設定だ。メールの送り主ごとに通知方法を変更したい場合は、VIPの通知設定を利用しよう（No072で解説）。

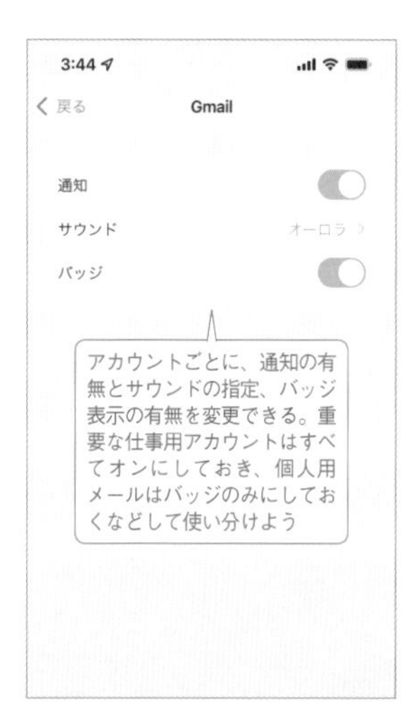

「設定」→「通知」→「メール」→「通知をカスタマイズ」をタップし、アカウントを選択する

アカウントごとに、通知の有無とサウンドの指定、バッジ表示の有無を変更できる。重要な仕事用アカウントはすべてオンにしておき、個人用メールはバッジのみにしておくなどして使い分けよう

065 受信トレイのメールをまとめて開封済みにする

メール

メールはいちいち個別に開いて開封済みにしなくても、メール一覧画面を開いて右上の「編集」→「すべてを選択」をタップし、下部の「マーク」→「開封済みにする」をタップすれば、すべての未読メールをまとめて既読にできる。未読メールが溜まってひとつずつ開封するのが面倒ならこの方法で解消しよう。開封したメールを未開封に戻したい場合は、個別のメールを右にスワイプするか、または「マーク」→「未開封にする」でまとめて戻せる。

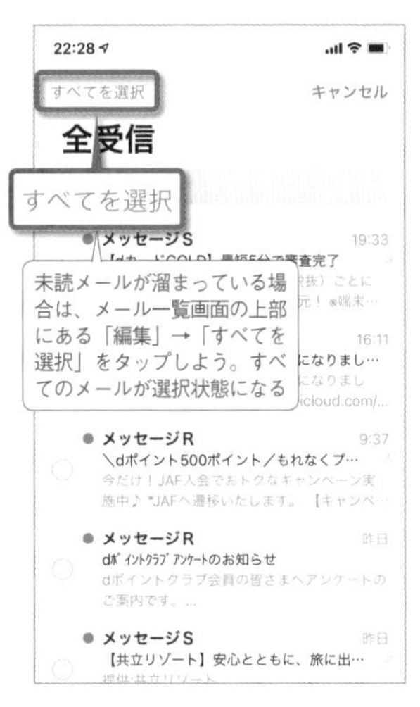

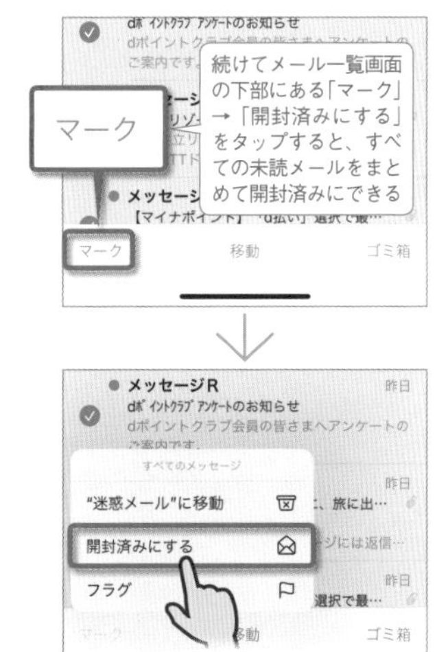

066 重要なメールに目印を付けて後でチェックする

メール

重要なメールには、返信ボタンをタップして表示されるメニューから「フラグ」をタップし、好きな色のフラグを付けておこう。フラグを付けたメールには、選択したカラーの旗マークが表示されるようになる。また、メールボックス一覧にある「フラグ付き」フォルダを開くと、フラグを付けた重要なメールのみをまとめて表示できる。フラグのカラー選択の上にある、「フラグを外す」をタップすると、付けたフラグを外せる。

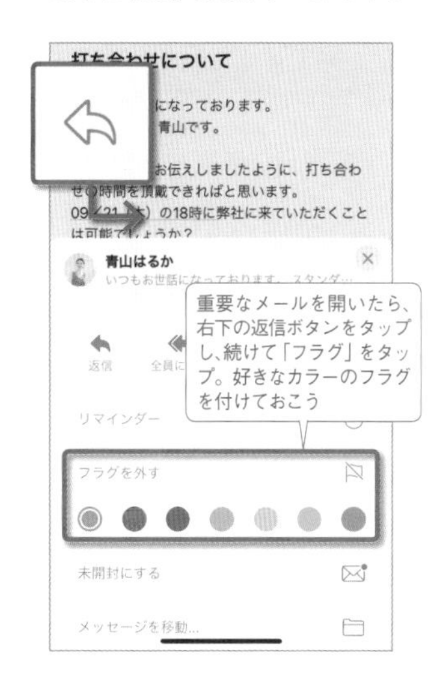

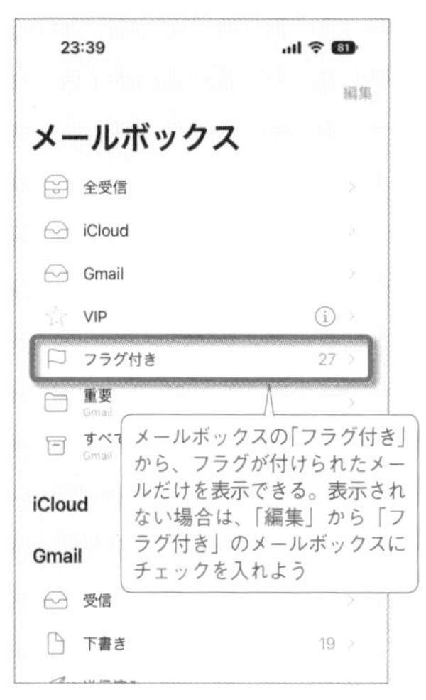

067 メールの送信を取り消す

メール

メールアプリでメールを送信したあともしばらくの間は、相手にメールが届く前に送信を取り消すことができる。まず、「設定」→「メール」→「送信を取り消すまでの時間」で、送信を取り消せる猶予時間を設定しておこう。10秒〜30秒から選択が可能だ。これで、メールの送信ボタンをタップした際に、画面下部に「送信を取り消す」が設定した時間の間表示されるようになる。これをタップすると送信がキャンセルされ、元のメール作成画面に戻る。

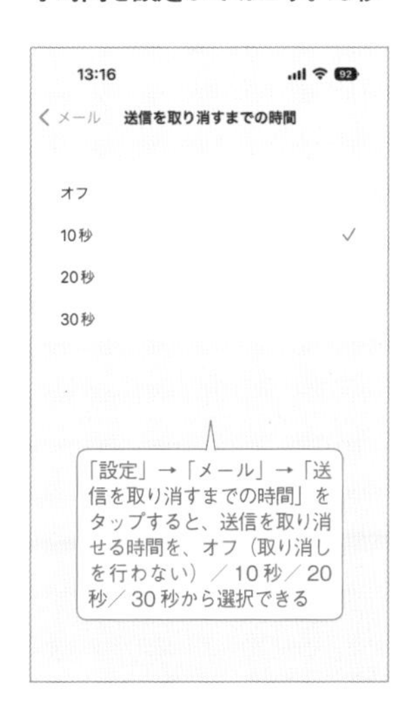

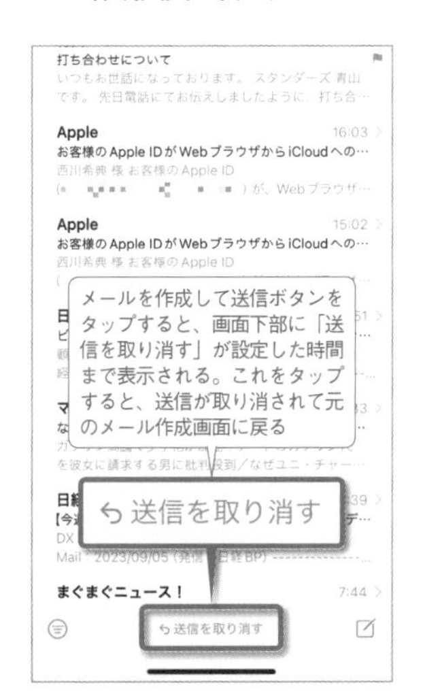

068 作成したメールを指定日時に送信する

メール

期日が近づいたイベントの確認メールを前日に送ったり、深夜に作成したメールを翌朝になってから送りたい時に便利なのが、メールアプリの予約送信機能だ。メールを作成したら、送信ボタンをロングタップしよう。メニューから「あとで送信」をタップすると、このメールを送信する日時を指定できる。送信日時を指定したメールは、メールボックス一覧の「あとで送信」に保存されており、「編集」ボタンで送信日時を変更することも可能だ。

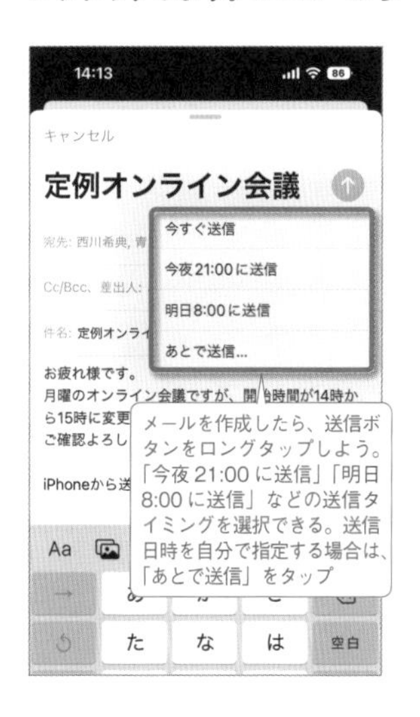

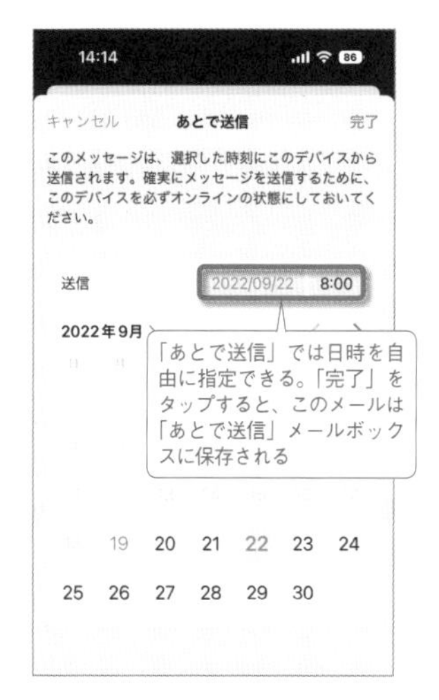

069 忘れず返信したいメールを指定日時にリマインド

メール

受信したメールを今すぐ読んだり返信する時間がないときは、あとで確認できるようにリマインダーを設定しておこう。受信メールボックスでメールを左から右にスワイプして「リマインダー」をタップするか、メール本文を開いて返信ボタンから「リマインダー」をタップすると、あとで読みたい日時を選択できる。指定した日時になると、そのメールは受信メールボックスの一番上に改めて表示され、時間の余裕があるタイミングで返信できる。

あとで読みたいメールを左から右にスワイプして「リマインダー」をタップすると、「1時間後にリマインダー」「明日リマインダー」など、あとで読みたいタイミングを選択できる。日時を自分で指定する場合は「あとでリマインダー」をタップ

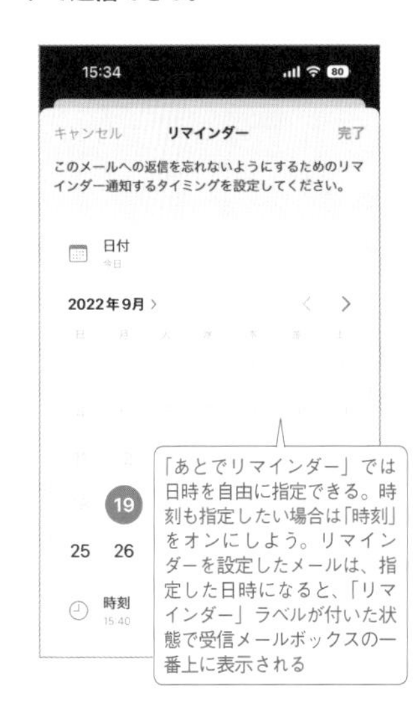

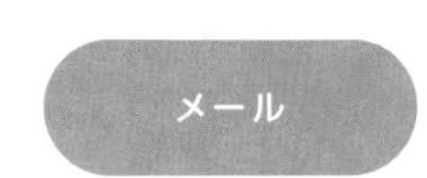

「あとでリマインダー」では日時を自由に指定できる。時刻も指定したい場合は「時刻」をオンにしよう。リマインダーを設定したメールは、指定した日時になると、「リマインダー」ラベルが付いた状態で受信メールボックスの一番上に表示される

070 連絡先リストでメールを一斉送信する

メール

連絡先アプリでリストを作成して連絡先を追加しておけば（No061で解説）、リスト内のすべての連絡先に対して、メールを一斉送信できるようになる。仕事先やサークルのメンバー、イベントの関係者など、複数の人に同じ文面のメールを送りたい時に活用しよう。メールを一斉送信するには、連絡先アプリでリストを開いて、上部のメールボタンをタップすればよい。リスト内のメンバーが全員宛先に追加された状態で、新規メールを作成できる。

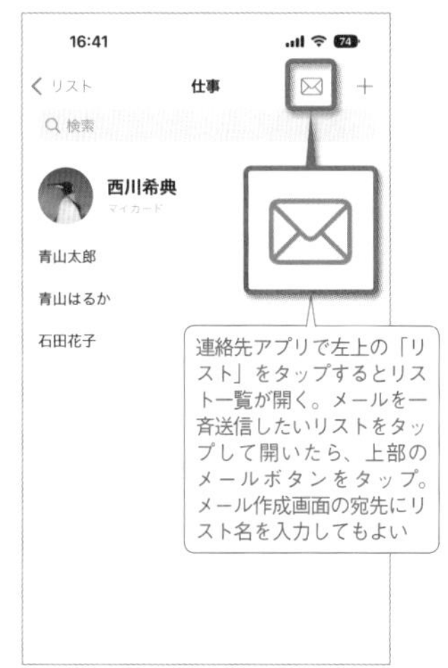

連絡先アプリで左上の「リスト」をタップするとリスト一覧が開く。メールを一斉送信したいリストをタップして開いたら、上部のメールボタンをタップ。メール作成画面の宛先にリスト名を入力してもよい

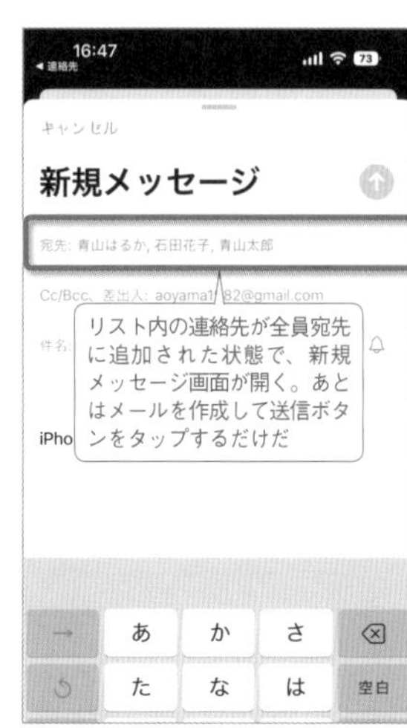

リスト内の連絡先が全員宛先に追加された状態で、新規メッセージ画面が開く。あとはメールを作成して送信ボタンをタップするだけだ

マスト!

071 フィルタ機能で目的のメールを抽出する

メール

フィルタボタンをタップするだけで絞り込める

「メール」アプリのメール一覧画面左下にあるフィルタボタンをタップすると、条件に合ったメールだけが抽出される。標準では未開封メールが抽出されて表示されるが、このフィルタ条件を変更したい場合は、下部中央に表示される「適用中のフィルタ」をタップしよう。未開封、フラグ付き、自分宛て、CCで自分宛て、添付ファイル付きのみ、VIPからのみ、今日送信されたメールのみ、といったフィルタ条件を設定できる。複数のフィルタを組み合わせて同時に適用することも可能だ。

1 メール一覧でフィルタボタンをタップ

「メール」アプリでメール一覧を開いたら、左下に用意されている、フィルタボタンをタップしてみよう。

2 フィルタ条件でメールが抽出される

3 フィルタ条件を変更する

標準では、未開封のメールのみが抽出される。フィルタ条件を変更するには、下部中央に表示されている「適用中のフィルタ」部分をタップ。

適用する項目や宛先の他、添付ファイル付きのみ、VIPからのみ、今日送信されたメールのみといったフィルタ条件を変更できる。

072 メール 重要な相手からのメールを見落とさないようにする

忙しい時はこのメールだけチェックすればOK

標準メールアプリには、「VIP」機能が用意されている。これは、あらかじめVIPリストに登録しておいた連絡先から届いたメールを、メールボックスの「VIP」に自動的に振り分けてくれる機能だ。受信時の通知もVIPに振り分けられたメールだけ独自に指定できる。VIPのメールのみ通知を有効にしたり、通常のメールとは異なる通知音を設定すれば、重要なメールにだけすぐに応対できるようになる。まずは、メールボックスの「VIP」にある「VIPを追加」をタップし、VIPを登録しよう。登録した相手からのメールが、自動でVIPメールに振り分けられる。

1 VIPリストを編集する

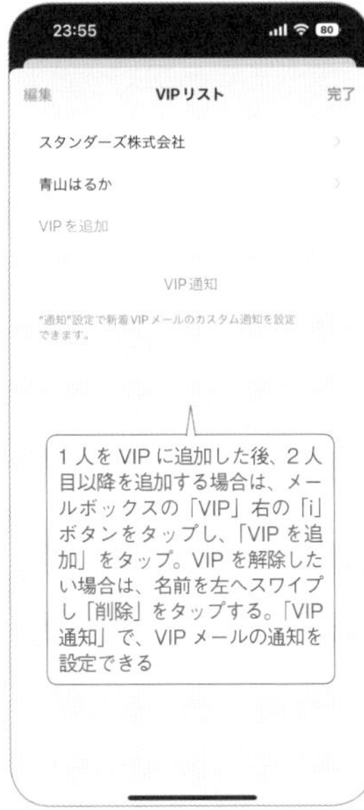

メールボックスの「VIP」、または「VIP」右の「i」ボタンをタップし、続けて「VIPを追加」をタップ。連絡先からVIPリストに登録したいユーザーを追加する。

2 VIPメールの通知設定

手順1の画面で「VIP通知」をタップすると、VIPメールを受信した時の通知方法を独自に設定することができる。

3 登録ユーザーからのメールを振り分け

073 メール フィルタとVIPの実践的な活用法

重要度の低いメールを整理するための使い方

仕事のメールの中には、あまり目を通す必要のないものもあるだろう。例えば、自分には関わりが薄いのにCcに含まれて届くプロジェクトのメールや、毎日届く社内報、頻繁に報告される進捗メールなどだ。このようなメールで受信トレイが埋まっては、本当に目を通すべき重要なメールを見つけづらくなる。そこで、フィルタ（No071で解説）とVIP（No072で解説）機能を使って、重要度の低いメールを整理しておこう。本来は必要なメールを目立たせるための機能だが、必ずしも確認しなくてよいメールを目に入らなくするような使い方もできる。

1 「宛先:自分」でCcメールを非表示

メールのフィルタ機能で「宛先：自分」にチェックしておこう。Ccで自分が含まれるメールは表示されず、宛先が自分のメールのみ表示されるようになる。

2 定期メールはVIPに振り分ける

社内報や進捗報告など、頻繁に届くがあまり読む必要もない定期メールのアドレスは、VIPに追加しておこう。

3 VIPメールの通知をオフにする

「VIP通知」をタップして「通知」をオフ。「バッジ」のみオンにしておけば、新着メールがあることはバッジで把握できる。

074 メール 自分のアドレスを非公開にしてメールを送受信する

iCloud+で利用できる使い捨てアドレス機能

iCloudのストレージ容量を有料で購入（月額130円から）すると、いくつかの機能が追加された「iCloud＋」にアップグレードされる。そのうちのひとつが「メールを非公開」機能だ。これはいわゆる使い捨てアドレス機能で、Webサービスやメルマガに登録する際に、ランダムなメールアドレスを作成できる。作成したアドレスに届くメールは、自動的にApple IDに関連付けられたメールアドレスに転送される。作成したアドレスの管理や、転送先アドレスの変更は、「設定」一番上のApple IDを開いて「iCloud」→「メールを非公開」で行える。

1 Safariで「メールを非公開」をタップ

Safariでメールアドレスの入力を求められたら、入力欄をタップし、キーボード上部の「メールを非公開」をタップ。ランダムなアドレスが生成されるので、「メモ」欄に使用目的などをメモしておき、「続ける」をタップする。

2 本来のメールアドレスに自動で転送される

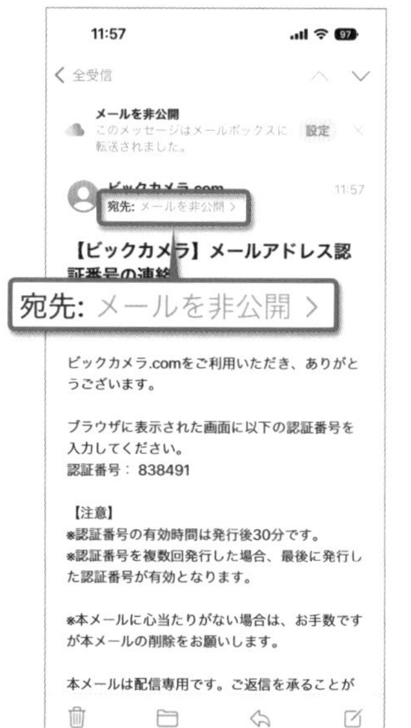

作成したアドレス宛に届いたメールは、自動的にApple IDに設定した本来のメールアドレスに届く。標準メールアプリで返信すると、差出人アドレスも本来のメールアドレスから作成したアドレスに変更される。

3 作成したアドレスを管理する

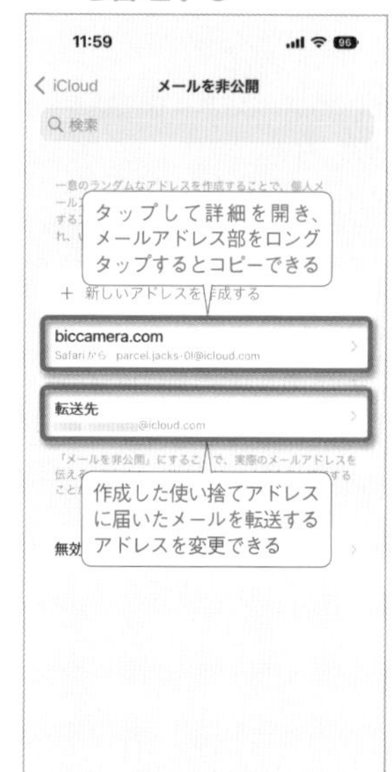

作成したアドレスは、「設定」で一番上のApple IDを開き、「iCloud」→「メールを非公開」で確認できる。メールアドレスをロングタップするとコピーできるほか、アドレスの追加や削除、転送先の変更も可能だ。

---

075 メール 「iPhoneから送信」を別の内容に変更する

標準の「メール」アプリで新規メールを作成すると、「iPhoneから送信」という文言が本文に挿入されていることに気づくはず。この「iPhoneから送信」部分は、別の内容に変更可能だ。iPhoneを仕事でも使う場合は、パソコンのメールに記載している署名と同じものを使用したり、不要なら削除しておけばよい。また、メールアプリで複数のアドレスを使っている場合は、それぞれ別々の署名を設定できる。

新規メールには、はじめから「iPhoneから送信」が記載されている。別の内容に変更するか、不要なら削除しよう

「設定」→「メール」→「署名」を開く。複数のアドレスを使っている場合は、「すべてのアカウント」（で同じ署名を使う）か「アカウントごと」（に別々の署名を使う）を選択。「iPhoneから送信」を削除して、自分の名前や電話番号などを入力しよう

076 メール 複数アドレスの送信済みメールもまとめてチェック

メールアプリで送信済みメールを確認したい場合は、メールボックス一覧で、各アカウントごとの「送信済み」トレイをタップして開けばよい。ただ、これだとアカウントそれぞれの送信済みメールを個別にチェックすることになる。「全受信」のように、すべてのアカウントの送信済みメールをまとめて確認したい場合は、メールボックス一覧の「編集」をタップし、「すべての送信済み」にチェックしておこう。

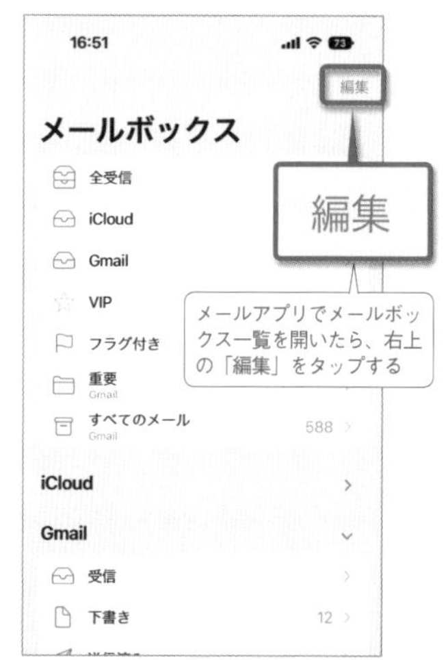

メールアプリでメールボックス一覧を開いたら、右上の「編集」をタップする

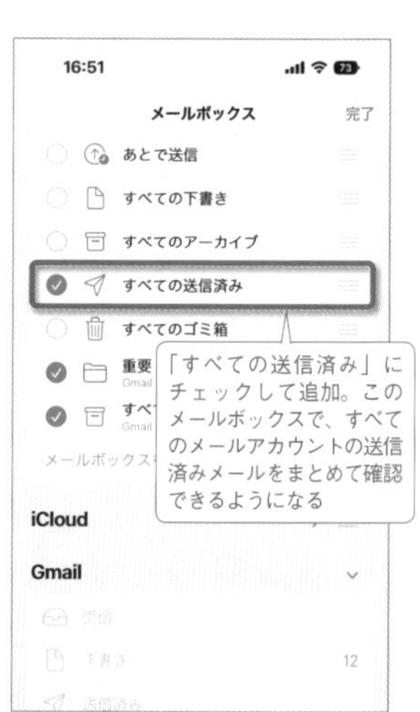

「すべての送信済み」にチェックして追加。このメールボックスで、すべてのメールアカウントの送信済みメールをまとめて確認できるようになる

マスト!

077 Gmail Googleの高機能無料メール Gmailを利用しよう

多機能なフリーメール「Gmail」をiPhoneで活用しよう

Gmailは、Googleが開発・提供しているメールサービスだ。Gmailの特徴は、受信したメールはもちろん、送信済みのメールやアカウントの設定、連絡先などの個人データを、すべてオンライン上に保存しているという点。Gmailユーザーはスマートフォンやタブレット、パソコンからGmailへアクセスし、メールの送受信やメールの整理をオンライン上で行う仕組みになっている。そのため、自宅でも、外出先でも常に同じ状態のメールボックスを利用することができる。通勤途中に、昨晩パソコンから送ったメールをスマートフォンから確認するといったことも簡単。自宅だけでメールを受信するスタイルとは、全く異なったメールの使い方ができるサービスだ。

Gmailを iPhoneで利用するには、公式アプリを利用する方法と、標準の「メール」アプリで利用する方法がある。ただし、標準メールアプリだと、Gmailの受信メールはリアルタイムでプッシュ通知されず、受信までにタイムラグが生じてしまう(「自動フェッチ」にしておけば、iPhoneが充電中でWi-Fiに接続中の場合のみ、リアルタイムで通知してくれる)。Gmailをメインで利用するなら、リアルタイムで通知される公式アプリの利用がオススメだ。

App
Gmail
作者/Google, Inc.
価格/無料

>>> 公式アプリでGmailを利用してみよう

1 アカウントを入力してGmailへログインする

まずGoogleのアカウントを入力してログインする。マルチアカウントにも対応しており、複数のアカウントを切り替えて利用可能だ。

2 iPhoneでGmailが利用できる

Gmailの受信トレイが表示され、メールを送受信できる。新規メール作成は右下の作成ボタンから。左上のボタンでメニューが表示され、トレイやラベルを選択できる。

3 Gmailの機能をフルに利用できる

新規メールの作成画面。宛先欄右の「v」をタップして、CcやBccを追加可能。クリップのボタンでファイルの添付も行える。設定で入力した署名は、メール作成画面には表示されないが、送信メールには記載されている。右上のボタンで送信しよう

>>> 標準メールアプリでGmailを利用する

1 Gmailアカウントを追加する

標準メールアプリでGmailを利用するには、「設定」→「メール」→「アカウント」をタップして開き、「アカウントを追加」→「Google」をタップする。

2 「メール」のオンを確認してアカウントを保存

Googleアカウントでログインしてアカウントの追加を済ませたら、「メール」がオンになっていることを確認して「保存」をタップ。連絡先やカレンダー、メモの同期も可能だ。

3 「自動フェッチ」設定を確認する

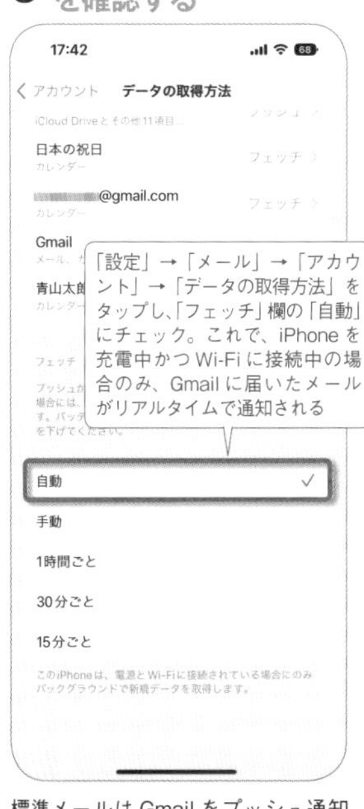

標準メールはGmailをプッシュ通知できないデメリットがあるが、「自動フェッチ」に設定しておけば、iPhoneを充電中でWi-Fiに接続中の場合のみ、プッシュ通知してくれる。

マスト!

078 Gmail Gmailに会社や自宅のメールアドレスを集約させよう

会社や自宅のメールは「Gmailアカウント」に設定して管理しよう

No077で解説した「Gmail」公式アプリには、会社や自宅のメールアカウントを追加して送受信することもできる。ただし、iPhone上のGmailアプリに他のアカウントを追加するだけの方法では、iPhoneで送受信した自宅や会社のメールは他のデバイスと同期されず、Gmailの機能も活用できない。

そこで、自宅や会社のメールを「Gmailアプリ」に設定するのではなく、「Gmailアカウント」に設定してみよう。アカウントに設定するので、同じGoogleアカウントを使ったiPhoneやスマートフォン、パソコンで、まったく同じ状態の受信トレイ、送信トレイを同期して利用できる。また、ラベルとフィルタを組み合わせたメール自動振り分け機能や、ほとんどの迷惑メールを防止できる迷惑メールフィルター、メールの内容をある程度判断して受信トレイに振り分けるカテゴリタブ機能など、Gmailが備える強力なメール振り分け機能も、会社や自宅のメールに適用することが可能だ。Gmailのメリットを最大限活用できるので、Gmailアプリを使って会社や自宅のメールを管理するなら、こちらの方法をおすすめする。

ただし、設定するにはWeb版Gmailでの操作が必要だ。パソコンのWebブラウザ上で、https://mail.google.com/ にアクセスしよう。あとは右で解説している通り、設定の「メールアカウントを追加する」で会社や自宅のアカウントを追加すればよい。

SECTION 2

>>> 自宅や会社のメールをGmailアカウントで管理する

1 Gmailにアクセスして設定を開く

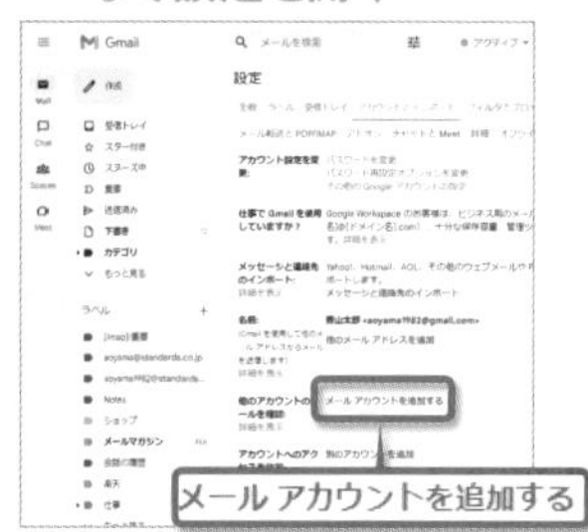

ブラウザでWeb版のGmailにアクセスしたら、歯車ボタンのメニューから「すべての設定を表示」→「アカウントとインポート」タブを開き、「メールアカウントを追加する」をクリック。

2 Gmailで受信したいメールアドレスを入力

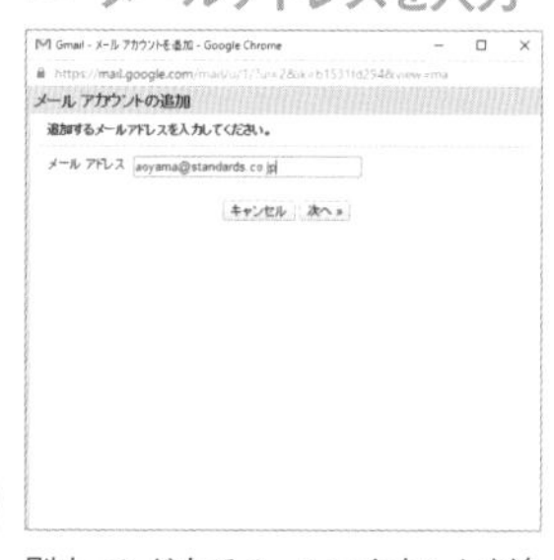

別ウィンドウでメールアカウントを追加するウィザードが開く。Gmailで受信したいメールアドレスを入力し、「次のステップ」をクリック。

3 「他のアカウントから～」にチェックして「次へ」

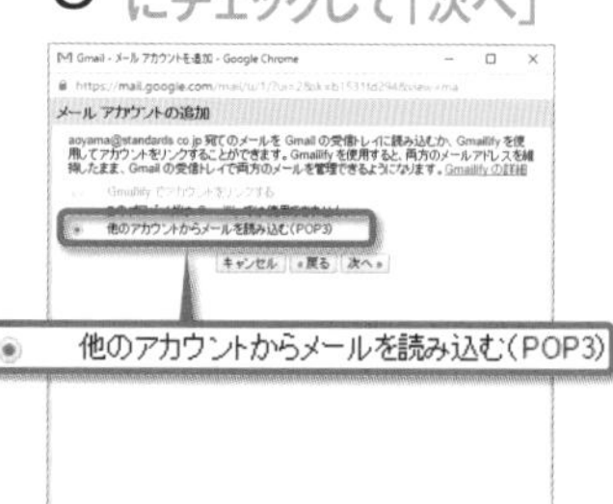

追加するアドレスがYahoo!、AOL、Outlook、Hotmailなどであれば Gmailify機能で簡単にリンクできるが、その他のアドレスは「他のアカウントから～」にチェックして「次へ」。

4 受信用のPOP3サーバーを設定する

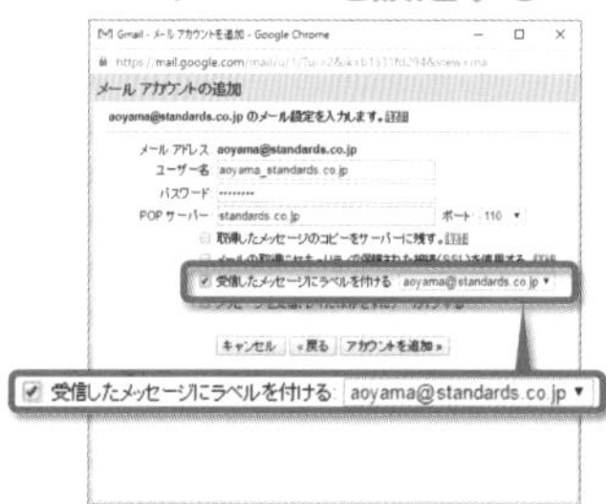

POP3サーバー名やユーザー名/パスワードを入力して「アカウントを追加」。「～ラベルを付ける」にチェックしておくと、あとでアカウントごとのメール整理が簡単だ。

5 送信元アドレスとして追加するか選択

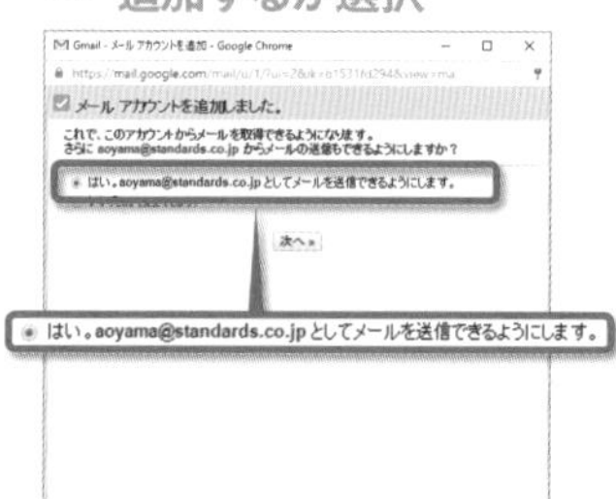

このアカウントを送信元にも使いたい場合は、「はい」にチェックしたまま「次のステップ」を選択。この設定は後からでも「設定」→「アカウント」→「メールアドレスを追加」で変更できる。

6 送信元アドレスの表示名などを入力

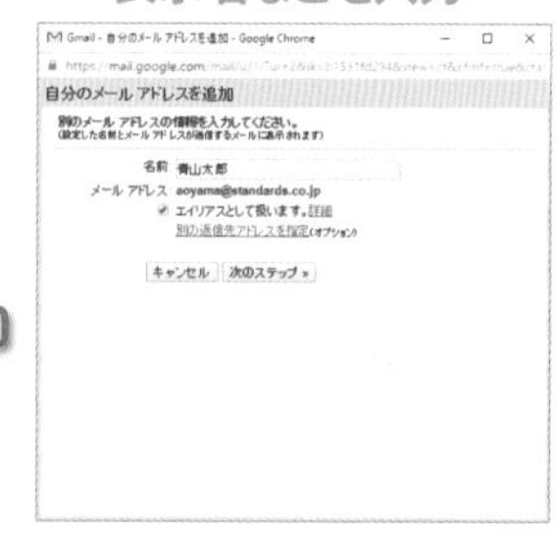

「はい」を選択した場合、送信元アドレスとして使った場合の差出人名を入力して「次のステップ」をクリック。

7 送信用のSMTPサーバーを設定する

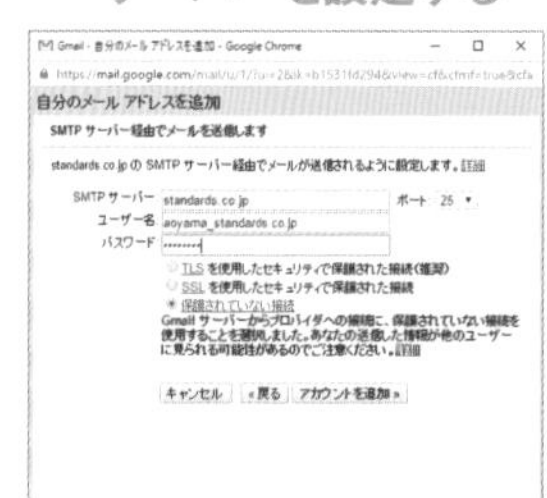

追加した送信元アドレスでメールを送信する際に使う、SMTPサーバの設定を入力して「アカウントを追加」をクリックすると、アカウントを認証するための確認メールが送信される。

8 確認メールで認証を済ませて設定完了

ここまでの設定が問題なければ、確認メールがGmail宛てに届く。「確認コード」の数字を入力欄に入力するか、「下記のリンクをクリックして～」をクリックすれば、認証が済み設定完了。

9 Gmailで会社や自宅のメールを管理

マスト!

079 Gmailを詳細に検索できる演算子を利用しよう

Gmail

複数の演算子でメールを効果的に絞り込む

Gmailのラベルやフィルタで細かくメールを管理していても、いざ目当てのメールを探そうとするとなかなか見つからない……という時は、ピンポイントで目的のメールを探し出すために、「演算子」と呼ばれる特殊なキーワードを使用しよう。ただ名前やアドレス、単語で検索するだけではなく、演算子を加えることで、より正確な検索が行える。複数の演算子を組み合わせて絞り込むことも可能だ。ここでは、よく使われる主な演算子をピックアップして紹介する。これだけでも覚えておけば、Gmailアプリでのメール検索が一気に効率化するはずだ。

Gmailで利用できる主な演算子

from: …… 送信者を指定

to: …… 受信者を指定

subject: …… 件名に含まれる単語を指定

OR …… A OR Bのいずれか一方に一致するメールを検索

-（ハイフン） …… 除外するキーワードの指定

" "（引用符） …… 引用符内のフレーズを含むメールを検索

after: …… 指定日以降に送受信したメール

before: …… 指定日以前に送受信したメール

label: …… 特定ラベルのメールを検索

filename: …… 添付ファイルの名前や種類を検索

has:attachment …… 添付ファイル付きのメールを検索

演算子を使用した検索の例

from:sato

送信者のメールアドレスまたは送信者名にsatoが含まれるメールを検索。大文字と小文字は区別されない。

from:青山 OR from:佐藤

送信者が青山または佐藤のメッセージを検索。「OR」は大文字で入力する必要があるので要注意。

from:佐藤 subject:会議

送信者名が佐藤で、件名に「会議」が含まれるメールを検索。送信者名は漢字やひらがなでも指定できる。

after:2015/03/05

2015年3月5日以降に送受信したメールを指定。「before:」と組み合わせれば、指定した日付間のメールを検索できる。

from:佐藤 "会議"

送信者名が佐藤で、件名や本文に「会議」を含むメールを検索。英語の場合、大文字と小文字は区別されない。

filename:pdf

PDFファイルが添付されたメールを検索。本文中にPDFファイルへのリンクが記載されているメールも対象となる。

080 情報保護モードでGmailを送信する

Gmail

Gmailアプリ（No077で解説）には、個人情報やパスワードなどの機密情報が記載されたメールを送る際に、メールの表示期限を設定できる「情報保護モード」が搭載されている。情報保護モードで送られたメールは転送やダウンロード、コピーが禁止され、設定された期限を過ぎるとメールを表示できなくなる。また、メールを表示するのにSMS認証が必要になるように設定したり、期限をまたずに強制的にメールを読めなくすることもできる。

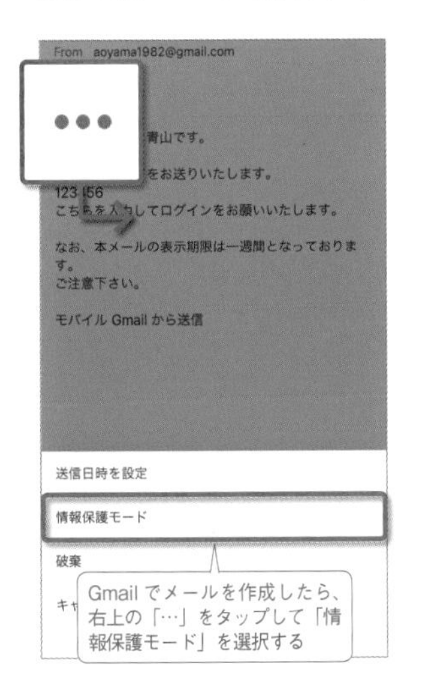

Gmailでメールを作成したら、右上の「…」をタップして「情報保護モード」を選択する

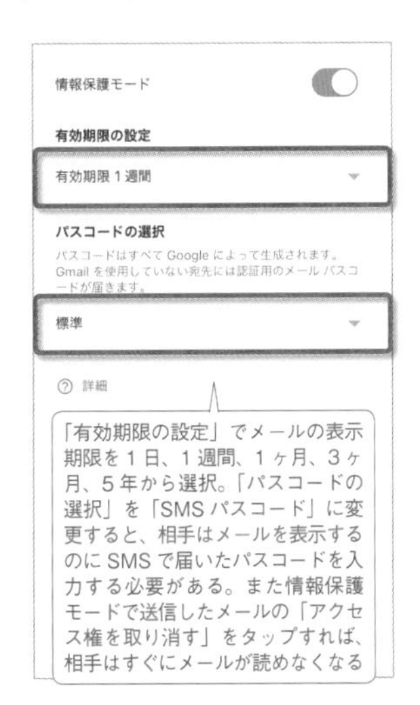

「有効期限の設定」でメールの表示期限を1日、1週間、1ヶ月、3ヶ月、5年から選択。「パスコードの選択」を「SMSパスコード」に変更すると、相手はメールを表示するのにSMSで届いたパスコードを入力する必要がある。また情報保護モードで送信したメールの「アクセス権を取り消す」をタップすれば、相手はすぐにメールが読めなくなる

081 LINEのようにやり取りを表示できるメールアプリ

メール

メールでのやり取りを、LINEのように会話形式で表示してくれるメールアプリが「Spike」だ。特定の相手とのメールがまとめて表示されるので、過去のやり取りをさかのぼって確認するのも簡単。

App

Spike
作者／SpikeNow Ltd.
価格／無料

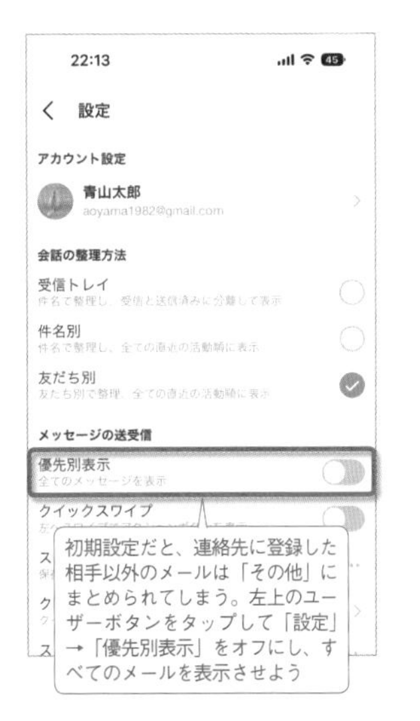

初期設定だと、連絡先に登録した相手以外のメールは「その他」にまとめられてしまう。左上のユーザーボタンをタップして「設定」→「優先別表示」をオフにし、すべてのメールを表示させよう

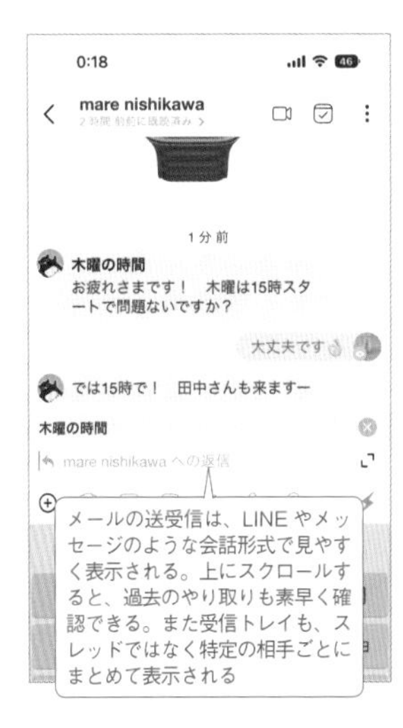

メールの送受信は、LINEやメッセージのような会話形式で見やすく表示される。上にスクロールすると、過去のやり取りも素早く確認できる。また受信トレイも、スレッドではなく特定の相手ごとにまとめて表示される

082 電話の通話履歴にLINEの通話も表示させる

LINE

LINEの無料音声通話やビデオ通話をよく利用しているなら、以前の通話履歴を確認したり、履歴から素早くLINE通話をかけ直したいことも多いだろう。下部メニューの「ニュース」を「通話」に変更して通話履歴を一覧表示する方法もある（No090で解説）が、iPhone版のLINEであれば、電話アプリの履歴画面にLINEの通話履歴をまとめて表示できる。LINEの通話設定で「iPhoneの基本通話と統合」と「iPhoneの通話履歴に表示」をオンにしておこう。

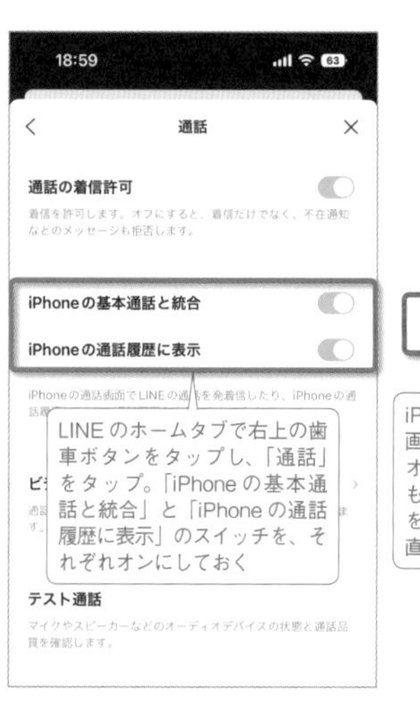

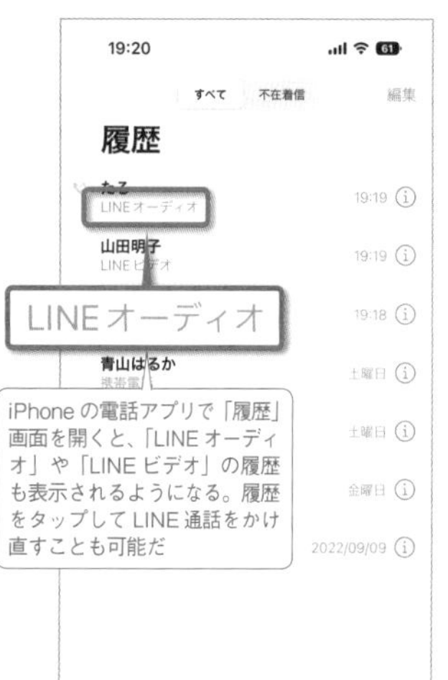

083 LINEの送信済みメッセージを取り消す

LINE

LINEで送信したメッセージは、24時間以内なら取り消し可能だ。1対1のトークはもちろん、グループトークでもメッセージを取り消しできる。テキストだけではなく写真やスタンプ、動画なども対象だ。また、未読、既読、どちらの状態でも取り消しを行える。ただし、相手のトーク画面には、「メッセージの送信を取り消しました」と表示され、取り消し操作を行ったことは必ず伝わってしまうので注意しよう。

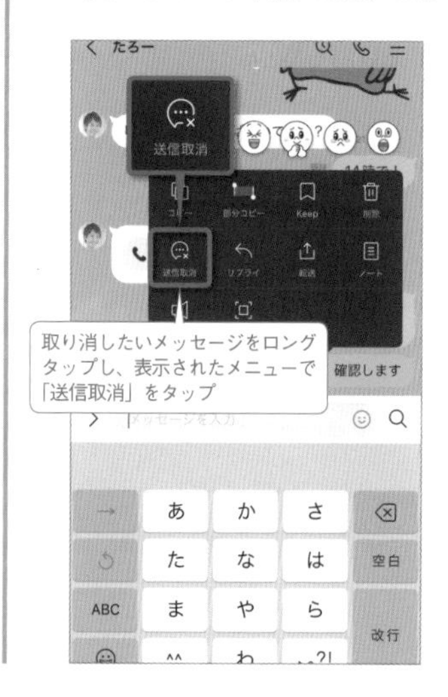

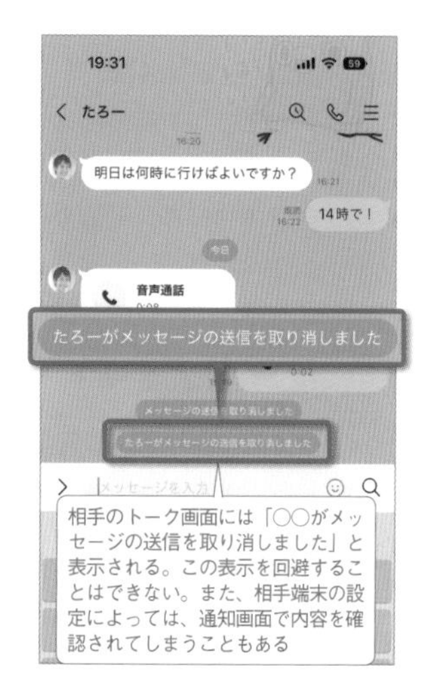

SECTION 2

マスト!

084 既読を付けずにLINEのメッセージを読む

LINE

気づかれずにメッセージを確認する裏技

LINEのトークの既読通知は、相手がメッセージを読んだかどうか確認できて便利な反面、受け取った側は「読んだからにはすぐに返信しなければ」というプレッシャーに襲われがちだ。そこで、既読を付けずにメッセージを読むテクニックを覚えておこう。まず、通知センターを利用すれば、着信したトークを既読回避しつつ全件プレビュー表示可能だ。さらに、各通知をロングタップすれば既読を付けずに全文を読むことができる。また、トーク一覧画面で相手をロングタップすることで、既読をつけずに1画面分を読める。

1 通知センターで内容を確認する

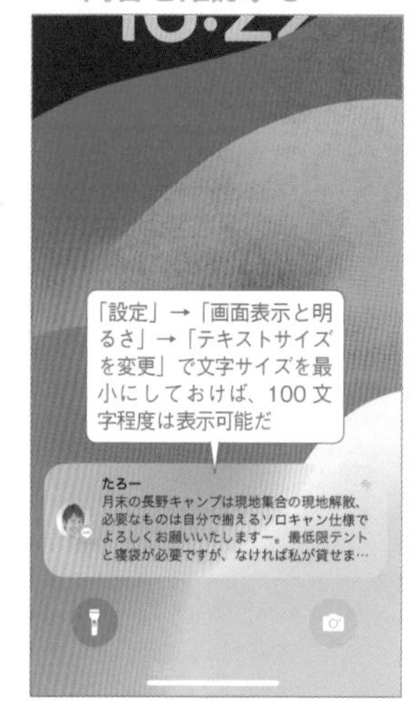

本体の「設定」→「通知」→「LINE」でロック画面や通知センターでの通知をオンにしておき、「プレビューを表示」を「常に」か「ロックされていない時」に設定。また、LINEの通知設定で、「新規メッセージ」と「メッセージ内容を表示」をオンにしておけば、通知センターでトーク内容の一部を確認できる。

2 通知センターをロングタップする

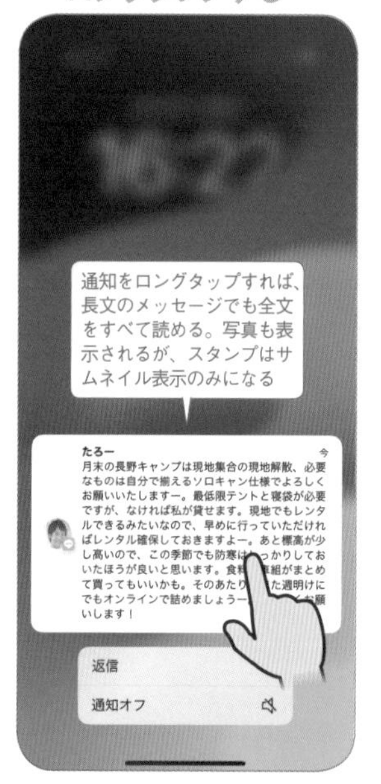

通知センターでトーク内容を全部読めなくても、通知をロングタップすることで、全文を表示できる。この状態でも既読は付かない。

3 トーク一覧で相手の名前をロングタップ

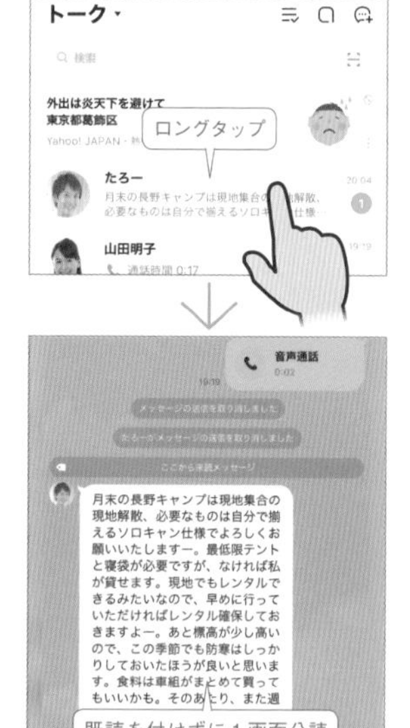

トーク一覧画面で相手をロングタップすれば、既読を付けずに内容をプレビューできる。

085 LINEのトーク内容を検索する

LINE

LINEで以前やり取りしたトーク内容を探したい場合は、検索機能を利用しよう。「ホーム」または「トーク」画面上部の検索欄で、すべてのトークルームからキーワード検索できる。検索すると、まずキーワードを含むトークルームが一覧表示される。トークルームを選ぶと、さらにキーワードを含むメッセージが一覧表示される。これを選んでタップすれば、キーワードが黄色くハイライトされた状態で開くことができる。

086 グループトークで特定のメッセージに返信する

LINE

大人数のLINEグループでみんなが好き勝手にトークしていると、自分宛てのメッセージが他のトークで流れてしまい、返信のタイミングを逃すことがある。そんな時はリプライ機能を使おう。メッセージを引用した上で返信できるので、誰のどのメッセージに宛てた返事かひと目で分かるようになる。また、特定の誰かにメッセージを送りたい時は、メッセージ入力欄に「@」を入力すれば、メンバー一覧から指名して送信できる。

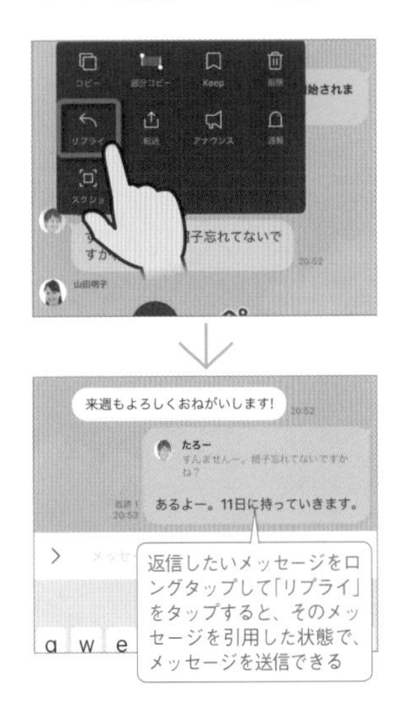

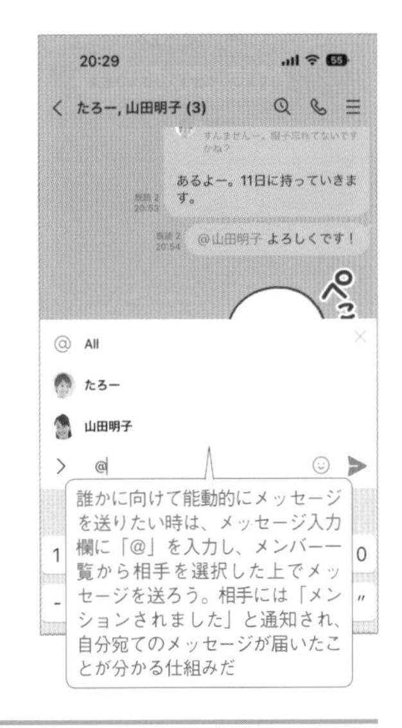

087 LINEでブロックされているかどうか確認する

LINE

LINEで友だちにブロックされているかどうか判別するには、スタンプショップで適当な有料スタンプを選び、確認したい相手にプレゼントしてみるといい。「すでにこのアイテムを持っているためプレゼントできません。」と表示されたら、ブロックされている可能性がある。もちろん、相手が実際にそのスタンプを持っていることもあるので、相手が持っていなさそうな複数のスタンプを使ってチェックしてみよう。

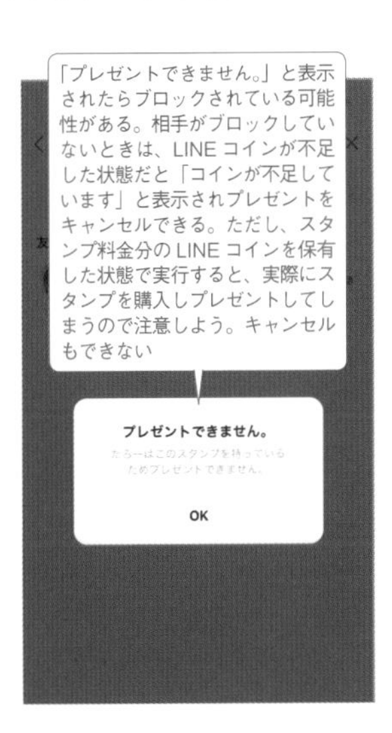

088 相手に通知せずにLINEを送信する

LINE

LINEには、相手に通知を表示させずにメッセージを送信できる、「ミュートメッセージ」機能が用意されている。ミュートメッセージを送ると、相手にはロック画面やバナーの通知が表示されず、通知音も鳴らない。バッジは表示されるので、新着メッセージが届いていることは分かる。深夜や早朝といった迷惑になる時間帯や、相手が仕事中や授業中のタイミングであっても、この機能を使えば気兼ねなくメッセージを送ることが可能だ。

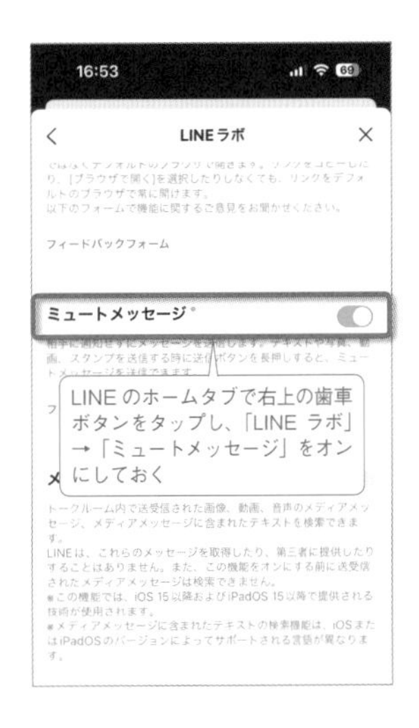

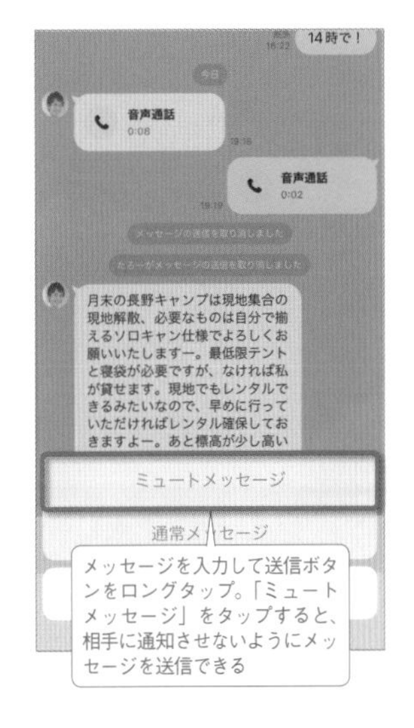

089 LINEのトークをジャンルごとに分類する

LINE

LINEの友だち数が多すぎてメッセージを送りたい相手がなかなか見つからない人は、LINEラボの「トークフォルダー」を有効にしておくのがおすすめだ。トーク画面が「友だち」「グループ」「公式アカウント」「オープンチャット」の4つのカテゴリに分類され、トークが自動で振り分けられる。特に公式アカウントやグループの登録が多い人は個人のトークが埋もれがちなので、この機能でトークリストを見やすく整理しておきたい。

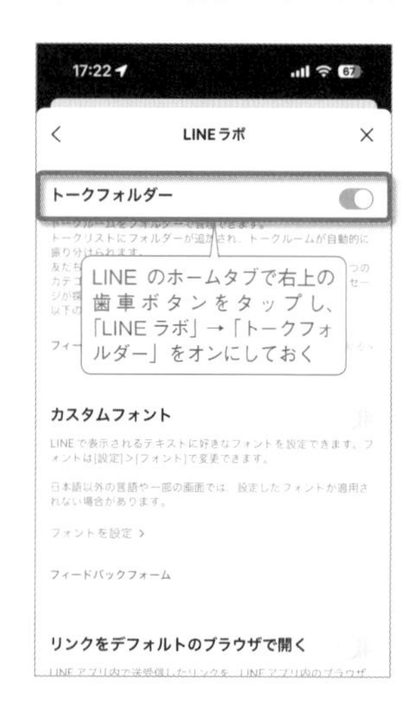

LINEのホームタブで右上の歯車ボタンをタップし、「LINEラボ」→「トークフォルダー」をオンにしておく

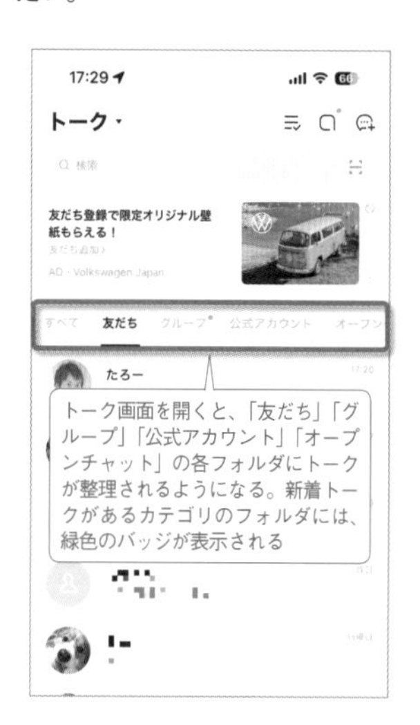

トーク画面を開くと、「友だち」「グループ」「公式アカウント」「オープンチャット」の各フォルダにトークが整理されるようになる。新着トークがあるカテゴリのフォルダには、緑色のバッジが表示される

090 LINEの通話履歴を一覧表示する

LINE

LINEでの音声通話やビデオ通話の履歴はトーク画面で個別に確認できるほか、iPhone版のLINEは電話アプリの履歴画面に表示させることもできる（No082で解説）。ただ電話アプリだと通常の電話やFaceTimeの通話履歴もまとめて表示されるので、LINEでの通話履歴だけを確認したいなら、LINEの設定で下部メニューにある「ニュース」タブを「通話」タブに変更しておこう。「通話」画面の履歴から素早くLINE通話をかけ直すことも可能だ。

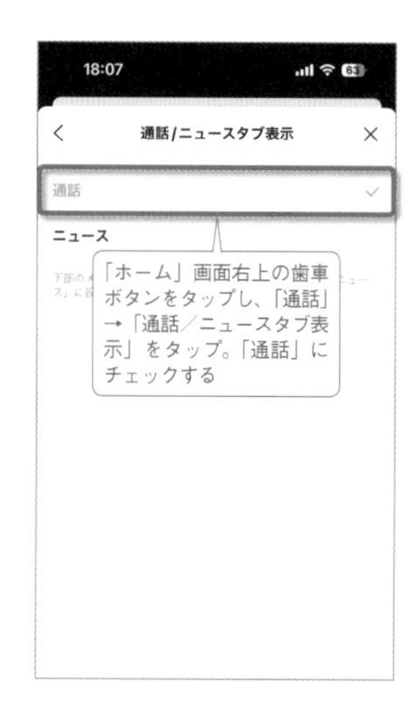

「ホーム」画面右上の歯車ボタンをタップし、「通話」→「通話／ニュースタブ表示」をタップ。「通話」にチェックする

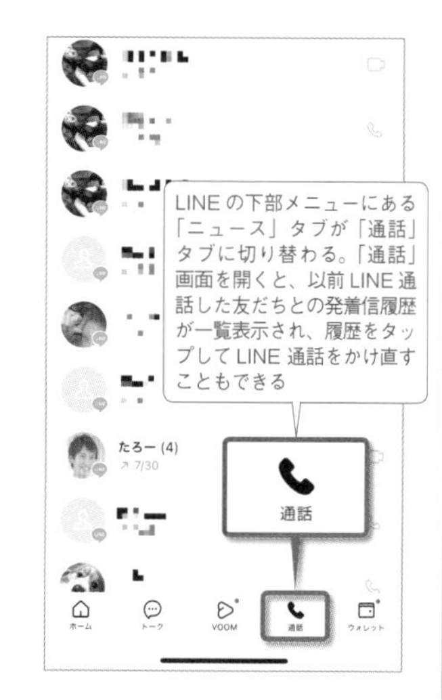

LINEの下部メニューにある「ニュース」タブが「通話」タブに切り替わる。「通話」画面を開くと、以前LINE通話した友だちとの発着信履歴が一覧表示され、履歴をタップしてLINE通話をかけ直すこともできる

091 LINEで使えるフォントを変更する

LINE

LINEのトークでもっとかわいいフォントやおしゃれなフォントを使いたいなら、LINEラボの「カスタムフォント」を有効にしよう。「HCマルゴシック」や「木漏れ日ゴシック」、「しねきゃぷしょん」など13種類のフォントから選んで、好きなフォントに変更することが可能だ。ここで変更したフォントはトークのやり取り以外にも、ホームやウォレット、設定など、ニュースタブを除くほとんどの画面に適用され、LINEの雰囲気ががらりと変わる。

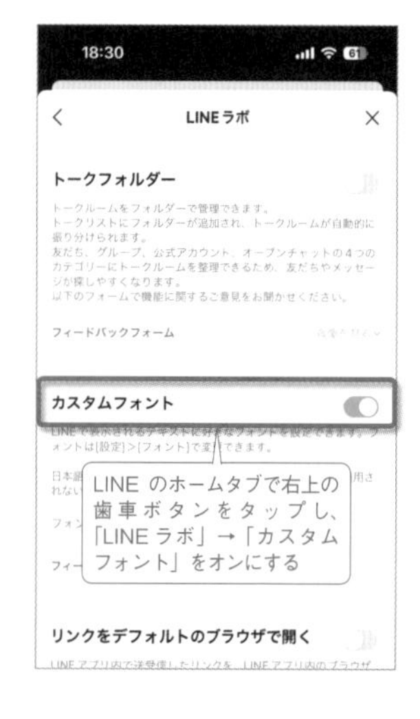

LINEのホームタブで右上の歯車ボタンをタップし、「LINEラボ」→「カスタムフォント」をオンにする

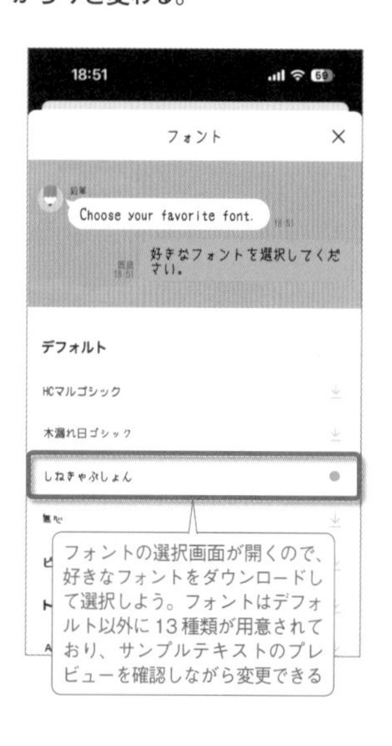

フォントの選択画面が開くので、好きなフォントをダウンロードして選択しよう。フォントはデフォルト以外に13種類が用意されており、サンプルテキストのプレビューを確認しながら変更できる

092 やるべきことをLINEに教えてもらう

LINE

「リマインくん」は、LINEのトーク画面でやり取りしながら予定を登録し、指定日時に通知してくれるリマインダーbotだ。まず、Safariで公式サイト（https://reminekun.com/）へアクセスし、「今すぐ友だちに追加」をタップ。「追加」をタップして友だちに追加しておこう。あとは、リマインくんとのトーク画面を開き、メッセージ入力欄に予定を入力して送信。続けて通知してほしい日時を入力すれば、その時間に予定を知らせてくれる。

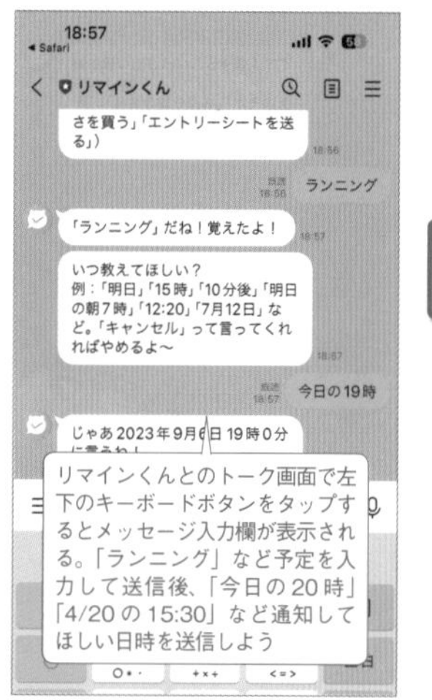

リマインくんとのトーク画面で左下のキーボードボタンをタップするとメッセージ入力欄が表示される。「ランニング」など予定を入力して送信後、「今日の20時」「4/20の15:30」など通知してほしい日時を送信しよう

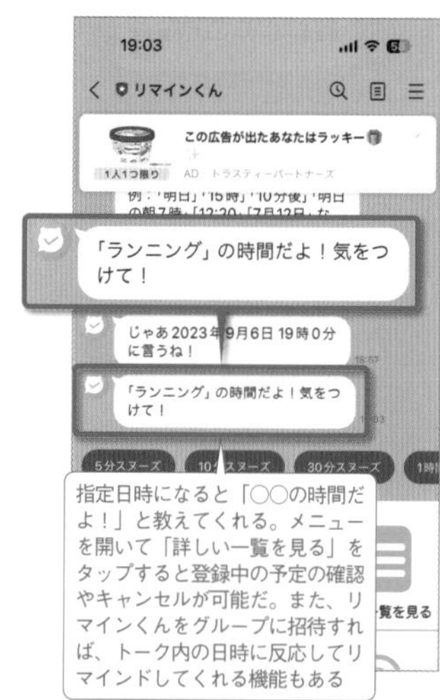

指定日時になると「〇〇の時間だよ！」と教えてくれる。メニューを開いて「詳しい一覧を見る」をタップすると登録中の予定の確認やキャンセルが可能だ。また、リマインくんをグループに招待すれば、トーク内の日時に反応してリマインドしてくれる機能もある

SECTION

3

ネットの快適技

ネットでの情報収集やSNSでの
コミュニケーションを、ストレスなく円滑に行う
ために、アプリやサービスの便利技を駆使しよう。
まずはSafariに搭載された細かな
便利機能を覚えることから始めよう。

マスト! iOS17

093 Safari 仕事用、学校用などのテーマ別にSafariを使い分ける

タブやグループなどの環境を用途別に切り替える

iOS 17ではSafariに「プロファイル」機能が追加され、「仕事用」や「学校用」のようにプロファイル（使用環境）を切り替えて利用できるようになった。利用するタブグループやお気に入り、履歴といった環境を用途に応じて使い分けられる他、機能拡張のオン／オフも選択できる。例えば、普段は広告ブロックをオンにして、仕事用のプロファイルでは広告ブロックをオフにするといった使い方もできる。まずは、「設定」→「Safari」の「プロファイル」欄で新規プロファイルを作成しよう。

1 新規プロファイルを作成する

「設定」→「Safari」で「新規プロファイル」をタップ。名前を入力しアイコンとカラーを選択したら、右上の「完了」をタップ。

2 プロファイルの設定を変更する

「設定」→「Safari」で、作成したプロファイル名をタップして設定を変更できる。拡張機能のオン／オフを設定したり、プロファイルの削除も行うことができる。

3 プロファイルを切り替える

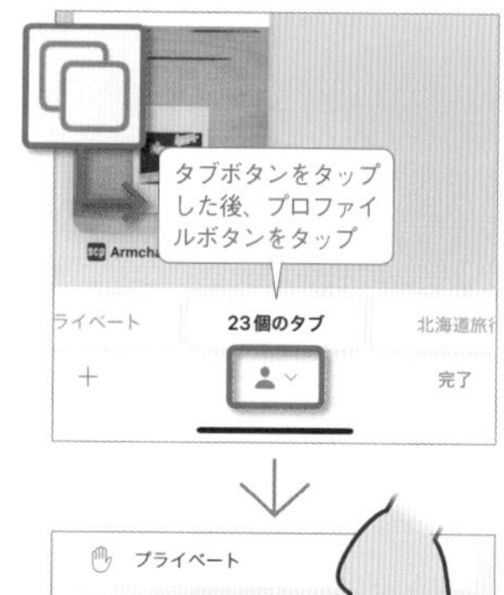

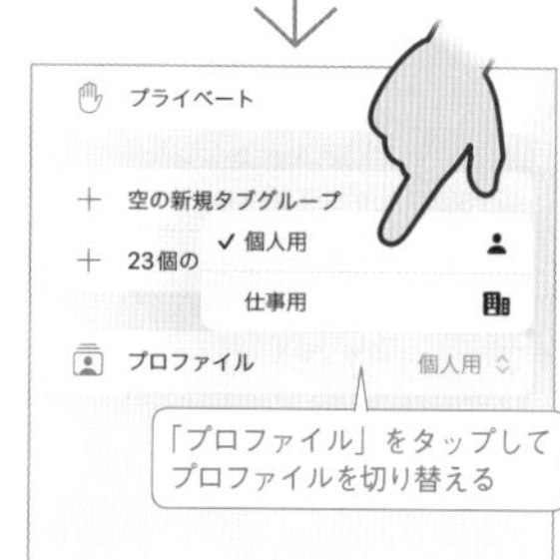

Safariを起動し、画面右下のタブボタンをタップ。続けて画面下中央のプロファイルボタンをタップし、表示されたメニューの一番下の「プロファイル」をタップし、作成したプロファイルに切り替えることができる。

マスト!

094 Safari Safariのタブをグループ分けして効率的に管理する

タブをグループごとにまとめて整理する

タブを開きすぎてよく目的のWebページを見失う人は、Safariの「タブグループ」を使いこなそう。これは、複数のタブを目的やカテゴリ別にグループ分けできる機能だ。既存のタブをグループにまとめてもよいし、「仕事用」や「趣味用」といった空の新規タブグループを作成し、該当するタブを追加していってもよい。これでタブが増えて煩雑になることも避けられるはずだ。オンラインで商品を探して比較する際など、特定の作業用にタブグループを活用してもよい。また、作成したタブグループは、iPadやMacのSafariともiCloudで同期する。

1 タブ一覧画面の下部をタップ

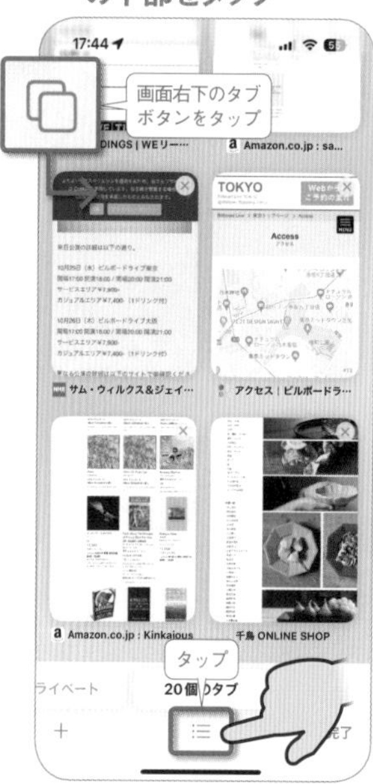

画面右下のタブボタンをタップ。続けて画面下部中央の三本線のボタンをタップしよう。複数のプロファイル（No093で解説）がある場合は、プロファイルボタンをタップする。

2 タブグループの作成と切り替え

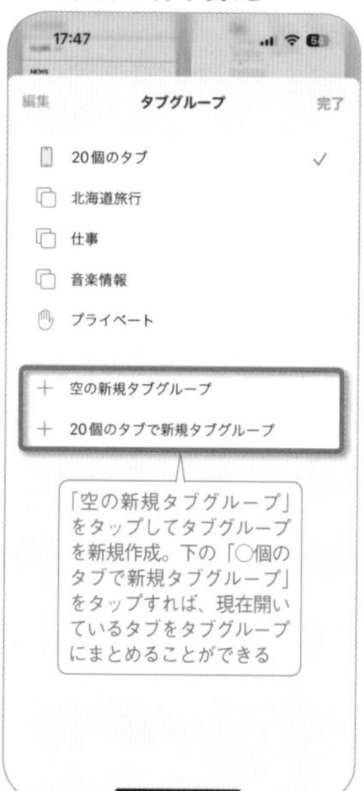

「空の新規タブグループ」から、「仕事」や「ニュース」などタブグループを作成しておこう。作成済みのタブグループ名をタップすると、そのグループのタブ一覧に表示が切り替わる。

3 Webページをタブグループに追加する

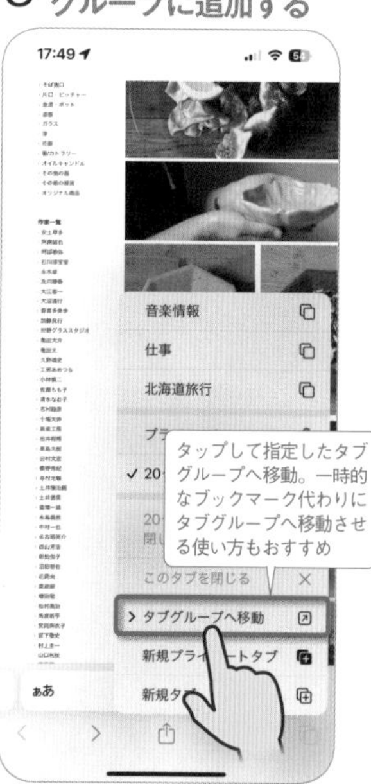

表示中のWebページをタブグループに追加するには、画面右下のタブボタンをロングタップし、「タブグループへ移動」をタップしてタブグループを選択すればよい。

SECTION 3

095 タブグループを他のユーザーと共有する

Safari

No094で紹介したSafariのタブグループは、他のユーザーと共有することも可能だ。タブグループを共有すれば、複数のユーザーで同じタブグループの閲覧や編集を行えるようになる。例えば、一緒に旅行に行く友人と旅先の情報収集を共同で行ったり、複数の参考用Webサイトを仕事仲間と同時にチェックしたい際などに利用したい。なお、タブグループの共有方法は、メッセージアプリしか選択できないので注意しよう。

共有したいタブグループを開き、画面右上の共有ボタンをタップ。「メッセージ」をタップして共有したい人やグループを選択。相手がメッセージアプリでリンクをタップすれば共有が開始される。共有ボタンが表示されない場合は、画面を少し下へスワイプしてみよう

メンバーは誰でもタブの追加や削除を行える。タブグループ画面右上のユーザーアイコンから「共有タブグループを管理」を選ぶと、アクセス権の削除や共有の停止を行える

096 Safariのタブやタブグループを素早く切り替える

iOS17

Safari

Safariのタブは、検索フィールドを左右にスワイプすれば素早く切り替えることができる。複数のタブでWebページを交互に見比べたいときもストレスなく操作可能だ。また、横画面にした際は画面上部にタブバーが表示され、タップしてタブを選択可能だ。画面右下のタブボタンをタップして表示されるタブ一覧画面では、タブグループも素早く切り替えられる。画面下部のタブグループ部分を左右にスワイプするだけでよい。

左にスワイプしてタブを切り替え。横画面でタブバーを利用するには、「設定」→「Safari」→「横向き時にタブバーを表示」をオンにしておく必要がある

画面右下のタブボタンをタップしてタブ一覧画面を表示。タブグループ名の部分を左右にスワイプして、タブグループを切り替える

097 Safariのタブをまとめて消去する

Safari

Safariでは、複数のWebページをタブで切り替えて表示でき、タブも無制限で開くことができる。ただし、あまりタブを開きすぎると、切り替えたいタブを探し出すのが面倒になってしまう。タブを開きすぎた場合は、一度すべてのタブを閉じてしまおう。とはいえ、ひとつずつタブを閉じるのは面倒だ。そこで、Safariの画面右下にあるタブボタンをロングタップしてみよう。「〇個のタブをすべてを閉じる」で、すべてのタブを閉じることができる。

右下のタブボタンをロングタップする

表示されるメニューで「〇個のタブをすべて閉じる」をタップすれば、開いているタブをまとめて閉じることができる

098 スタートページを使いやすくカスタマイズする

Safari

Safariで新規タブを開いたり、検索フィールドをタップした際に表示されるスタートページは、表示する項目を自分好みに編集できる。お気に入りフォルダに追加したブックマークを表示する「お気に入り」や、メッセージなどで他の人から共有されたリンクを表示する「あなたと共有」など、表示したい項目のスイッチをオンにしよう。表示順の並べ替えも可能だ。また「背景イメージ」をオンにすると、標準で用意された画像や撮影した写真を背景に設定できる。

Safariで新規タブを開いてスタートページを表示させたら、一番下までスクロールして「編集」ボタンをタップする

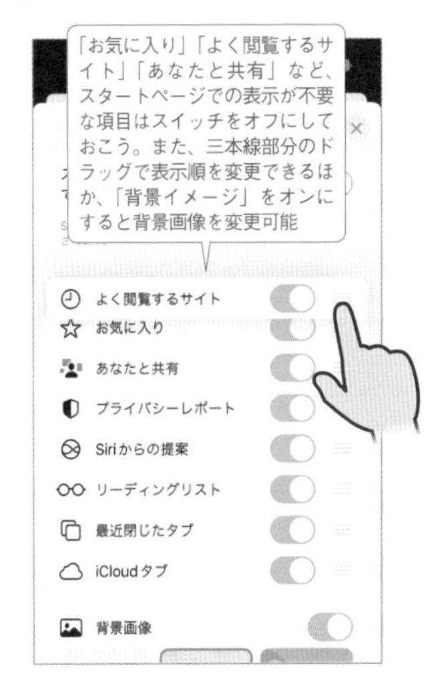
「お気に入り」「よく閲覧するサイト」「あなたと共有」など、スタートページでの表示が不要な項目はスイッチをオフにしておこう。また、三本線部分のドラッグで表示順を変更できるほか、「背景イメージ」をオンにすると背景画像を変更可能

ネットの快適技

マスト!

099 2本指でリンクをタップして新規タブで開く

Safari

Safariで Webサイト上のリンクをタップすると、リンク先のページに切り替わるが、2本の指でタップすると、リンク先が新規タブで表示される。元のページは別のタブとして残ったままとなり、あらためて見返したいときに便利だ。なお、iPhoneを片手で操作している場合は2本指でのタップがしにくいので、リンクをロングタップしよう。表示されたメニューから「新規タブで開く」をタップすれば、リンク先のページを新規タブで開くことができる。

100 一定期間見なかったタブを自動で消去

Safari

Safariで Webブラウジングしていると、つい大量のタブを開きっぱなしにしがちな人は多いだろう。タブボタンをロングタップすれば、開いているタブをまとめて閉じることができる(No097で解説)が、毎回この操作を行うのは面倒だ。そこで、「最近見ていないタブは自動で閉じる」機能を有効にしておこう。「設定」→「Safari」→「タブを閉じる」で、最近表示していないタブを1日/1週間/1か月後に自動で閉じるように設定できる。

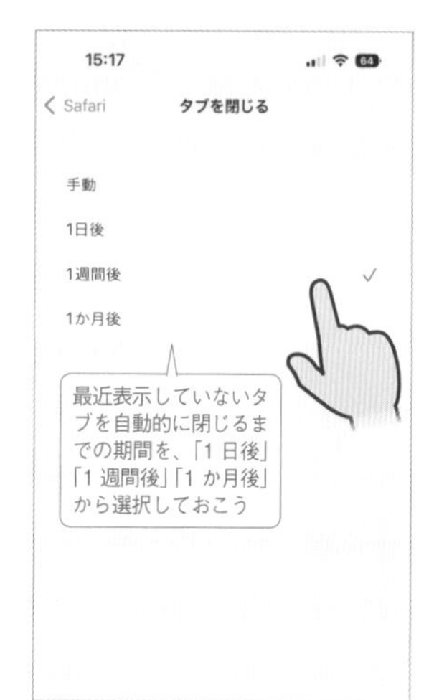

SECTION 3

101 Webサイトのページ全体をスクリーンショットで保存する

Safari

ページ全体をPDFファイルとして丸ごと保存できる

Safariで開いたページのスクリーンショット(No029で解説)を撮ると、表示中の画面を画像として保存できるほかに、見えない部分も含めたページ全体を丸ごとPDFファイルとして保存することもできる。一部をトリミングして任意の範囲だけを切り取ったり、マークアップ機能でページ内に注釈を書き込んだりなども可能だ。作成されたPDFは端末内に保存できるほか、iCloudドライブやGoogleドライブなどを保存先として選択できる。ただし、保存形式はPDF以外を選べず、あまりに長すぎるページの場合は途中で切られてしまう。

1 スクリーンショットのプレビューをタップ

Safariで Webページを表示し、通常通りスクリーンショットを撮影しよう。画面左下にプレビューが表示されるので、これをタップする。

2 フルページをタップする

編集画面が開いたら「フルページ」タブに切り替えよう。Webページ全体のスクリーンショットになる。注釈の書き込みやトリミングも可能だ。

3 PDFファイルとして保存する

編集を終えたら、左上の「完了」をタップし、「PDFを"ファイル"に保存」をタップ。端末内やiCloudドライブにPDFファイルとして保存できる。

102 端末に履歴を残さずにWebサイトを閲覧したい

Safari

Safariで閲覧履歴や検索履歴、自動入力などの記録を残さずにブラウジングしたい場合は、プライベートブラウズ機能を利用しよう。右下のタブボタンをタップし、画面下部のタブグループ名の部分を一番左の「プライベート」までスワイプすると、履歴などを残さずにページを閲覧できるようになる。プライベートブラウズモードもタブグループのひとつという扱いなので、通常モードに戻すには、「○個のタブ」や他のタブグループにスワイプして戻ればよい。

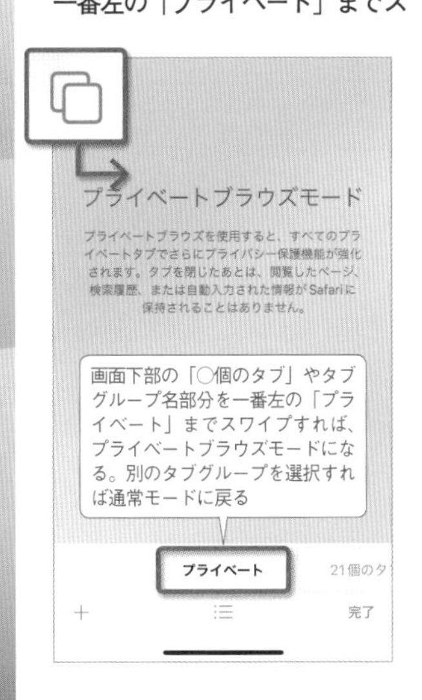

103 Safariの検索・閲覧履歴を消去する

Safari

過去にSafariでアクセスしたWebサイトの検索・閲覧履歴は、ブックマークの「履歴」に保存されている。他人に見られたくない履歴が残っているなら、手動で消しておこう。すべての履歴を一気に削除したいのであれば、「設定」→「Safari」→「履歴とWebサイトデータを消去」を選べばいい。また、Safari上でブックマークを表示して「履歴」から「消去」を選ぶ方法もある。履歴の内容を確認してから消去したい場合は、後者の手順で行おう。

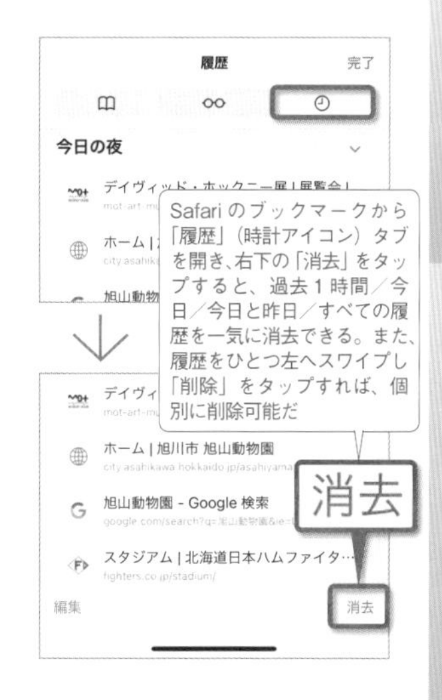

104 Safariでページ内のキーワード検索を行う

Safari

Safariで表示しているページ内で特定の文字列を探したい場合は、検索フィールドにキーワードを入力しよう。入力後「開く」をタップせず、画面に表示される「このページ（○件一致）」の「"○○"を検索」をタップすれば、一致する文字列が黄色でハイライト表示される。「∨」や「∧」キーで次／前の文字列も検索可能だ。なお、画面下部中央の共有ボタンから「ページを検索」をタップし、キーワードを入力することでもページ内検索を行える。

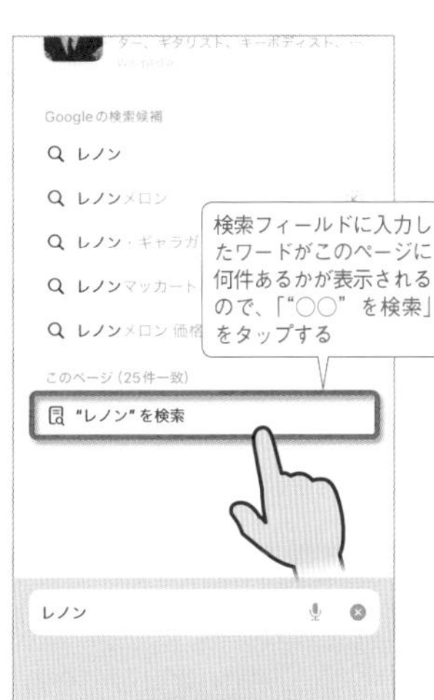

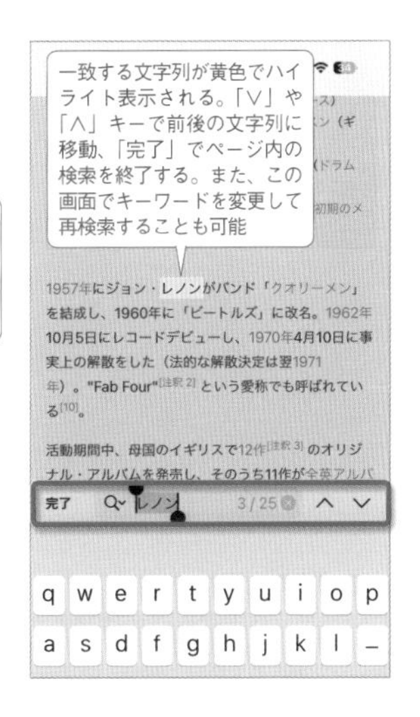

105 誤って閉じたタブを開き直す

Safari

Safariのタブは開きすぎてしまうと同時に、あまり意識せず削除してしまうことも多い。読みかけの記事やブックマークしておきたかったサイトを、誤って閉じてしまうこともよくあるミスだ。そんな時は、タブボタンでタブ一覧画面を開き、新規タブ作成ボタン（「+」ボタン）をロングタップしてみよう。「最近閉じたタブ」画面がポップアップ表示され、今まで閉じたタブが一覧表示される。ここから目的のものをタップすれば、再度開き直すことが可能だ。

マスト!

106 Safari スマホ用サイトからデスクトップ用サイトに表示を変更する

「ああ」ボタンのメニューで変更できる

iPhoneのSafariでWebサイトを開くと、サイトによってはパソコンで開いた場合とは異なる、モバイル向けのページが表示される。スマートフォンの画面に最適化されており操作しやすい反面、メニューや情報が省略されている場合も多い。パソコンと同じ形のページを見たいなら、検索フィールド（アドレス欄）の左端にある「ああ」ボタンをタップし、「デスクトップ用Webサイトを表示」をタップして表示を切り替えよう。なお、「設定」から、特定のWebサイトを常にデスクトップ用で表示させるように変更することもできる。

1 デスクトップ用Webサイトを表示

検索フィールドの左端にある「ああ」ボタンをタップし、メニューから「デスクトップ用Webサイトを表示」をタップしよう。

2 パソコンと同様の画面に切り替わる

画面がリロードされ、パソコン向けのWebページに切り替わる。元の画面に戻すには、同じメニューで「モバイル用Webサイトを表示」をタップすればよい。

3 常にデスクトップ用を表示するサイト一覧

SECTION 3

マスト!

107 Safari フォームへの自動入力機能を利用する

連絡先やクレジットカード情報を自動で入力する

「設定」→「Safari」→「自動入力」では、Safariの自動入力機能を有効にできる。「連絡先の情報を使用」をオンにすると、「自分の情報」で選択した連絡先情報を名前や住所の入力フォームに自動入力することが可能だ。また、「クレジットカード」をオンにすると、「保存済みのクレジットカード」に登録したカード情報を入力フォームに自動で入力できる。なお、一度ログインしたWebサービスのユーザ名とパスワードを自動入力したい場合は、「設定」→「パスワード」→「パスワードオプション」→「パスワードとパスキーを自動入力」をオンにしておく。

1 Safariの自動入力を有効にしておく

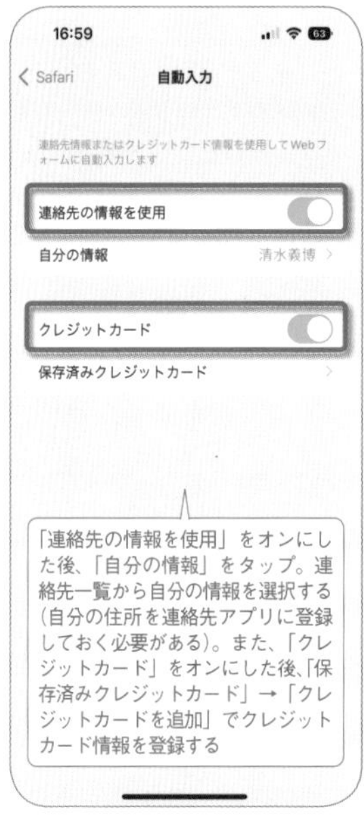

「設定」→「Safari」→「自動入力」を開き、「連絡先の情報を使用」と「クレジットカード」のスイッチをオンにしておこう。連絡先とクレジットカード情報もあらかじめ設定しておくこと。

2 連絡先の情報を自動入力する

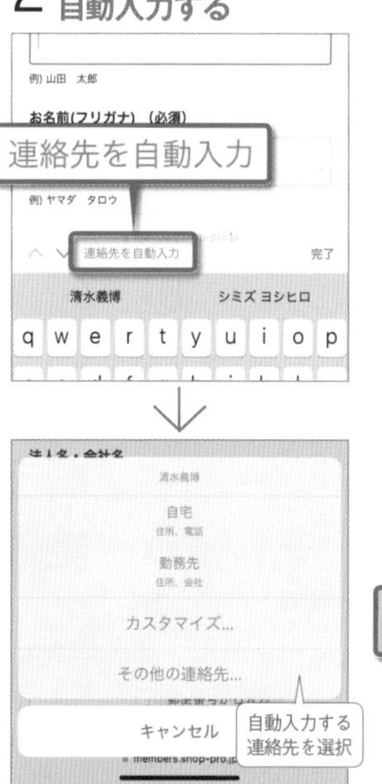

名前や住所の入力フォーム内をタップすると、キーボード上部に「連絡先を自動入力」と表示されるので、これをタップ。選択した連絡先情報が自動入力される。

3 クレジットカード情報を自動入力する

クレジットカード番号の入力フォーム内をタップすると、キーボード上部に登録したカード情報が表示されるので、これをタップ。複数の登録済みのカードから選択できる。

108 Safari Safariのブックマークをパソコンのおmeと同期する

拡張機能「iCloudブックマーク」で手軽に同期できる

iPhoneのSafariのブックマークと、Windowsパソコンで使っているChromeのブックマークを同期したいなら、Chromeの拡張機能「iCloudブックマーク」を利用しよう。ただし拡張機能のほかに、Windows用の「iCloud」の設定も必要になる。Microsoft Storeで「iCloud」と検索して、あらかじめインストールしておこう。

App
Windows用iCloud
作者／Apple
価格／無料

1 Chromeに拡張機能を追加する

「Chromeウェブストア」(https://chrome.google.com/webstore/)の「拡張機能」から、「iCloudブックマーク」を探して、パソコンのChromeに追加しよう。

2 Windows用iCloudをインストールする

「Windows用iCloud」をインストールし、iPhoneと同じApple IDでサインインする。続けて「ブックマーク」にチェックし、「適用」をクリックしよう。

3 Chromeのブックマークが同期される

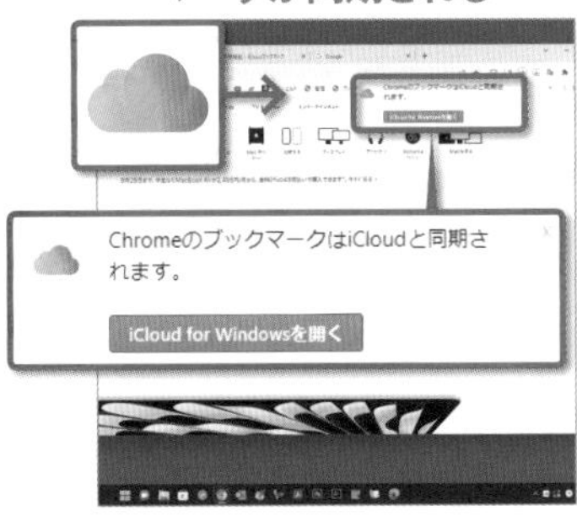

Chromeで拡張機能のボタンをクリックすると、「Chromeブックマークは iCloudと同期されます。」と表示される。あとは特に設定不要で、ChromeのブックマークがSafariに同期される。

4 iPhoneのSafariでブックマークを確認

iPhoneでSafariを起動して、ブックマークを開いてみよう。同期されたChromeのブックマークが一覧表示されるはずだ。ブックマークの追加や削除も相互に反映される。

---

iOS17

109 パスワード 各種パスワードを別のユーザーと共有する

作成したグループ内で選択したパスワードを共有できる

No107でも解説したように、Safariで一度入力したユーザ名とパスワードはiPhoneやiCloudに保存され、再度ログインする際に自動入力が可能だ。この保存されたログイン情報は、他のユーザーと共有することもできる。家族など信頼できるユーザーとグループを作成し、そこに共有したいパスワードを選んで追加する。もちろん相手が保存中のパスワードもグループ内で共有可能だ。なお、共有できるのは連絡先アプリに登録されているユーザーで、全員がiOS 17にアップデートしている必要がある。

1 共有グループを作成する

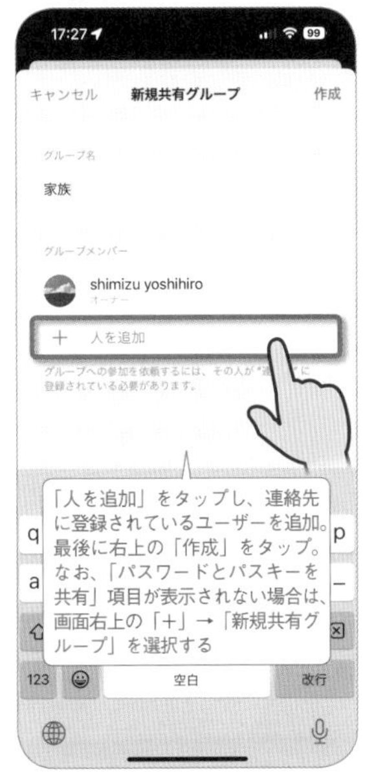

「設定」→「パスワード」を開き、「パスワードとパスキーを共有」の「開始」をタップ。グループ作成画面でグループ名を入力後、「人を追加」をタップしてユーザーを追加しよう。

2 共有するパスワードを選択する

次にグループ内で共有したいパスワードを選択。選択し終わったら画面右上の「移動」をタップ。相手にメッセージで通知するかどうかを選択する。これで共有グループが作成された。

3 共有グループを管理する

「設定」→「パスワード」に共有グループが作成された。グループを開き「管理」をタップすれば、メンバーの追加や削除、グループ自体の削除を行える。

110 Googleでネットの通信速度を調べる

通信速度

モバイルデータ通信やWi-Fiの通信速度を計測したい場合、計測用のアプリを利用する方法もあるが、ここではGoogleのサービスを使った簡単な方法を紹介しよう。まず､Safariで「スピードテスト」や「インターネット速度テスト」と入力し検索する。検索結果のトップに「インターネット速度テスト」と表示されたら､「速度テストを実行」をタップしよう。30秒程度でテストが完了し、ダウンロードとアップロードの通信速度が表示される。

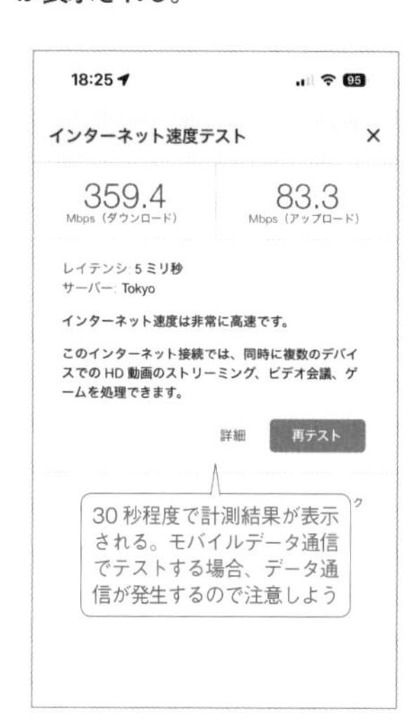

111 Safariの機能拡張を活用する

Safari

Safariでは、さまざまな「機能拡張」アプリをインストールすることで、標準では用意されていない機能を追加できるようになっている。パスワード管理機能や広告ブロック機能を追加できるほか、スタートページを多機能なものに差し替える機能拡張などもある。まずは「設定」→「Safari」→「機能拡張」で「機能拡張を追加」をタップし、App Storeの「Safariの機能拡張」ページから好きな機能拡張を探してみよう。

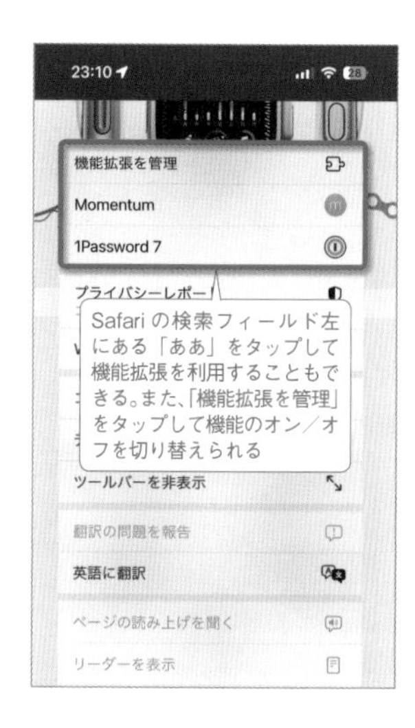

SECTION 3

マスト! 112 話題のChatGPTをiPhoneで利用する

生成AI

文章の生成や要約などに驚くべき力を発揮する

ChatGPTは、会話文で入力した内容に驚くほど自然に対応してくれるチャットAIだ。情報の検索や事実の確認には向かないが、文章の生成や要約、アイデア出しなどで驚くべき力を発揮する。例えば、条件を指定して挨拶文を生成したり、文章の要点を箇条書きで抜き出すといった使い方ができる。iPhoneアプリもリリースされているので、ひとまず試してみよう。

App
ChatGPT
作者／OpenAI
価格／無料料

1 指示(プロンプト)を入力する

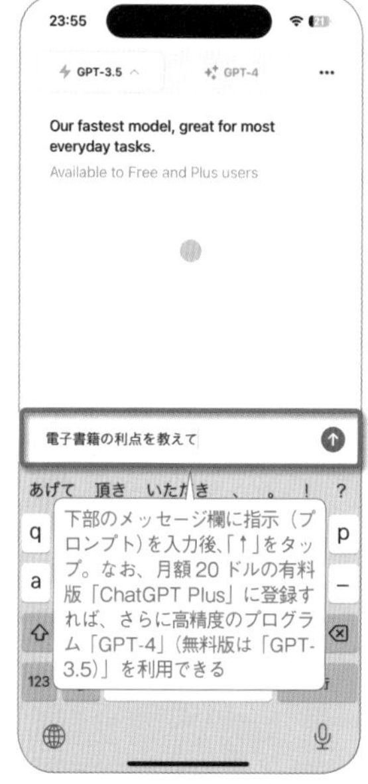

アプリのインストールとログインが済んだら、早速画面下部のメッセージ欄に指示（プロンプト）を入力してみよう。ここでは「電子書籍の利点を教えて」と入力してみた。

2 指示や条件などを追加していく

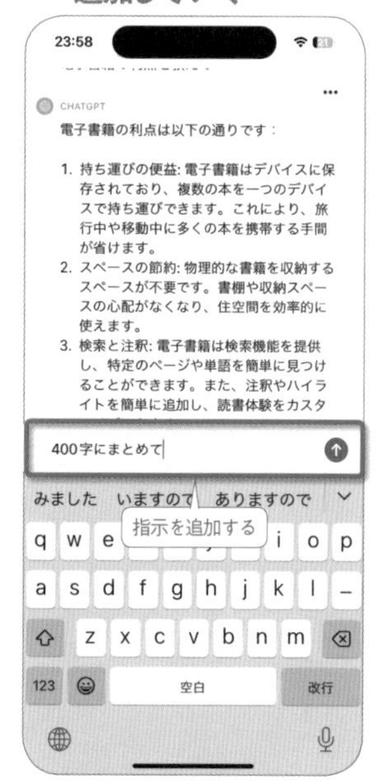

ChatGPTの応答が表示された。「400字にまとめて」や「小学生でもわかるように説明して」など、条件やシチュエーションなどの指示を追加していくことが可能だ。

3 生成された文章を利用する

生成された文章をロングタップするとメニューが表示され、テキストのコピーや選択を行える。また、画面右上のオプションメニューボタン（3つのドット）で設定などを表示可能だ。

113 テザリング インターネット共有でiPadやパソコンをネット接続しよう

iPhoneを使ってほかの外部端末をネット接続できる

iPhoneのモバイルデータ通信を使って、外部機器をインターネット接続することができる「テザリング」機能。パソコンやタブレットなど、Wi-Fi以外の通信手段を持たないデバイスでも、手軽にネット接続できるようになるのでぜひ利用してみよう。設定手順は簡単。iPhoneの「設定」→「インターネット共有」→「ほかの人の接続を許可」をオンにし、パソコンやタブレットなどの外部機器をWi-Fi（BluetoothやUSBケーブルでも接続可）接続するだけ。なお、テザリングは通信キャリアが提供するサービスなので、事前の契約も必要だ。

1 インターネット共有をオンにする

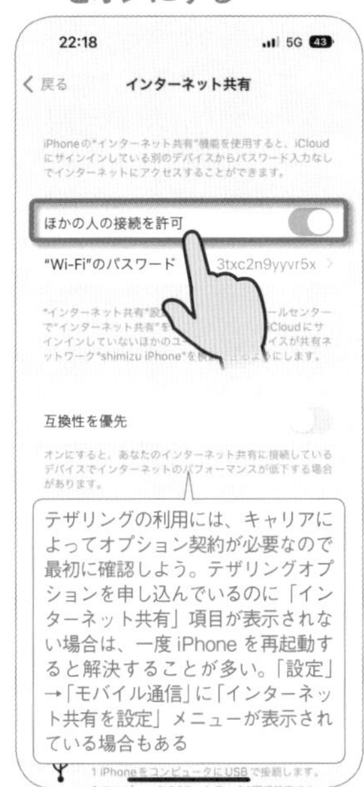

iPhoneでテザリングを有効にする場合は、「設定」→「インターネット共有」をタップし、さらに「ほかの人の接続を許可」をオンにする。

2 外部機器とテザリング接続する

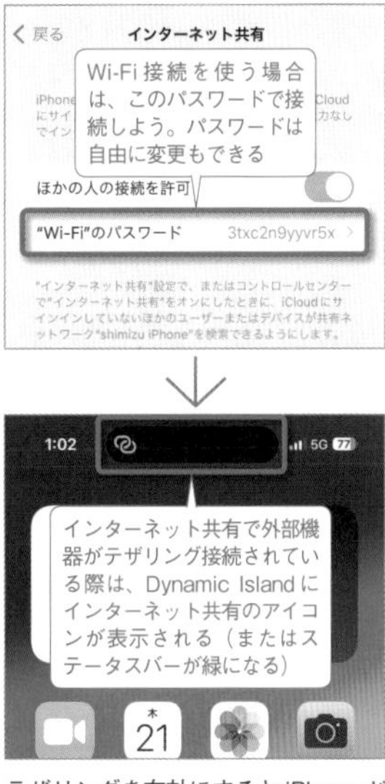

テザリングを有効にするとiPhoneがWi-Fiのアクセスポイントとなる。パソコンやタブレットなどのWi-Fi接続画面に表示されたiPhone名をタップし、パスワードを入力すれば接続完了。iPhone経由でネットを利用可能になる。

POINT

iPadやMacなら簡単に接続が可能

iPadやMacをテザリング接続する方法はもっと簡単だ。iPadなら「設定」→「Wi-Fi」を開いて表示されたiPhone名を選ぶだけ。Macもメニューバーの Wi-Fiアイコンをクリックして表示されたiPhone名を選ぶだけだ。ただし、iPhoneと同じApple IDでiCloudにサインインし、Bluetoothがオンになっていることが条件だ。

114 マスト! X X（旧Twitter）で日本語のツイートだけを検索する

X（旧Twitter）で外国語や海外の人物名などでキーワード検索すると、「話題」タブでは日本語ポストが優先されるが、「最新」タブでは世界中のユーザーのポストが時系列で表示される。その中から日本語のポストだけを抽出したい場合は、キーワードの後にスペースを入れ、続けて「lang:ja」と入力して検索してみよう。日本語のポストだけが表示されるはずだ。さらに、以下のような検索オプションも併せて使えば、効率よく検索ができる。

Xの便利な検索オプション

lang:ja
日本語ポストのみ検索

lang:en
英語ポストのみ検索

near:"東京 新宿区" within:15km
新宿から半径15km内で送信されたポスト

since:2020-01-01
2020年01月01日以降に送信されたポスト

until:2020-01-01
2020年01月01日以前に送信されたポスト

filter:links
リンクを含むポスト

filter:images
画像を含むポスト

min_retweets:100
リツイートが100以上のポスト

min_faves:100
お気に入りが100以上のポスト

115 マスト! X X（旧Twitter）で知り合いに発見されないようにする

X（旧Twitter）では、連絡先アプリ内に登録しているメールアドレスや電話番号から、知り合いのユーザーを検索することができる。しかし、自分のXアカウントを知人に知られたくない人もいるだろう。そんな時は、Xアプリの設定で「見つけやすさと連絡先」をタップして開き、「メールアドレスの照合と通知を許可する」と「電話番号の照合と通知を許可する」をオフにしておこう。これにより、メールアドレスや電話番号で知人に発見されなくなる。

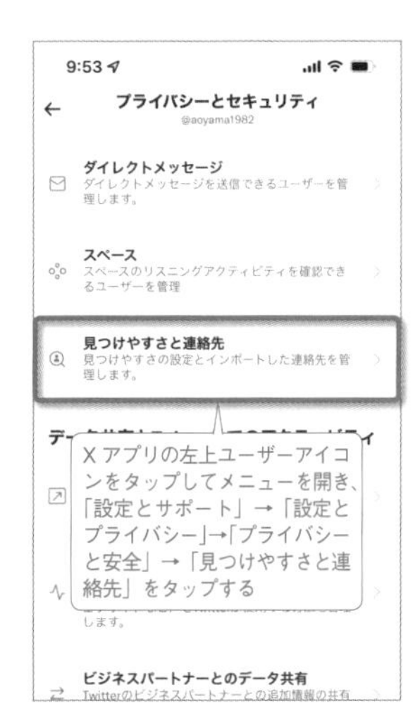

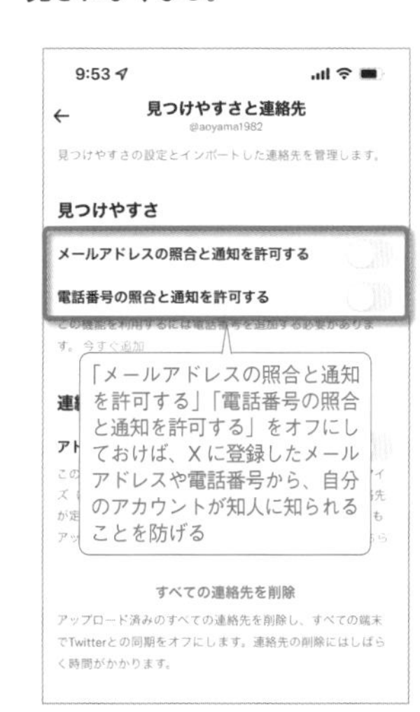

116 苦手な話題をタイムラインからシャットアウト

X

X（旧Twitter）で見たくない内容を非表示にする「ミュート」機能は、アカウント単位で登録するだけでなく、特定のキーワードを登録しておくことも可能だ。キーワードでミュートしておけば、単語やフレーズ、ハッシュタグなども含めて非表示になるので、不快な話題やネタバレされたくない情報がタイムラインに流れないようにできる。Xの「設定とプライバシー」を表示して、以下で解説したように「ミュートするキーワード」からキーワードを追加しよう。

117 長文をまとめてポストする方法

X

X（旧Twitter）ではひとつのポストにつき140文字までの文字数制限がある。投稿したい内容が140文字以上になりそうなときは、複数のポストに分けて投稿するのが一般的だ。しかし、複数のポストはタイムライン上でバラバラに表示される可能性が高くなってしまう。そこで使いこなしたいのが「スレッド」機能。これは、自分のポストにリプライを付けることで、ポストの続きを書ける仕組み。これなら一連のポストがまとまって表示されるようになる。

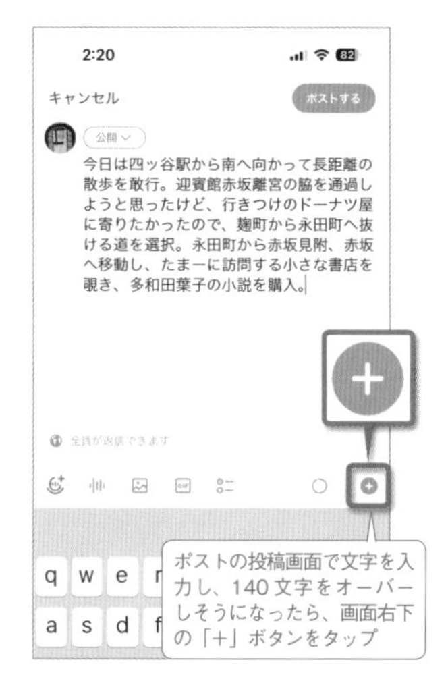

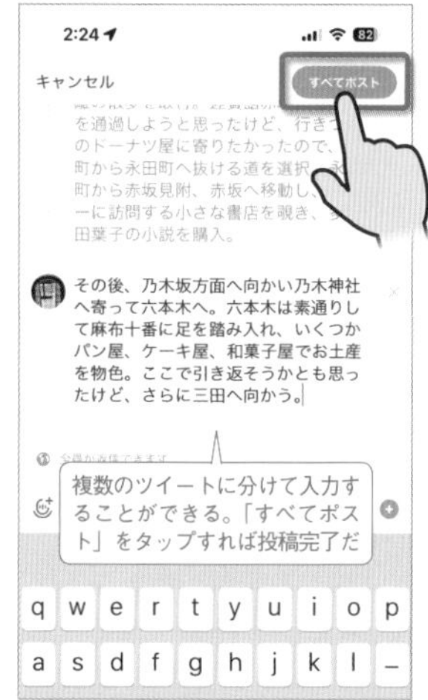

118 特定ユーザーのポストを見逃さないようにする

X

X（旧Twitter）アプリでは、特定ユーザーがポストしたときに、プッシュ通知を受け取ることができる。好きなショップのセール情報や、めったに発言しないアーティストのポストなどを見逃したくない人は設定しておこう。左上のユーザーアイコンからメニューを開き、「設定とサポート」→「設定とプライバシー」→「通知」→「プッシュ通知」で設定できる。ちなみに、あらかじめ設定しておけばSMSやメールでも通知が可能だ。

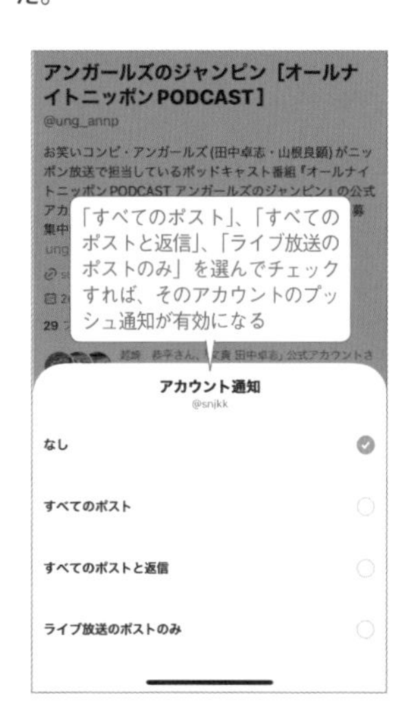

119 指定した日時に自動ツイートする

X

X（旧Twitter）のWeb版を使えば、指定した日時にポストする予約投稿機能を利用できる。夜中に作成した文章を、せっかくなので多くの人が目にする日中にポストしたいといった場合や、日付が変わった直後に投稿したい誕生日のお祝いポスト、イベント開催直前のリマインドポストなど、さまざまな用途で助かる機能だ。SafariでX（https://twitter.com/）にアクセスし、ポストボタンをタップ。文章を入力して予約投稿の日時を設定しよう。

SECTION 4

写真・音楽・動画

いつも持ち歩くiPhoneは、カメラやミュージックプレイヤー、動画プレイヤーとしても大活躍。写真の加工や共有、ビデオの編集だってお手のもの。これを機会にApple Musicも試してみよう

マスト!

120 カメラ あらかじめ設定した好みの質感で写真を撮影する

フォトグラフスタイル機能を利用しよう

写真の画質や比率は撮影前に変更しておけるが、写真の鮮やかさや暖かみなどの質感を変更したい場合は、撮影したあとに写真をレタッチすることになる。しかし、iPhone13シリーズ以降とiPhone SE（第3世代）以降であれば、「フォトグラフスタイル」機能を使って、あらかじめ好みの質感を適用した上で写真を撮影することが可能だ。撮影前に「鮮やか」や「暖かい」などのスタイルを選択し、「トーン」と「暖かみ」の値を細かく調整しよう。一度フォトグラフスタイルを設定しておけば、次回カメラを起動した際も同じ設定で撮影できる。

1 フォトグラフスタイルをタップ

カメラアプリ上部の「∧」をタップすると、シャッターボタンの上にメニューが表示されるので、四角が重なったフォトグラフスタイルボタンをタップしよう。

2 好みのスタイルを選択して調整

フォトグラフスタイルのプリセット画面になるので、左右にスワイプして好みのスタイルを選択する。トーンや暖かみの調整も可能だ。一度設定しておけば、次回以降も同じ設定で撮影できる。

3 設定アプリで変更することもできる

「設定」→「カメラ」→「フォトグラフスタイル」でも設定を変更できる。左右にスワイプすると各スタイルのプレビューが表示されるので、仕上がりの印象をチェックしよう。

SECTION 4

121 カメラ 動画や連写を素早く撮影する

iPhoneのカメラアプリでは、写真モードで写真を撮影していても、シャッターボタンをロングタップするだけで素早くビデオ撮影を開始でき（QuickTakeビデオ）、指を離すと録画を停止できる。シャッターボタンの指をそのまま右の鍵マークまでスワイプすると、指を離してもビデオ撮影が継続される。また、シャッターボタンを左にスワイプし、指を離さずにいると、その間はバーストモードで写真を連写でき、指を離すと連写を停止できる。

122 カメラ 音量ボタンでさまざまな撮影を行う

iPhoneのカメラは、端末の側面にある音量ボタンでも撮影できる。また音量ボタンを長押しすると、QuickTake機能で素早くビデオ撮影が開始され、もう一度音量ボタンを押すとビデオ撮影を終了できる。特に横向きで構えている時は便利な操作だ。また、設定で「音量を上げるボタンをバーストに使用」をオンにすれば、音量を上げるボタンの長押しがバーストモードの連写になり、下げるボタンの長押しはQuickTakeビデオ撮影のままになる。

123 カメラの露出を手動で調整する

カメラ

iPhoneのカメラは、画面が明るくなりすぎたり、暗い場所の被写体をどうしても写したい場合に、手動で露出を変更できるようになっている。カメラアプリ上部の「∧」でメニューを表示して「±」ボタンで露出を変更してもよいが、今撮影中の場面に限って露出を調整したい時は、まず画面内をタップして被写体にフォーカスを合わせよう。そのまま画面を上下にスワイプすると、フォーカスはそのままの状態で、写真の明るさを変更することが可能だ。

124 シャッター音を鳴らさず写真を撮影する

カメラ

日本版iPhoneの標準カメラは、日本国内で使う際に必ずシャッター音が鳴る仕様になっている。静かに撮影したい時は、「Microsoft Pix」などの無音撮影が可能な他のカメラアプリを利用しよう。

App

Microsoft Pix
作者／Microsoft Corporation
価格／無料

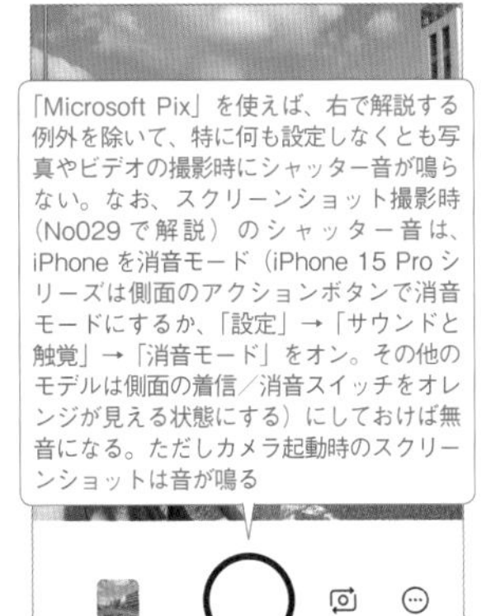

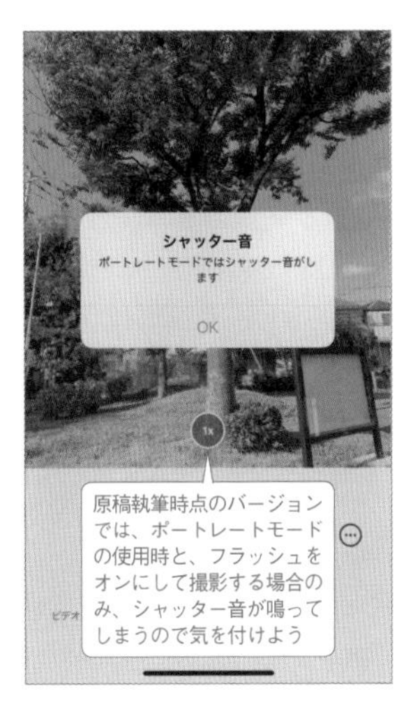

125 写真に写った建物や植物などの名前を表示する

写真管理

写真アプリでは、写真に写っているランドマークの情報や、動物や植物の名前、アート作品のタイトルや作者などについて、「画像を調べる」機能で詳しく調べることができる。写真を開いた際に、「i」ボタンに輝きマークが付いていれば、被写体についての情報を取得できる印だ。輝きマーク付きの「i」ボタンをタップして詳細画面を開き、「調べる」欄をタップするか、被写体に付いたアイコンをタップすると、詳しい情報が表示される。

126 写真アプリの強力な検索機能を活用

写真管理

写真アプリは検索機能も強力で、何が写っているかを解析して自動で分類してくれる。「食べ物」「花」「犬」「ラーメン」「海」など一般的なキーワードで検索でき、複数キーワードで絞り込むことも可能だ。写真の解析結果は完璧ではなく、「食事」カテゴリに風景写真が紛れているなど、キーワードだけではうまくヒットしない写真もあるが、一枚一枚確認するよりも断然早いので、検索機能を使いこなして目的の写真をピンポイントで探し出そう。

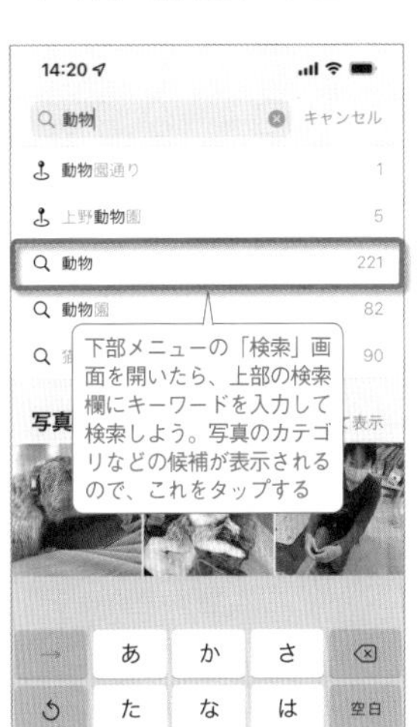

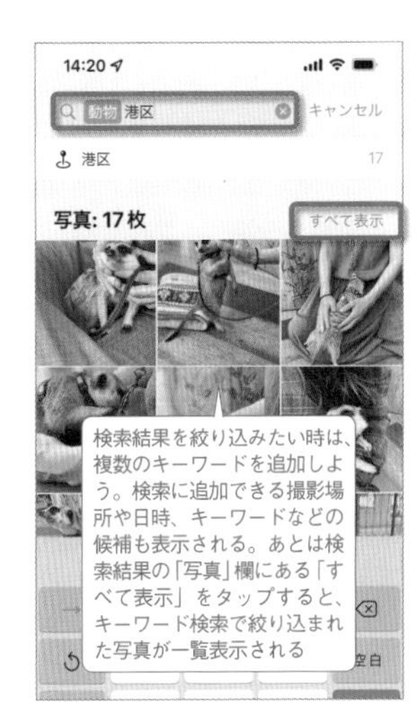

写真・音楽・動画

マスト! iOS17

127 写真加工 撮影した写真を写真アプリで詳細に編集する

明るさや色合いを自分好みに変更しよう

「写真」アプリでは、写真の閲覧機能だけでなく十分なレタッチ機能も搭載されている。トリミングや回転、フィルタ、色調整機能などが用意されており、撮影した写真をその場でさらに美しく仕上げることができるのだ。まずは写真アプリから編集したい写真をタップして開こう。画面右上の「編集」ボタンをタップすると編集画面になるので、各種レタッチを行っていく。作業が面倒な場合は、編集画面の下部にある「自動」ボタンをタップすれば、最適な色合いに自動補正することも可能。なお、「元に戻す」で加工処理はいつでも取り消せる。

1 写真を選択して編集ボタンをタップ

写真アプリ内で編集、加工したい写真を選んでタップ。続けて画面右上の「編集」をタップしよう。写真の編集画面に切り替わる。

2 編集画面でレタッチを行う

編集画面では、「調整」メニューで「自動」「露出」「ブリリアンス」などの各種エフェクトボタンが表示され、明るさや色合いを自由に調整できる。

3 比率の変更やトリミングも簡単

トリミングボタンをタップすると、四隅の枠をドラッグしてトリミングできるほか、傾きを修正したり、横方向や縦方向の歪みも補正できる。

SECTION 4

128 写真加工 複数の写真に同じ編集結果を適用する

複数の写真をすべて同じように加工できる

写真アプリでは、写真のパラメーターを調整したりフィルタを適用して、さまざまな編集を施せる（No127で解説）。この写真に対して行った一連の編集内容は、コピーして別の写真にペーストすることで、同じ編集内容をそのまま適用することが可能だ。複数の写真を選択すれば、まとめて同じ編集内容を適用することもできるので、大量の写真の色味を同じように調整したいときなどに活用しよう。なお、編集内容をコピー＆ペーストできるのは「調整」「フィルタ」の項目で、トリミングや傾き修正などの編集内容はコピーできない。

1 写真の編集内容をコピーする

写真アプリで、ひとつの写真に編集を加えたら、右上の「…」→「編集内容をコピー」をタップ。編集を完了せずに編集途中でもコピーできる。トリミングや傾き修正はコピーできない。

2 複数の写真を選択し編集内容をペースト

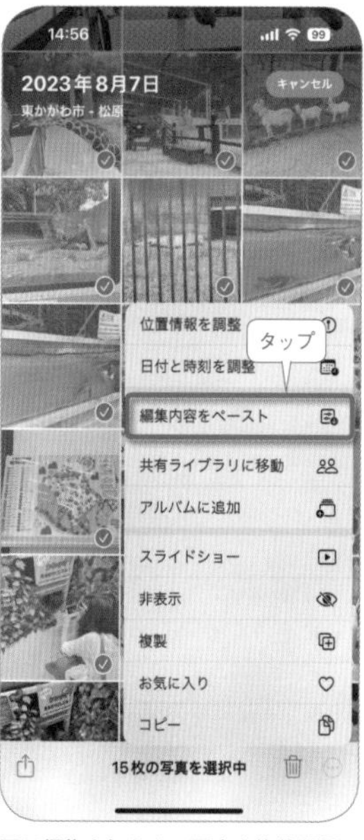

同じ編集を加えたい写真を複数選択したら、右下の「…」→「編集内容をペースト」をタップしよう。コピーした一連の編集内容が、選択したすべての写真に自動的に適用される。

3 編集をペーストした写真を元に戻す

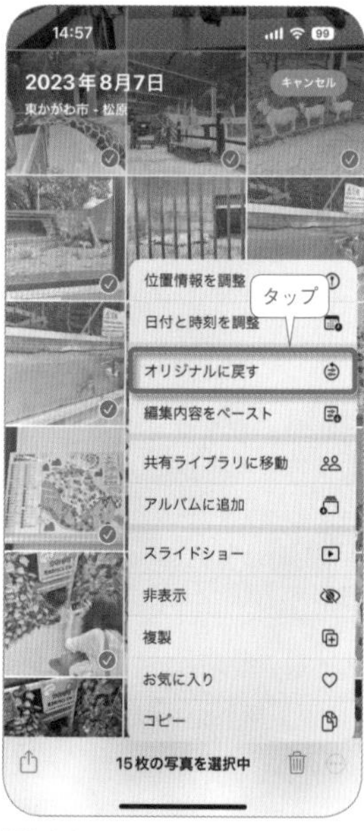

編集内容を元に戻したいときは、編集をペーストした写真を選択して、「…」→「オリジナルに戻す」でいつでも編集前のオリジナル写真に戻せる。

129 削除した写真やビデオを復元する

写真管理

写真アプリで写真やビデオを削除した場合、データはすぐに消されず、しばらくの間「最近削除した項目」アルバム内に残っている。そのため、あとでやっぱり消したくないと思った時に復元が可能だ。復元の手順は、まず写真アプリを開き、画面下部で「アルバム」を選択。「最近削除した項目」をタップすると削除した写真やビデオを表示できるので、「選択」して「復元」をタップしよう。なお、削除してから30日間経過すると完全に削除されてしまうので要注意。

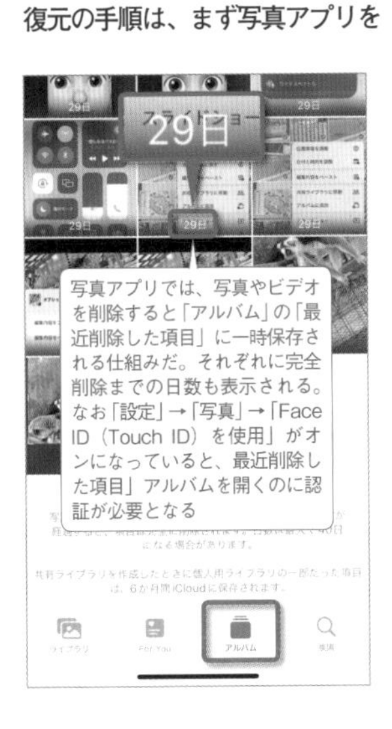

写真アプリでは、写真やビデオを削除すると「アルバム」の「最近削除した項目」に一時保存される仕組みだ。それぞれに完全削除までの日数も表示される。なお「設定」→「写真」→「Face ID（Touch ID）を使用」がオンになっていると、最近削除した項目」アルバムを開くのに認証が必要となる

写真や動画をタップして、画面右下の「復元」をタップすれば、写真が復元される。また、一覧画面右上の「選択」をタップし、複数選択した上で、右下の「…」→「復元」をタップするとまとめて復元できる。「削除」をタップすると完全に消去され復元できなくなるので注意しよう

130 重複した写真やビデオを検出し結合する

写真管理

写真アプリでは、ライブラリ全体から同じ写真を検出すると、「重複項目」アルバムに一覧表示してくれる。まったく同じものだけでなく、解像度やファイル形式が異なる写真が検出される場合もある。重複した写真の「結合」ボタンをタップすると、もっとも品質の高い写真が残され、残りの重複写真は「最近削除した項目」に移動する。「選択」→「すべてを選択」をタップし、下部の「結合」をタップすると、すべての重複写真をまとめて結合できる。

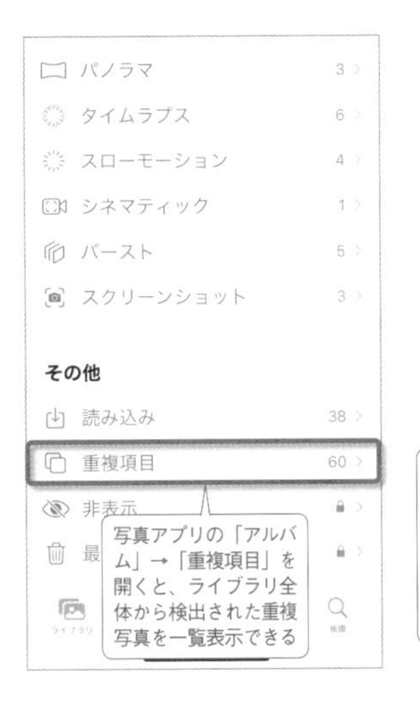

写真アプリの「アルバム」→「重複項目」を開くと、ライブラリ全体から検出された重複写真を一覧表示できる

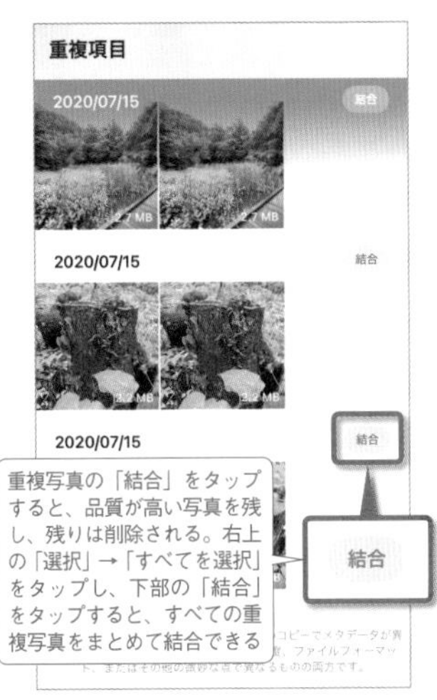

重複写真の「結合」をタップすると、品質が高い写真を残し、残りは削除される。右上の「選択」→「すべてを選択」をタップし、下部の「結合」をタップすると、すべての重複写真をまとめて結合できる

131 写真に写っている被写体を一瞬で切り抜く

写真

写真アプリでは、人物やオブジェなどの被写体をロングタップするだけで簡単に背景から切り抜くことができる。指を離すと上部にメニューが表示され、「コピー」や「共有」で他のアプリに貼り付けたり写真アプリに保存できるほか、「ステッカーに追加」でオリジナルのステッカーを作成できる（No007で解説）。再生を一時停止したビデオからも、同様にロングタップで切り抜くことができる。なお、切り抜く範囲は自動で判定され調整できない。

写真アプリで切り抜きたい写真を開き、被写体をロングタップ。キラッと光るエフェクトが表示されたあとに指を離し、上部のメニューから「コピー」や「共有」をタップしよう。また「ステッカーに追加」でオリジナルのステッカーを作成できる

切り抜いた被写体をコピーした場合は、メールやメモで「ペースト」をタップすると貼り付けできる。切り抜いた被写体を写真アプリに保存したい場合は、「共有」→「画像を保存」をタップすればよい

132 写真やビデオに映っている文字をテキストとして利用する

テキスト認識表示

「設定」→「一般」→「言語と地域」→「テキスト認識表示」がオンになっていれば、写真アプリの写真や、カメラアプリで表示中の画面、Safariで開いた画像などに写り込んだテキストや手書き文字を認識し、選択してコピーできる。ビデオの場合も、再生を一時停止すれば画面内のテキストを選択可能だ。紙資料の内容をメールするのにテキストで入力し直す手間を省いたり、写真内の単語をコピーして Web 検索したい場合などに活用しよう。

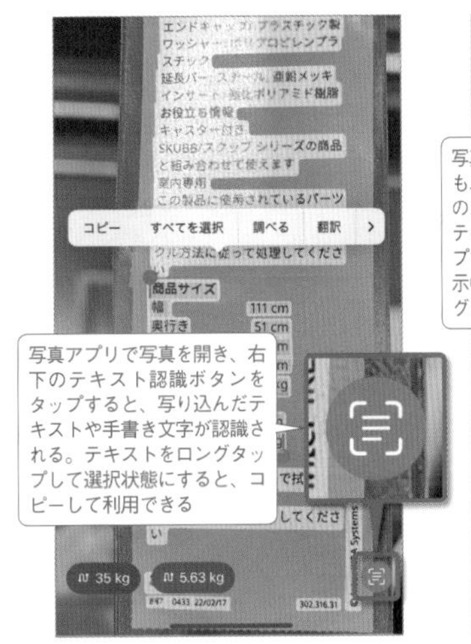

写真アプリで写真を開き、右下のテキスト認識ボタンをタップすると、写り込んだテキストや手書き文字が認識される。テキストをロングタップして選択状態にすると、コピーして利用できる

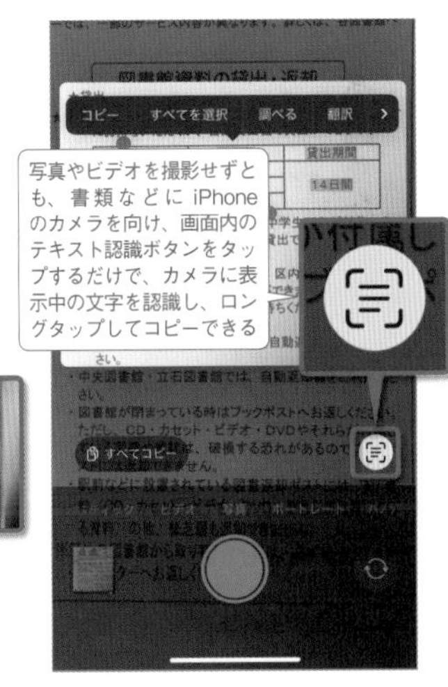

写真やビデオを撮影せずとも、書類などに iPhone のカメラを向け、画面内のテキスト認識ボタンをタップするだけで、カメラに表示中の文字を認識し、ロングタップしてコピーできる

133 カメラで捉えた文章を翻訳する

テキスト認識表示

No132で解説した「テキスト認識表示」機能を利用すると、カメラを向けて認識したテキストを、そのまま他言語に翻訳することも可能だ。これを利用すると、海外で見かけた看板や、レストランのメニュー、商品ラベルの内容などを、翻訳アプリを起動するまでもなく、カメラを向けてテキスト認識するだけで調べられる。テキストの一部を選択した状態で上部のメニューから「翻訳」をタップし、選択したテキストのみ翻訳することもできる。

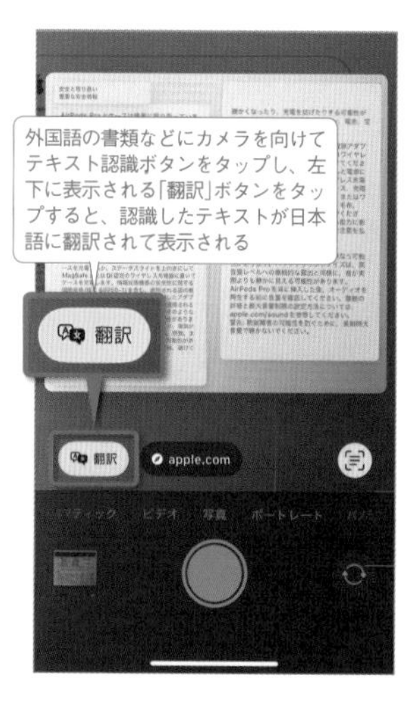

外国語の書類などにカメラを向けてテキスト認識ボタンをタップし、左下に表示される「翻訳」ボタンをタップすると、認識したテキストが日本語に翻訳されて表示される

翻訳されたテキスト部をタップすると原文と訳文が表示され、翻訳する言語を変更したり、再生ボタンで音声で聴けるほか、「翻訳をコピー」でテキストをコピーできる

134 写真に写った邪魔なものを消去する

写真

写真に写り込んでしまった邪魔な人物やものを消したいなら「Magic Eraser」を使ってみよう。ブラシやなげなわツールで選択した範囲を消して、最初から写っていないような自然な写真に合成してくれる。

App

Magic Eraser
作者／Giang Nguyen
価格／無料

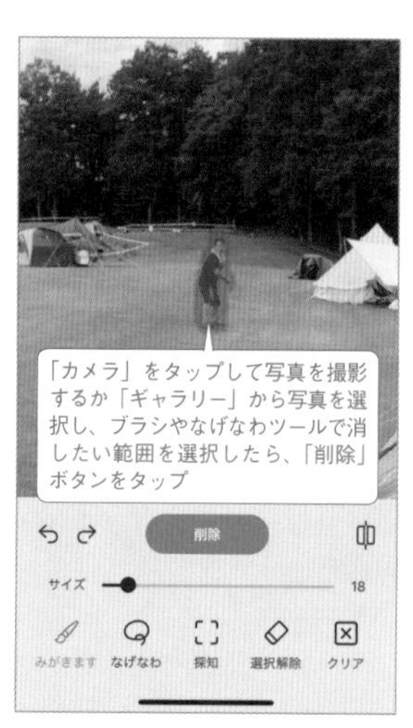

「カメラ」をタップして写真を撮影するか「ギャラリー」から写真を選択し、ブラシやなげなわツールで消したい範囲を選択したら、「削除」ボタンをタップ

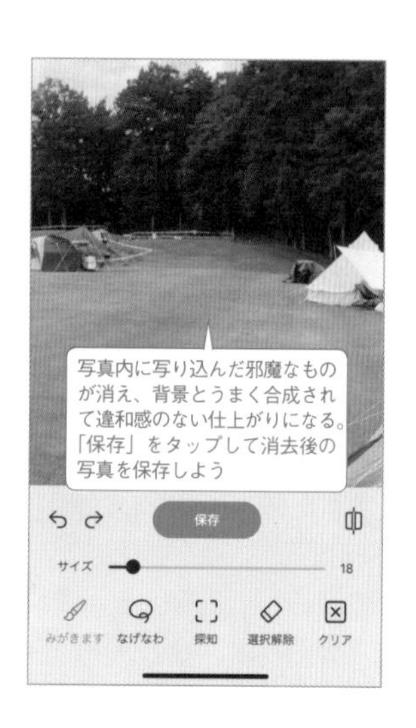

写真内に写り込んだ邪魔なものが消え、背景とうまく合成されて違和感のない仕上がりになる。「保存」をタップして消去後の写真を保存しよう

135 BGM付きで動画を撮影する

カメラ

iPhoneで撮影したビデオにBGMを付けたい場合、通常は動画編集アプリなどであとから音楽を追加する必要がある。しかしミュージックアプリで音楽を再生しながらビデオを撮影すれば、最初からお気に入りの曲をBGMとしたビデオを手軽に作成可能だ。ただし普通にビデオモードで撮影すると、バックグラウンドで流れている曲は停止する。写真モードでシャッターボタンをロングタップし、QuickTakeビデオ（No121で解説）で撮影しよう。

まずはミュージックアプリで、BGMとして使いたい曲をあらかじめ再生しておく。ただしイヤホンを接続しているとビデオのBGMにはならないので、スピーカーで出力すること

カメラアプリを起動し、ビデオモードではなく写真モードでシャッターボタンをロングタップしよう。バックグラウンドの曲が流れたままでQuickTakeビデオの撮影が開始され、BGM付きのビデオとして収録できる。シャッターボタンを押した指をそのまま右の鍵マークまでスワイプすれば、指を離してもビデオ撮影は継続される

136 撮影した動画の音声だけをカットする

動画編集

iPhoneで撮影したビデオで、周辺の騒音が邪魔だったり余計な音声が入ってしまったときは、音声をカットして無音のビデオにしよう。操作は非常に簡単で、写真アプリでビデオを開いて「編集」ボタンをタップしたら、左上のスピーカーボタンをタップしてオフにし、チェックマークボタンで保存するだけ。音声をカットしたビデオは、もう一度編集画面を開いて「元に戻す」をタップすれば、いつでも元の音声付きビデオに戻すことができる。

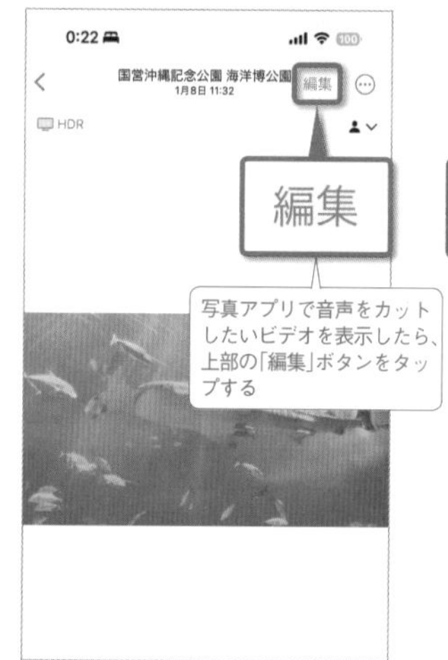

写真アプリで音声をカットしたいビデオを表示したら、上部の「編集」ボタンをタップする

左上のスピーカーボタンをタップすると、ビデオの音声がオフになる。あとは右上のチェックボタンをタップすれば、音声をカットしたビデオとして保存できる

マスト!

137 動画編集 撮影したビデオを編集、加工する

ビデオにもフィルタなどを適用できる

写真アプリを使えば、iPhoneで撮影したビデオを編集することもできる。No127で解説した写真編集と同様に、露出やハイライトを調整したり、各種フィルタ効果を適用したり、傾きを補正することが可能だ。さらにビデオの場合は、映像の不要部分をカットして抜き出し、上書き保存したり別の動画として新規保存することもできる。編集を加えたりトリミングして上書き保存したビデオは、「編集」→「元に戻す」→「オリジナルに戻す」をタップすればいつでも編集を破棄して元のビデオに戻せるので、安心して加工しよう。

1 ビデオを選択して編集ボタンをタップ

写真アプリ内で編集、加工したいビデオを選んでタップ。続けて画面右上の「編集」をタップしよう。ビデオの編集画面に切り替わる。

2 ビデオの不要な部分をカットする

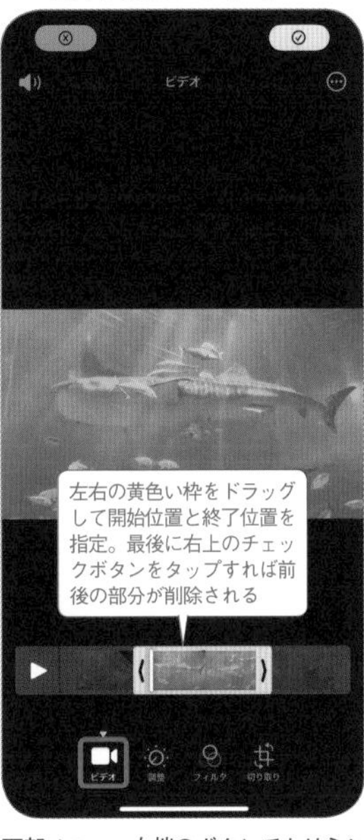

下部メニュー左端のボタンでトリミング編集。タイムラインの左右端をドラッグすると表示される黄色い枠で、ビデオを残す範囲を指定しよう。

3 フィルタや傾き補正を適用する

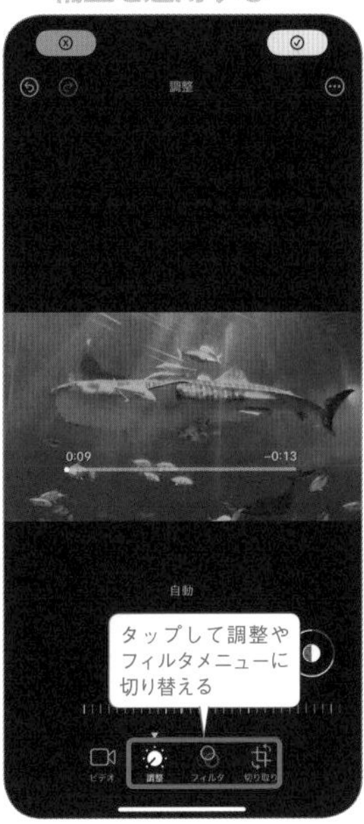

下部の「調整」「フィルタ」「切り取り」ボタンをタップすると、それぞれのメニューで色合いを調整したり、フィルタや傾き補正を適用できる。

138 写真管理 iCloudへ写真やビデオをバックアップする

iCloud写真ですべての写真やビデオを保存しよう

iPhoneで撮りためた写真やビデオは、「iCloud写真」でバックアップするのがおすすめだ。撮影した写真やビデオはすべてiCloudへ自動アップロードされるので、iPadやパソコンから同じ写真ライブラリを見ることができるし、iPhoneが故障したり紛失した際も思い出の写真が消えることはない。ただし、すべての写真やビデオを保存できるだけのiCloud容量が必要なので、無料の5GBだけでは不足しがちだ。また、写真ライブラリは同期されるので、iCloud上や他のデバイスで写真を削除すると、iPhoneからも消える（逆も同様）点に注意しよう。

1 iCloud写真をオンにする

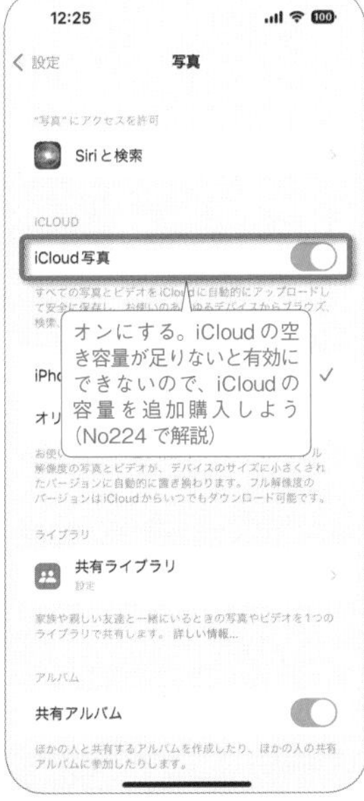

「設定」→「写真」→「iCloud写真」をオンにすれば、すべての写真やビデオがiCloudに保存される。ただしiCloudの空き容量が足りないと機能を有効にできない。

2 端末の容量を節約する設定

iCloud写真がオンの時、「iPhoneのストレージを最適化」にチェックしておけば、オリジナルの写真はiCloud上に保存して、iPhoneには縮小した写真を保存できる。

3 写真アプリの内容は特に変わらない

139 ウィジェット ウィジェットに好きな写真を表示させる

選んだ写真を指定した間隔で表示できる

iPhoneはウィジェット機能でホーム画面に写真を配置できる。ただし標準の写真アプリのウィジェットだと、「For You」タブで選ばれたおすすめ写真しか表示されず、自分で好きな写真を選択できない。そこで「フォトウィジェット」を利用しよう。自分で選んだ好きな写真を表示できるだけではなく、一定時間の経過と共に表示する写真を切り替えることも可能だ。

App 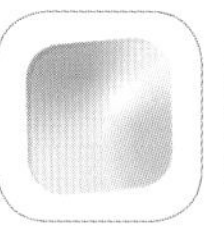 

フォトウィジェット
作者／Photo Widget Inc.
価格／無料

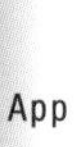

1 ウィジェット用のアルバムを作成

下部メニューの「ウィジェット」画面で上部の「マイアルバム」→「写真」をタップ。「+」ボタンをタップして新しいアルバムを作成し、ウィジェットに表示したい写真を追加しておく。

2 ウィジェットを配置する

フォトウィジェット（ウィジェット管理画面では「Photowidget」と表示される）のウィジェットを配置する。編集モードのままで配置したウィジェットをタップしよう。

3 ウィジェットの設定を変更する

140 写真 iCloudに写真100万枚を無料で保存する裏技

共有アルバムならiCloud容量を使わず保存できる

iPhoneで撮影した写真の保存には「iCloud写真」（No138で解説）が便利だが、iCloud容量を消費するため、無料の5GBだとすぐに不足する。しかし「共有アルバム」を利用すれば、無料で5GB以上の写真を保存可能だ。共有アルバム内の写真は自分のiCloud容量を消費せず、ひとりが作成できる共有アルバムは最大200で、ひとつの共有アルバムに保存できる写真やビデオは5,000件なので、最大100万枚まで無料で保存できる。ただし写真は長辺が最大2048pxにリサイズされ、ビデオは最大720pにリサイズされ最長15分までしか保存できない。

1 共有アルバムをオンにしておく

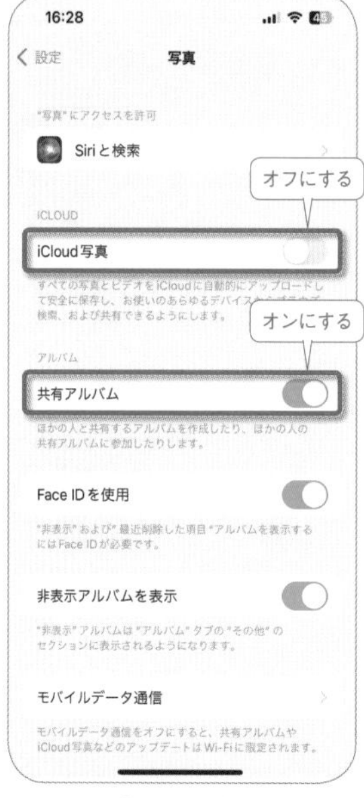

あらかじめ「設定」→「写真」→「共有アルバム」をオンにしておく。「iCloud写真」をオンにすると自分のiCloudに写真をすべてアップしてしまうので、オフのままにしておこう。

2 共有アルバムを作成する

写真アプリの下部メニューで「アルバム」画面を開き、左上の「+」→「新規共有アルバム」をタップ。アルバム名を付け、共有する相手がいないなら宛先は入力せずに「作成」をタップする。

3 共有アルバムに写真を保存する

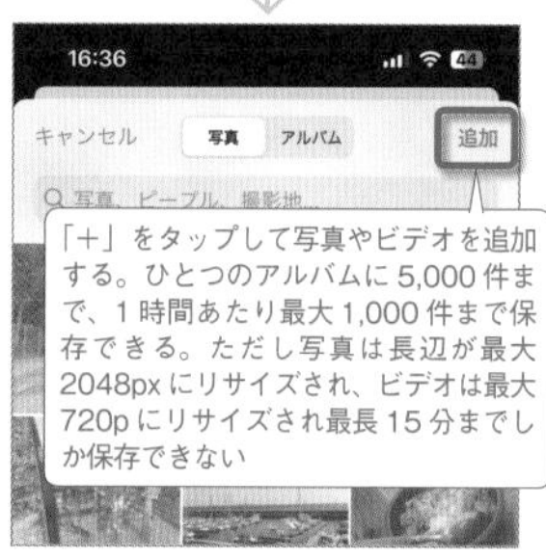

作成した共有アルバムを開き、「+」をタップして写真を追加していこう。共有アルバムの写真はiCloud容量を消費せずにアップロードでき、他のiPadやMacでも閲覧することができる。

マスト!

141 ミュージック 1億曲聴き放題のApple Musicを利用する

月額1,080円で約1億曲が聴き放題になる

月額1,080円で国内外の約1億曲が聴き放題になる、Appleの定額音楽配信サービス「Apple Music」。簡単な利用登録を行うだけで、Apple Musicの膨大な楽曲をミュージックアプリで楽しめるようになる。毎月CDを最低1枚でも買うような音楽好きなら、必須とも言えるお得なサービスだ。Apple Musicの楽曲は、ストリーミング再生できるだけでなく、端末にダウンロード保存も可能。解約するまではCDから取り込んだ曲やiTunes Storeで購入した曲と同じように扱うことができる。ただし、曲を端末内にダウンロードするには、「設定」→「ミュージック」→「ライブラリを同期」をオンにする必要があるので、あらかじめ設定しておこう。また、ストリーミングやダウンロードにモバイルデータ通信を利用するかどうかも、最初に設定しておきたい。

Apple Musicは、スタンダードな月額1,080円の「個人」プランに加え、ファミリー共有機能で家族メンバー6人まで利用できる月額1,680円の「ファミリー」(iPhoneとMacなど、複数のデバイスで同時に再生したい場合もファミリープランに加入する必要がある)、学割で月額580円で利用できる「学生」など、複数のプランが用意されている。なお、初回登録時のみ1ヶ月間無料で利用することが可能だ。ただし、無料期間が過ぎると自動更新で課金が開始されるので注意しておこう。右で自動更新の停止方法も解説しているので、こちらもチェックしておくこと。

>>> Apple Musicに登録してみよう

1 Apple Musicに登録する

まずは「設定」→「ミュージック」画面でApple Musicに登録しておこう。初回登録時は1ヶ月無料で利用することができる。

2 契約するプランを選択する

「すべてのプランを表示」をタップしてプランを選択。月額1,080円の「個人」、ファミリー共有機能で6人まで利用できる「ファミリー」、在学証明が必要な「学生」などのプランがある。

3 Apple Musicを楽しもう

>>> Apple Musicを使う上で知っておきたい操作

1 モバイルデータ通信でも再生する

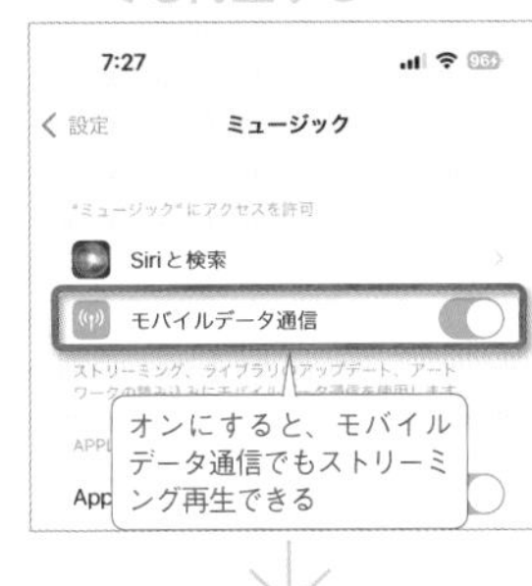

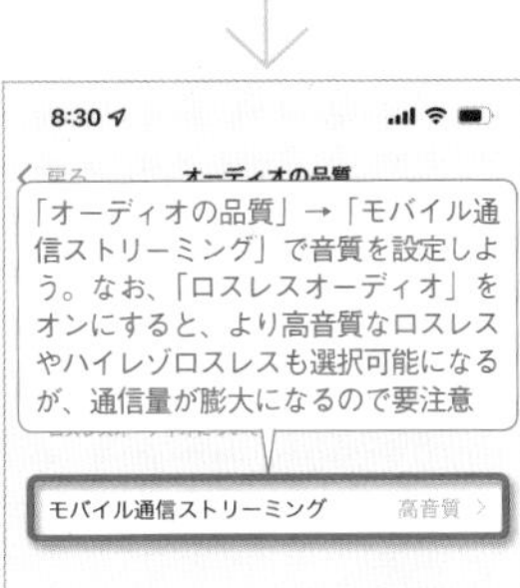

モバイルデータ通信でもストリーミング再生したい場合は、「設定」→「ミュージック」→「モバイルデータ通信」をオンにしておこう。また「オーディオの品質」→「モバイル通信ストリーミング」で音質を設定できる。

2 端末内に楽曲をダウンロードする

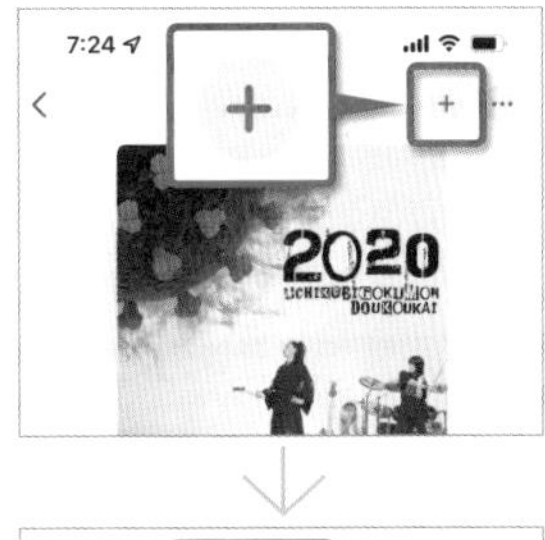

「+」でアルバムをライブラリに追加できる(曲単位は「…」→「ライブラリに追加」をタップ)。ライブラリ追加後はダウンロードボタンに変わり、タップして端末内にダウンロードが可能。ただし、事前に「設定」→「ミュージック」→「ライブラリを同期」のスイッチをオンにする必要がある。できるだけWi-Fi接続時にダウンロードしておこう。

POINT Apple Musicの自動更新をオフにする

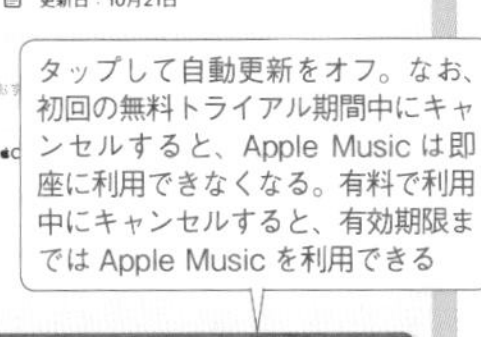

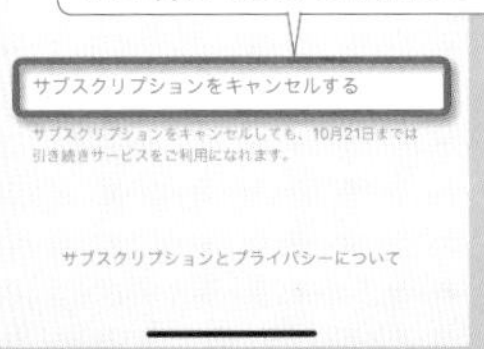

Apple Musicメンバーシップの自動更新を停止するには、ミュージックの「今すぐ聴く」にあるユーザーボタンをタップし、「サブスクリプションの管理」→「サブスクリプションをキャンセルする」をタップ。試用期間後に自動更新で課金したくないなら、この操作でキャンセルしておこう。

142 ミュージックの「最近追加した項目」をもっと表示する

ミュージック

ミュージックアプリで、最近追加したアルバムやプレイリストを探したい時に便利なのが、「ライブラリ」画面にある「最近追加した項目」リストだ。ただこのリストでは、最大で60項目までしか履歴が残らない。もっと前に追加したアルバムを探したい場合は、「ライブラリ」→「アルバム」を開いて、右上の並べ替えボタンをタップし、「最近追加した項目順」にチェックしよう。すべてのアルバムが新しく追加した順に表示されるようになる。

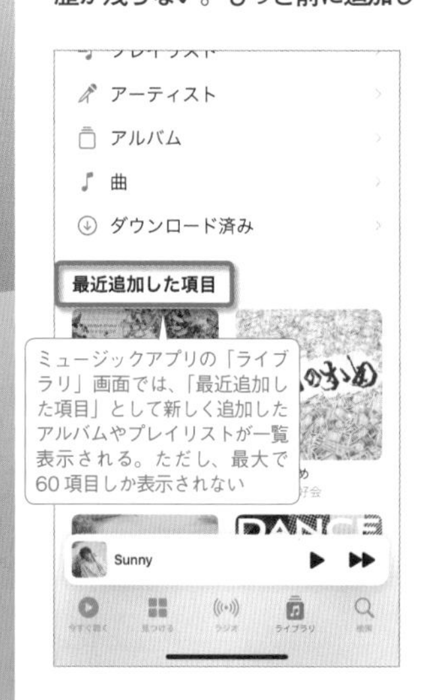

ミュージックアプリの「ライブラリ」画面では、「最近追加した項目」として新しく追加したアルバムやプレイリストが一覧表示される。ただし、最大で60項目しか表示されない

すべてのアルバムを新しく追加した順に表示するには、「アルバム」を開いて右上の並べ替えボタンをタップ。「最近追加した項目順」を選択すればよい。なお、「曲」や「プレイリスト」などの画面でも、同様に「最近追加した項目順」で並べ替えできる

143 iPhone内のすべての曲をシャッフル再生

ミュージック

ミュージックアプリのライブラリ画面で「アルバム」や「曲」をタップし、上部に表示された「シャッフル」ボタンをタップすると、ライブラリに追加されているすべての曲を対象にシャッフル再生を利用できる。現在再生中のアルバムやプレイリストをシャッフル再生したいなら、画面下のプレイヤー部をタップして再生画面を開き、右下にある三本線ボタンをタップしよう。「次に再生」リストが表示され、シャッフルやリピートボタンが表示される。

ライブラリの「アルバム」や「曲」をタップし、上部に表示された「シャッフル」ボタンをタップすれば、ライブラリ内のすべて曲を対象にシャッフル再生できる

現在再生中の曲のリストをシャッフル再生したいなら、画面下のプレイヤー部をタップして再生画面を開き、右下にある三本線ボタンをタップ。「次に再生」リストに表示されるシャッフルボタンをタップすればよい。リピートボタンも表示される

144 似ている曲を次々に自動で選んで再生する

ミュージック

Apple Musicでは、現在再生中の曲に似た曲を探し、自動で再生リストに追加してくれる「自動再生」機能も利用できる。機能を有効にするには、まずミュージックアプリで再生画面を開き、右下の三本線ボタンをタップ。「次に再生」リストに、シャッフルやリピートボタンと並び自動再生ボタンが表示されるので、これをタップすればよい。自動再生をオンにすると、曲の再生を停止するまで、タイプの似た曲を次々に聴き続けることができる。

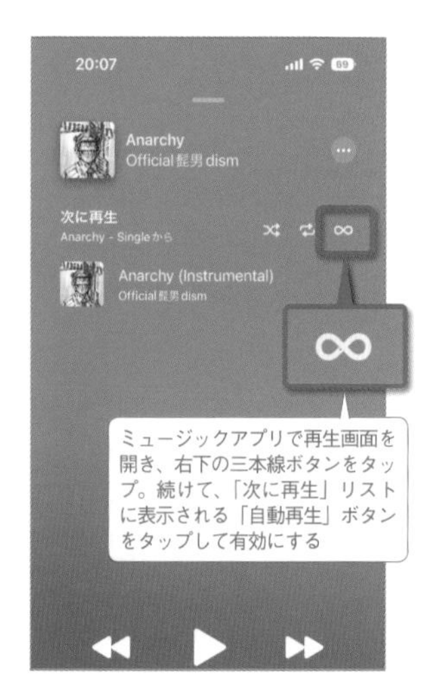

ミュージックアプリで再生画面を開き、右下の三本線ボタンをタップ。続けて、「次に再生」リストに表示される「自動再生」ボタンをタップして有効にする

Apple Musicからタイプやジャンルの似た曲が探し出され、自動的に「次に再生」リストに追加されるので、好みの曲を聴き続けることができる。新たなお気に入りを見つけたいときにも使いたい機能だ

145 タイマー終了時に音楽や動画を停止する

タイマー

標準アプリの「時計」を使うと、ミュージックアプリなどの再生をタイマーでオフにすることができる。まずは時計を起動し、「タイマー」画面の「タイマー終了時」をタップしよう。画面の一番下に「再生停止」という項目があるので、チェックを付けて「設定」をタップ。あとは就寝前などにタイマーを開始して音楽を再生すれば、セットした時間後に再生が自動停止するようになる。音楽や動画を再生するほとんどのアプリを対象に利用できる機能だ。

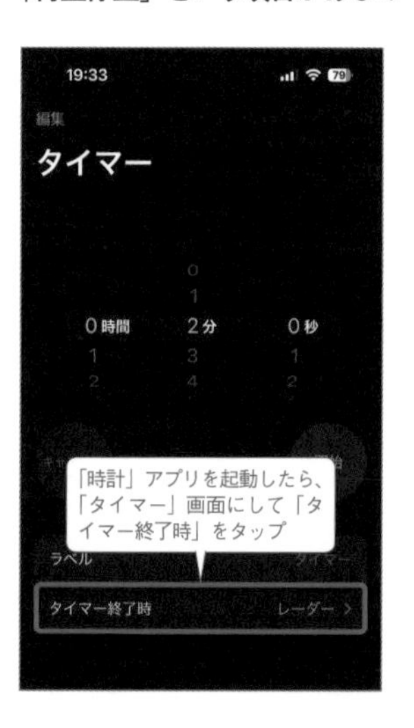

「時計」アプリを起動したら、「タイマー」画面にして「タイマー終了時」をタップ

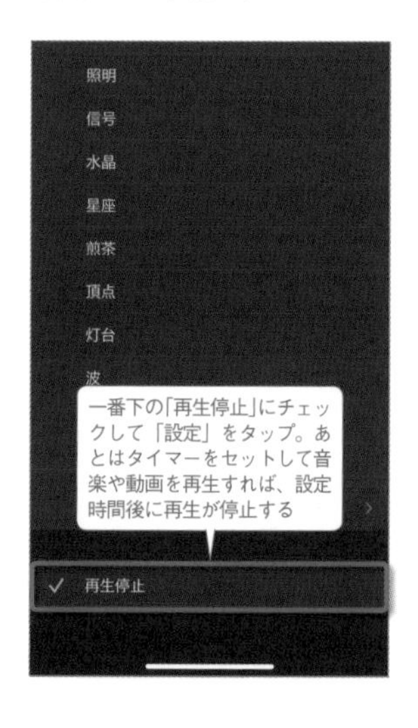

一番下の「再生停止」にチェックして「設定」をタップ。あとはタイマーをセットして音楽や動画を再生すれば、設定時間後に再生が停止する

SECTION 4

146 歌詞をタップして聴きたい箇所へジャンプ

ミュージック

ミュージックアプリでは、歌詞が設定された曲を再生すると、再生に合わせて歌詞をハイライト表示できる。また、歌詞をスクロールして、聴きたい箇所をタップすると、その位置にジャンプして再生することが可能だ。歌詞を表示するには、下部のプレイヤー部をタップして再生画面を開き、左下の吹き出しボタンをタップすればよい。なお、歌詞の全文を表示したい時は、再生画面の「…」→「歌詞をすべて表示」をタップする。

プレイヤー部をタップして再生画面を開こう。歌詞表示に対応した曲には、左下に吹き出しボタンが表示されているので、これをタップ

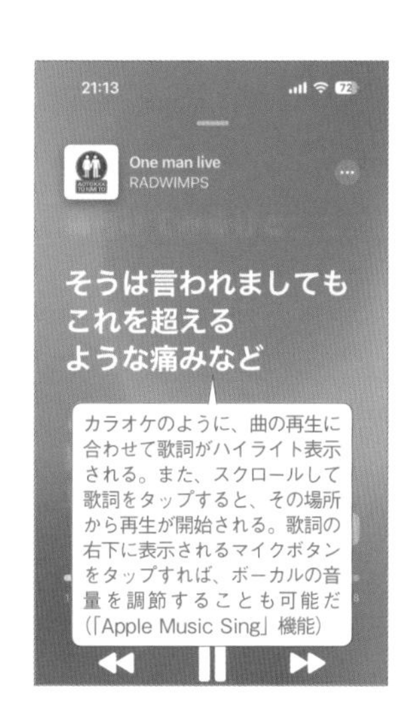

カラオケのように、曲の再生に合わせて歌詞がハイライト表示される。また、スクロールして歌詞をタップすると、その場所から再生が開始される。歌詞の右下に表示されるマイクボタンをタップすれば、ボーカルの音量を調節することも可能だ(「Apple Music Sing」機能)

147 歌詞の一節から曲を探し出す

ミュージック

ミュージックアプリでApple Musicの曲を検索する際は、アーティスト名や曲名だけでなく、歌詞の一部を入力してもよい。曲の歌い出しやサビなど、歌詞の一部さえ覚えていれば、目的の曲を探し出せる。カバー曲や、オマージュで歌詞の一部が使われている曲の、元ネタを探したい時などにも便利。ただし、Apple Musicのすべての曲を検索できるわけではなく、歌詞が登録されている曲のみが検索対象となる。

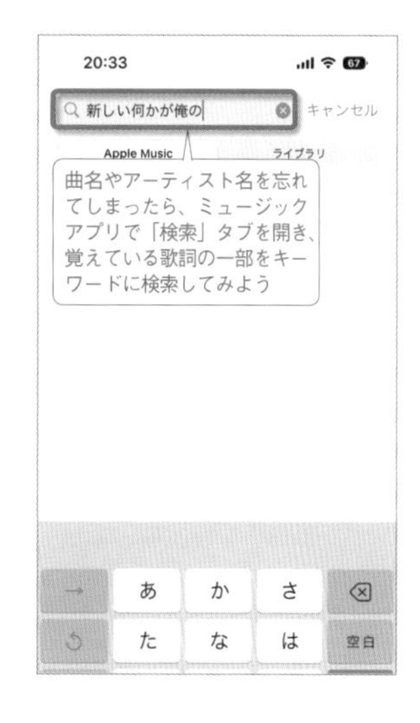

曲名やアーティスト名を忘れてしまったら、ミュージックアプリで「検索」タブを開き、覚えている歌詞の一部をキーワードに検索してみよう

そのフレーズを歌詞に含む曲が表示される。「歌詞：〇〇〇〇」と表示されているものが、歌詞でヒットした楽曲になる

148 発売前の新作もライブラリに追加しておこう

マスト!

ミュージック

Apple Musicには、今後リリースされる新作もあらかじめ登録されていることが多い。好きなアーティストが新作の情報を解禁したら、まずはApple Musicで検索してみよう。作品がヒットしたら、「+」ボタンをタップしてライブラリに先行追加しておきたい。リリース日になったら通知され、ライブラリのトップに表示される。また、先行配信曲が追加された際も、ライブラリのトップに現れるので、いち早くチェックしたいなら必ず先行追加しておこう。

新作リリースの情報が発表されたら、アーティスト名やアルバム名で検索してみよう。また、「見つける」タブにある、「まもなくリリース」欄をタップすると、近日配信予定の注目作品が一覧表示される。好きなアーティストの新作がないかチェックしてみよう

配信日に必ず聴きたいアルバムは、「+」ボタンをタップしてライブラリに追加しておこう。すでに先行配信曲があればタップしてすぐに再生可能だ

149 曲に参加しているアーティストやスタッフを表示

iOS17

動画編集

Apple Musicで気に入った曲に関わっている人物を知りたいときは、曲名の右端に表示されている「…」→「クレジットを表示」をタップしてみよう。その曲を演奏するアーティストだけでなく、作曲家、作詞家、プロデューサー、エンジニアなどの情報も調べることができる。作曲家や作詞家から好みの曲を見つけたいときに利用しよう。なおこのクレジット画面では、歌詞を全文表示したり、利用可能なオーディオ品質なども確認できる。

情報を調べたい曲名の「…」ボタンをタップし、開いたメニューから「クレジットを表示」をタップする

この曲にかかわったアーティストや作曲家、作詞家、プロデューサー、エンジニアなどの情報がまとめて表示される

150 ミュージック 複数のイヤホンで音楽を共有し再生する

どちらもAirPodsを使っていれば同じ曲を楽しめる

今聴いている曲を近くの友だちにも聴いてもらいたいけど、内蔵スピーカーで音を出すと周りに迷惑だし、片方だけイヤホンを貸すのも……というときは、オーディオ共有機能を使ってみよう。ただしこの機能を使えるのは、自分と相手がどちらもAirPods（またはBeatsブランドのイヤホン）を使っている場合のみ。イヤホンが対応していれば、コントロールセンターなどからオーディオ出力ボタンをタップして「オーディオ共有」をタップし、相手がもう一台のイヤホンを近づけて接続を許可することで、同じ曲をそれぞれのイヤホンで聴ける。

1 オーディオ出力ボタンをタップ

まず、自分のiPhoneにAirPodsを接続した状態で、コントロールセンターを開いて、ミュージックパネルの右上にあるオーディオ出力ボタン（イヤホンのアイコン）をタップする。

2 オーディオ共有をタップする

オーディオ出力の選択メニューに、「オーディオを共有」という項目が追加されているので、これをタップする。

3 相手のAirPodsとの接続を許可する

---

iOS17 151 SharePlay オンラインの友人と音楽や映画を一緒に楽しむ

Apple MusicやApple TVで利用できる

離れた人と同じ音楽を聴いて楽しんだり、同時に映画を視聴して盛り上がりたいなら、「SharePlay」機能を利用しよう。ただし、SharePlayを使うにはいくつか条件がある。まず、音楽や映画を一緒に楽しむ相手も、iPhoneやiPad、Macユーザーの必要がある。また、SharePlayに対応するアプリの音楽や映像しか共有できない。Apple MusicやApple TVが対応しているほか、Huluなど一部のサードパーティー製アプリも対応済みだ。SharePlayで再生した音楽や映画が有料サービスの場合は、相手もサービスに加入していないと共有できない点にも注意しよう。

1 共有メニューなどでSharePlayを開始する

SharePlay対応アプリの共有メニューなどから「SharePlay」をタップし、宛先を入力してメッセージを送信するかFaceTimeで発信しよう。相手がSharePlayに参加すれば同時に楽しめる。

2 AirDropでSharePlayを開始する

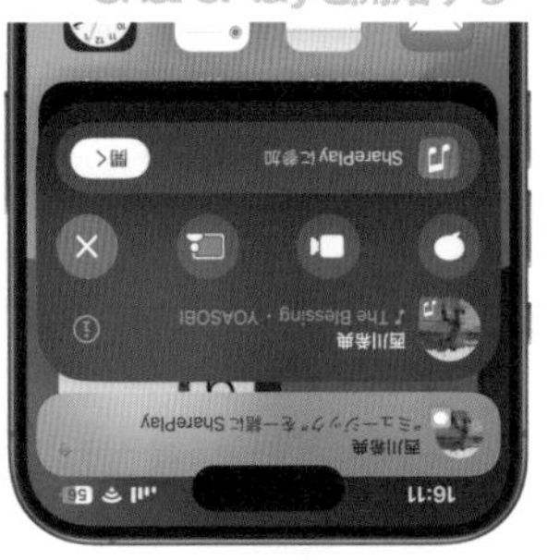

iOS 17以降のiPhone同士であれば、AirDrop（No034、No035で解説）の「デバイス同士を近づける」機能によって、iPhoneの上部を近づけるだけでSharePlayを開始することができる。

3 SharePlayを終了する

152 YouTubeでシークやスキップを利用する

YouTube

YouTubeで動画を楽しむ際、目的のシーンを選んだり少し飛ばして再生したいことは多い。YouTube公式アプリなら、動画のシークやスキップもシークバーのドラッグや画面のダブルタップでスムーズに操作できる。

App
YouTube
作者／Google, Inc.
価格／無料

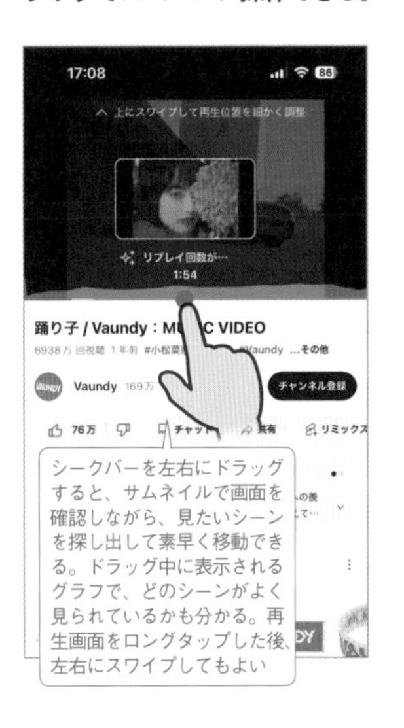

シークバーを左右にドラッグすると、サムネイルで画面を確認しながら、見たいシーンを探し出して素早く移動できる。ドラッグ中に表示されるグラフで、どのシーンがよく見られているかも分かる。再生画面をロングタップした後、左右にスワイプしてもよい

再生画面の左右端をダブルタップすることで、10秒単位で動画を進めたり戻したりすることができる。連続でタップすれば、スキップする秒数も増える

153 無料でYouTubeをバックグラウンド再生する

YouTube

YouTubeアプリで動画を視聴中に、ホーム画面に戻ったり他のアプリを起動すると再生が停止する。再生を止めず音声を流し続けるバックグラウンド再生を利用する場合、通常は有料の「YouTube Premium」への加入が必要だ。しかしSafariでYouTubeにアクセスして動画を再生し、ホーム画面などに戻って再生が停止した状態でコントロールセンターから再生ボタンをタップすれば、無料でもYouTube動画の音声をバックグラウンドで再生できる。

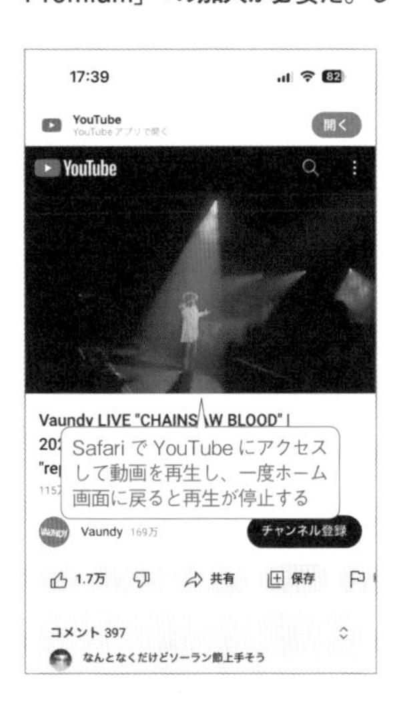

SafariでYouTubeにアクセスして動画を再生し、一度ホーム画面に戻ると再生が停止する

この状態でコントロールセンターを開き、右上のパネルで再生ボタンをタップすれば、Safariで再生していた動画の音声がバックグラウンドで再生される。なお、YouTubeがSafariではなくYouTubeアプリで開いてしまう場合は、Googleの検索結果でYouTubeのリンクをロングタップし、「新規タブで開く」をタップすればよい

154 YouTubeをオンラインの友人と一緒に楽しむ

YouTube

複数人で同時にYouTube動画を視聴できる

LINEでのグループ通話中に、「みんなで見る」機能を利用すると、YouTubeの動画を一緒に視聴できる。YouTubeの再生中でも音声通話やビデオ通話は継続するので、同じ動画を観ながら感想を言い合ったりして楽しむことが可能だ。なお、右で紹介している手順のほかにも、あらかじめYouTubeで観たい動画のURLをコピーしてトークでシェアすると、投稿したURLのサムネイルに「通話しながら画面シェア」が表示され、タップして音声通話やビデオ通話を開始できる。YouTubeの履歴などに観たい動画がある場合はこちらのほうが簡単だ。

1 LINE通話中に画面シェアする

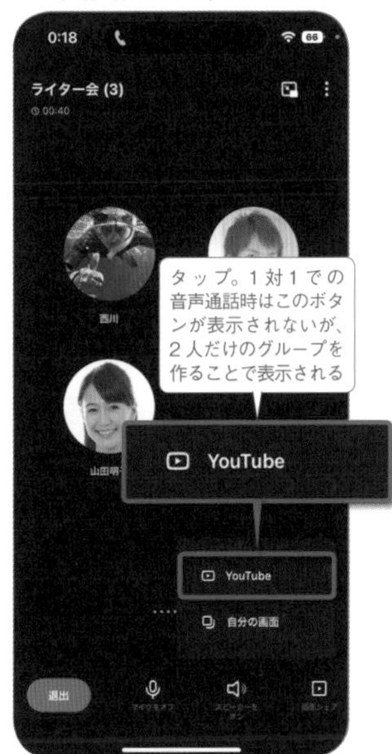

タップ。1対1での音声通話時はこのボタンが表示されないが、2人だけのグループを作ることで表示される

LINEで音声通話やビデオ通話をしているときに、画面右下に表示される「画面シェア」→「YouTube」をタップしよう。

2 YouTubeで動画を検索する

観たい動画をタップし、「開始」をタップ

YouTubeの検索画面が開くので、一緒に観たい動画を探す。この検索画面は相手と共有されない。動画を選んで「開始」をタップすると共有される。

3 YouTubeの動画を一緒に楽しめる

このように、全員の画面で同じYouTube動画が同時に再生され、感想を言い合ったりして楽しめる。通信環境などによって、多少タイムラグが出ることもある

写真・音楽・動画

マスト!

155 ピクチャインピクチャ ホーム画面や他のアプリ上で動画を再生する

YouTubeなどの動画を小窓で再生しながら操作

iPhoneには、ホーム画面に戻ったり他のアプリを操作中でも、FaceTimeの通話やビデオの視聴を継続できる「ピクチャインピクチャ」機能が搭載されている。ピクチャインピクチャの画面サイズはピンチ操作で自由に拡大／縮小できるほか、ドラッグして他の位置に移動可能。また、画面の端までドラッグすると、画面が消えて音声のみの再生になる。すべてのアプリで利用できる機能ではないが、Amazonプライムビデオや DAZNなどの動画配信サービスが対応しているほか、YouTubeアプリも対応済みだ(Premium会員のみ)。

1 ピクチャインピクチャの設定を確認

ピクチャインピクチャを利用するには、iPhoneの「設定」→「一般」→「ピクチャインピクチャ」→「ピクチャインピクチャ自動的に開始」がオンになっている必要がある。

2 YouTubeアプリでも設定を確認する

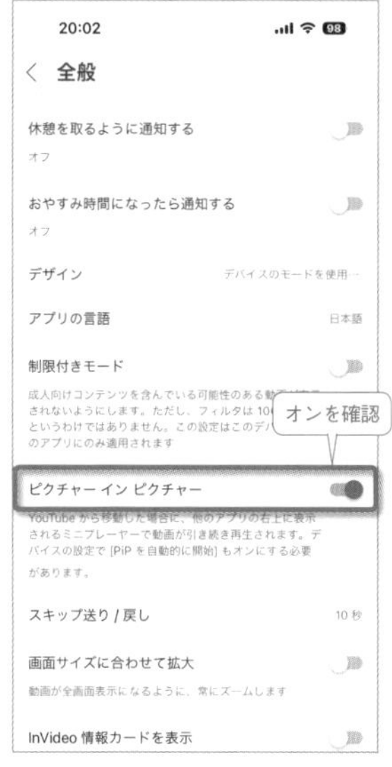

YouTubeアプリでピクチャインピクチャを利用するには、YouTube Premiumの登録が必要。登録済みなら、YouTubeアプリの「設定」→「全般」→「ピクチャーインピクチャー」がオンになっているか確認しよう。

3 動画を再生しながら他の操作を行える

YouTubeでビデオを再生中に、ホーム画面に戻ってみよう。YouTubeビデオが小窓で再生されたままでホーム画面が表示され、他のアプリを起動できる。Amazonプライムビデオや DAZNなどのアプリでも、同様にピクチャインピクチャ機能でビデオの再生を継続できる

156 YouTube YouTubeで見せたいシーンを共有する

クリップ機能で動画の一部を抜き出す

YouTubeの動画を友人に紹介したい時は、見せたいシーンだけ再生されるクリップ機能を使おう。クリエイターがクリップの作成を許可している動画であれば、5～60秒のシーンを抜き出して、ループ再生する動画を作成し共有できる。ただし共有したリンクから動画を再生すると、クリップを作成した自分のアカウント名も表示されてしまう。アカウントを知られたくないなら、動画のURLの末尾に「?t=(開始時間)」を追加すれば、その時間から再生されるリンクが作成されるので、これをメールなどで送ればよい。

1 クリップボタンをタップする

一部のクリエイターの動画は、一部のシーンを抜き出して共有できるクリップ機能に対応する。メニューから「クリップ」ボタンをタップしよう。

2 クリップする範囲を選択して共有

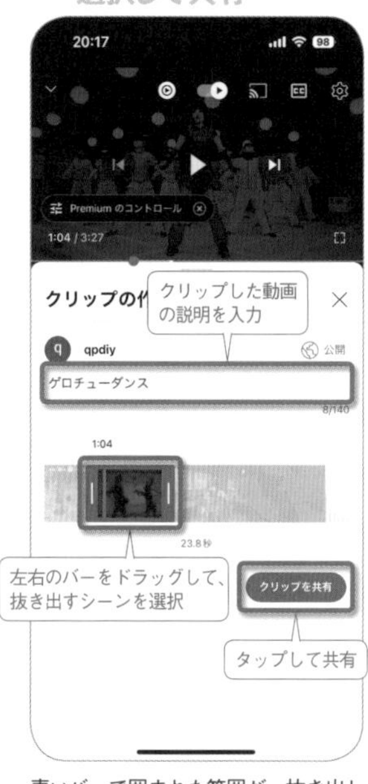

青いバーで囲まれた範囲が、抜き出してループ再生する箇所になる。ドラッグして範囲を選択したら、説明を入力して、「クリップを共有」をタップ。メールや LINE などで相手に送ればよい。

POINT 再生を開始する時間を指定する

開始1分27秒のシーンであれば、URL末尾に「?t=1m27s」と追加。「?t=87」という表記でもよい

?=1m27s

https://youtu.be/yA7ioQrky2?t=1m27s

iPhoneから送信

自分のアカウントを知られずに、見せたいシーンを知らせるには、指定した箇所から再生が開始されるリンクを作成しよう。各動画の「共有」→「メール」などをタップすると、動画URLが入力された状態でメール作成画面が開くので、URLの末尾に「?t=(開始時間)」を追記して送ればいい。相手はリンクをタップすると指定時間から再生できる。

SECTION 5

仕事効率化

iPhoneをビジネスツールの主力に組み込んでいるユーザーも数多い。ここではベストなカレンダーやクラウド、ノートアプリを利用した仕事効率化テクニックを紹介。仕事もiPhoneでスマートにこなしていこう。

マスト!

157 カレンダー スケジュールはGoogleカレンダーをベースに管理しよう

Googleカレンダーとの同期設定を行っておこう

iPhoneでスケジュールを管理したい場合、Googleカレンダーをベースにして管理するのがおすすめだ。多くのカレンダーアプリはGoogleカレンダーとの同期に標準対応しているため、スケジュール管理のベースはGoogleカレンダーで行い、予定のチェックや入力などのインターフェイスは自分の使いやすいカレンダーアプリを採用する、といった運用方法がベスト。パソコンとの同期がスムーズな点もメリットだ。まずは「設定」→「カレンダー」→「アカウント」でGoogleアカウントとの同期設定を行おう。これで標準のカレンダーアプリがGoogleカレンダーと同期される。

1 標準カレンダーやGoogleと同期する

Googleカレンダーと同期するには、「設定」→「カレンダー」→「アカウント」→「アカウントを追加」をタップ。「Google」からGoogleアカウントを追加しておこう。

2 カレンダーを同期する

Googleアカウントの認証を済ませると上の画面が表示される。同期したいサービスをオンにして「保存」をタップしよう。これでGoogleカレンダーとの同期設定は完了だ。

3 カレンダーの表示を切り替える

マスト!

158 カレンダー 仕事とプライベートなど複数のカレンダーを作成する

Googleカレンダーでは、目的別に複数のカレンダーを作っておくことができる。たとえば、仕事の予定のみを書き込んだ「仕事」カレンダーと、プライベートな予定のみを書き込んだ「個人」カレンダーを作成し、それぞれの予定を色分けで見やすくする、といった使い方が可能だ。ただし、カレンダーの新規作成や削除などの作業は、カレンダーアプリからは行えない。パソコンのWebブラウザでGoogleカレンダーにアクセスして設定しよう。

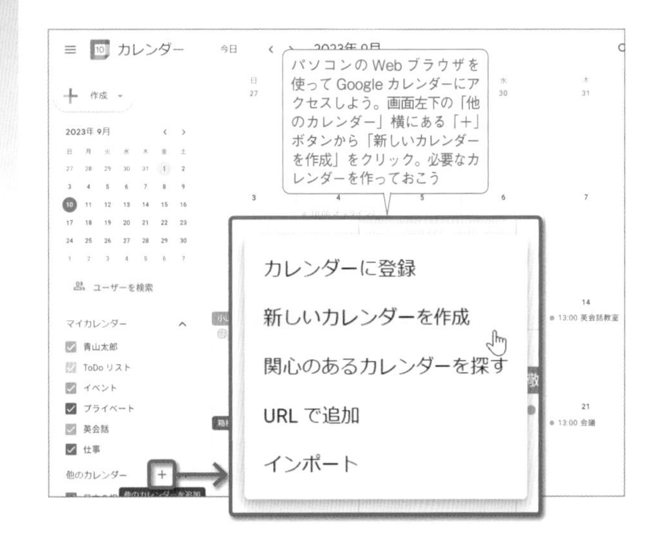

159 カレンダー カレンダーを家族や友人、仕事仲間と共有する

Googleカレンダーは、ほかのユーザーと共有することが可能だ。まずはパソコンのブラウザでGoogleカレンダーにアクセスして、画面右上の歯車ボタンをクリック。「設定」から設定画面を開こう。画面左端の一覧から共有したいカレンダーを選択し、右画面で「ユーザーやグループを追加」ボタンをクリック。続けて共有したいユーザーのメールアドレスと権限を設定して招待すれば、カレンダーがそのユーザーと共有される。

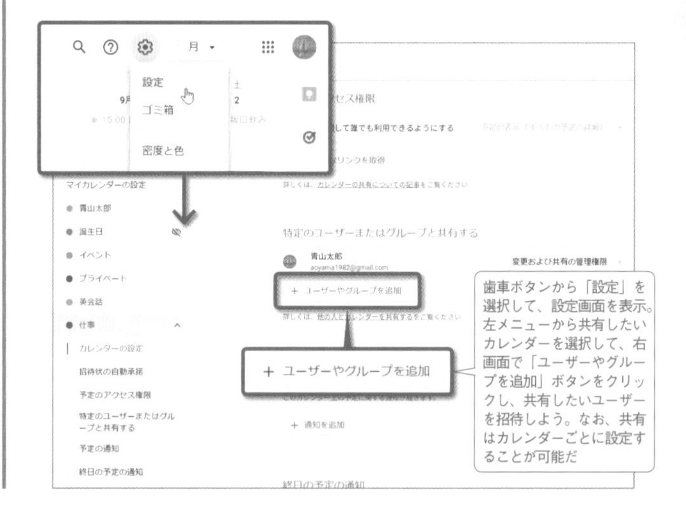

マスト!

160 カレンダー 月表示でもイベントが表示されるおすすめカレンダー

標準カレンダーでは物足りないというユーザーにおすすめ

iPhoneの標準カレンダーアプリはシンプルで使いやすいが、月表示ではいちいち日付をタップしないとその日のイベントを確認できないため、1ヶ月の予定をひと目でチェックしたい人には不向きだ。月表示で予定を確認するなら、「FirstSeed Calendar」を利用しよう。月表示モードでも予定の件名を確認できるほか、予定の開始時刻を表示させることもできる。また、「+」ボタンをロングタップするとクイックイベントの作成画面になり、「明日10時から会議」といった自然言語で日時とイベントを入力できるので、慣れるとスピーディーな予定入力が可能だ。ウィジェットの種類が非常に豊富なのも特徴で、ホーム画面には2ヶ月分の月カレンダーや、今日と明日2日間の予定など、さまざまなウィジェットを配置できるほか、ロック画面のウィジェット配置にも対応している。ロック画面から音声入力でイベントを作成することも可能。カレンダーアプリ自体は使い慣れた他のアプリを使い、ウィジェットのみFirstSeed Calendarを配置する使い方もおすすめだ。なお、FirstSeed Calendarは標準カレンダーと同期するので、Googleカレンダーなど外部カレンダーと同期したいなら、あらかじめ設定を済ませておこう(No157で解説)。

App

FirstSeed Calendar for iPhone
作者/FirstSeed Inc
価格/無料

>>> FirstSeed Calendarの基本的な使い方

1 月カレンダーで詳細な予定が分かる

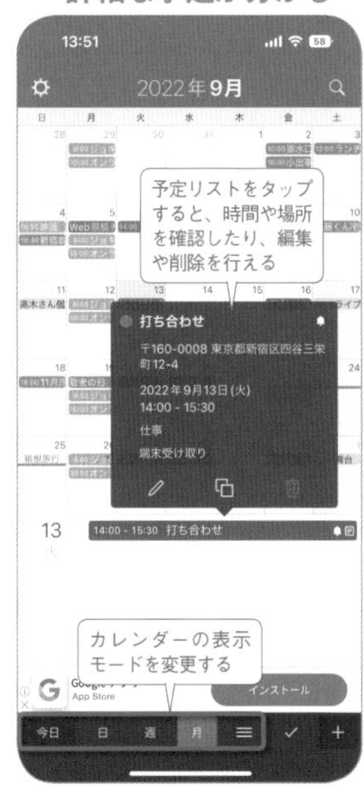

FirstSeed Calendarの月カレンダーでは予定名が表示されるほか、下部には選択した日の予定リストが表示され、タップすると詳細を確認したり編集できる。広告表示が邪魔なら、Pro版(730円)の購入で消すことができる。

2 自然言語で予定を作成する

画面右下の「+」をタップすると新規イベントを作成できる。また「+」をロングタップするとクイックイベント画面になり、「プライベートに明日10時から映画」など、自然言語で予定やリマインダーを作成できる。

3 月カレンダーに時刻を表示する

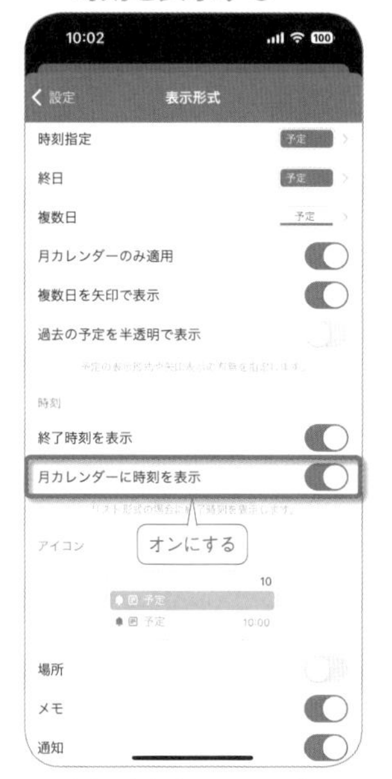

画面左上の歯車ボタンをタップすると設定画面が開く。「表示形式」→「月カレンダーに時刻を表示」をオンにしておくと、月カレンダーに開始時刻も表示されるようになり、より詳細に予定を確認できる。

4 週カレンダーの表示形式を選択

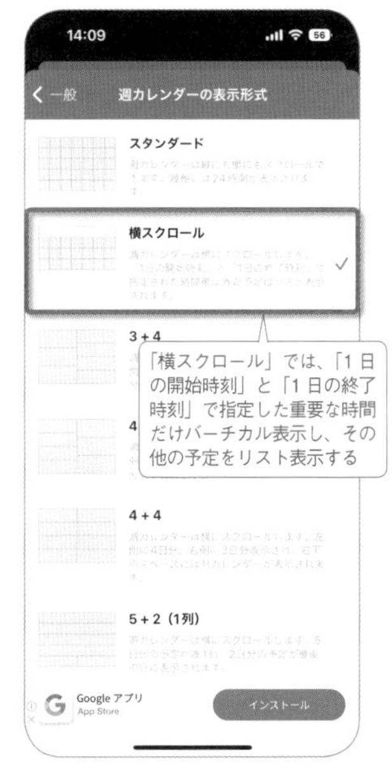

週表示で利用する場合は、画面左上の歯車ボタンから「一般」→「週カレンダーの表示形式」をタップ。自分で見やすい表示スタイルを選択しておくのがおすすめ。月カレンダーの表示形式も変更できる。

5 多彩なウィジェットを利用する

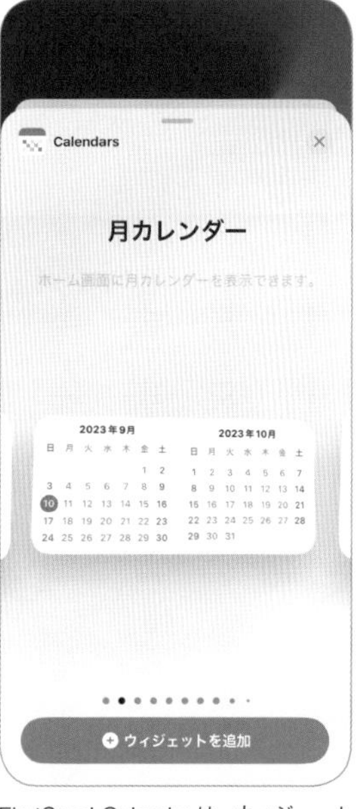

FirstSeed Calendarは、ウィジェットがとにかく豊富。2ヶ月分の「月カレンダー」や、「2日間の予定」、「予定+カレンダー」、「月カレンダー+ツール」、「○日間の予定」など、さまざまなスタイルのウィジェットを配置できる。

6 ロック画面ウィジェットにも対応

161 カレンダー カレンダーの予定をスプレッドシートで入力する

csv形式のデータでGoogleカレンダーにまとめて登録

カレンダーアプリで定期的な予定を入力する際は、同じ予定なら繰り返しを設定すればよいが、開始時間や終了時間、場所などが毎回異なる場合はひとつずつ修正する必要があり面倒だ。そんなときは、ExcelやGoogleスプレッドシートなどの表計算ツールで予定をまとめて作成し、csv形式で保存してカレンダーに取り込めばよい。ただしiPhoneの画面でスプレッドシートを編集するのは厳しいので、パソコンで作業するのが効率的だ。またGoogleカレンダーに正しくインポートするには、右にまとめた書式に沿って入力する必要がある。

1 スプレッドシートで予定を入力する

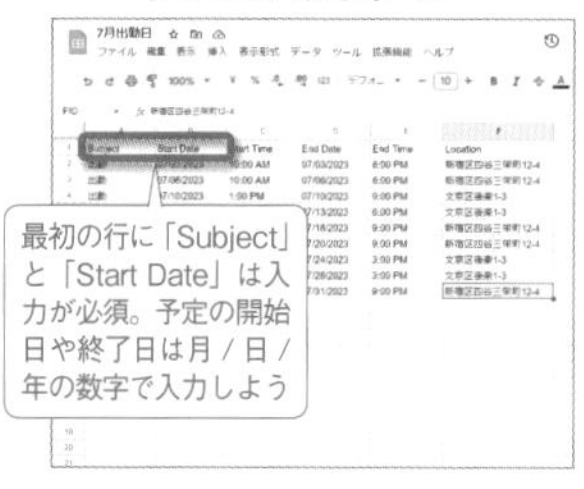

Googleスプレッドシートや Excel で、右の書式の通り予定を作成しよう。最初の行に「Subject」や「Start Date」などヘッダーを英語で入力し、その下の行に予定内容を入力する。

カレンダー用の入力書式

書式	項目	入力例
Subject	タイトル	出勤
Start Date	予定の開始日	04/30/2023
Start Time	予定の開始時間	10:00 AM
End Date	予定の終了日	04/30/2023
End Time	予定の終了時間	3:00 PM
All Day Event	終日	「True」(終日)か「False」(終日でない)を入力
Location	予定の場所	四谷三栄町12-4
Private	限定公開	「True」(限定公開)か「False」(限定公開でない)を入力
Description	メモ	予定についてのメモを入力

※ Subject と Start Date の入力は必須

2 作成した予定をcsv形式で保存する

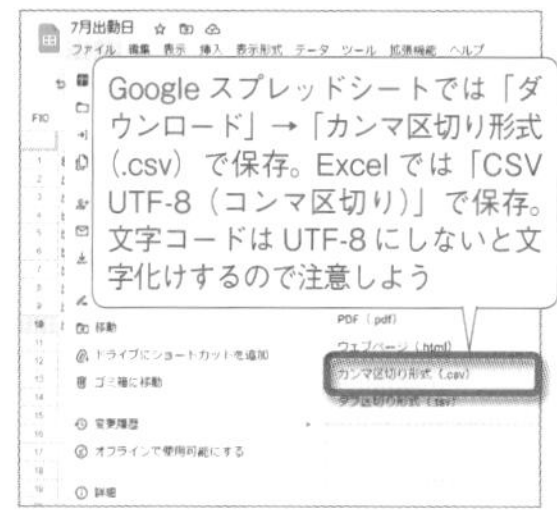

予定を作成したら、ファイル形式を「CSV（カンマ区切り）」にして、適当な場所に保存しておこう。

3 Googleカレンダーでcsvファイルを読み込む

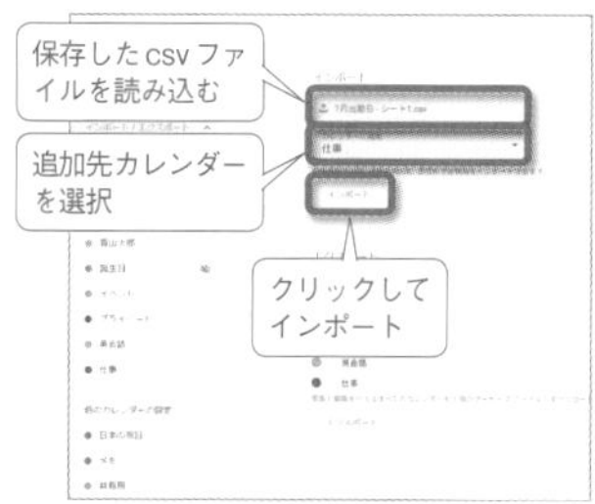

Googleカレンダーにアクセスして歯車ボタンから設定を開き、左メニューの「インポート／エクスポート」で作成したcsvファイルをインポートするとカレンダーに反映される。

162 メモ さまざまなアプリの情報を即座にメモに記録する

どんな画面でも作成できるクイックメモ

iPhoneには、ホーム画面や他のアプリを利用中でも、共有メニューやコントロールセンターなどから素早くメモを作成できる「クイックメモ」機能が搭載されている。アイデアや備忘録を書き留めるほかに、アプリを開いた状態でクイックメモを起動すると、そのアプリのコンテンツを挿入することも可能だ。たとえば、Safariで表示中のWebページのリンクや、ページ内で選択したテキスト、写真アプリの写真などを挿入できるので、情報の整理に活用しよう。作成したクイックメモは、メモアプリの「クイックメモ」フォルダに保存される。

1 共有メニューから作成

各アプリの共有ボタンをタップし、メニューから「クイックメモに追加」などの項目をタップすると、クイックメモの画面が開く。

2 クイックメモの作成画面

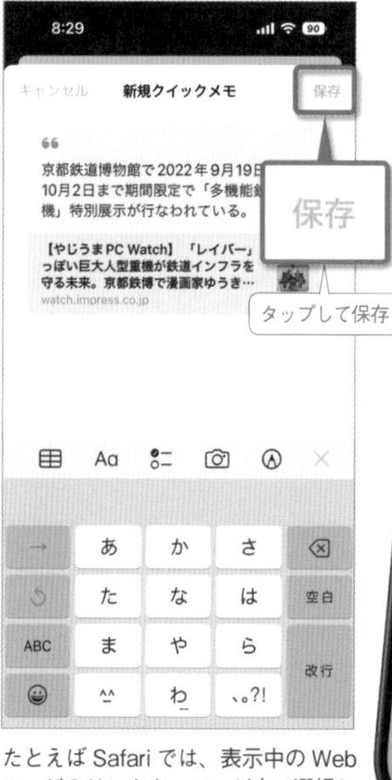

たとえばSafariでは、表示中のWebページのリンクや、ページ内で選択したテキストが挿入された状態でクイックメモ画面が開く。「保存」をタップすると、メモアプリの「クイックメモ」フォルダに保存される。

3 コントロールセンターから作成

「設定」→「コントロールセンター」で「クイックメモ」を追加しておけば、コントロールセンターのクイックメモボタンをタップしてクイックメモを作成できる

163 入力済みの文章を再変換する

文字入力

iOSでは、メモアプリなどで入力済みのテキストを範囲選択した場合、キーボード上部に再変換候補が表示される。この機能を利用すれば、たとえば「記者」と変換するつもりが「汽車」と間違えて変換してしまったテキストを手軽に修正することが可能だ。いちいち文字を入力し直すよりも再変換したほうがスピーディなので覚えておこう。なお、「ニコニコ」や「がっかり」などと入力されたテキストを、対応する絵文字に再変換することもできる。

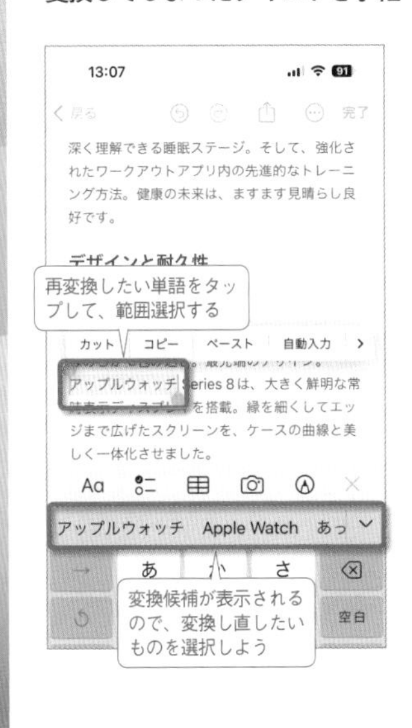

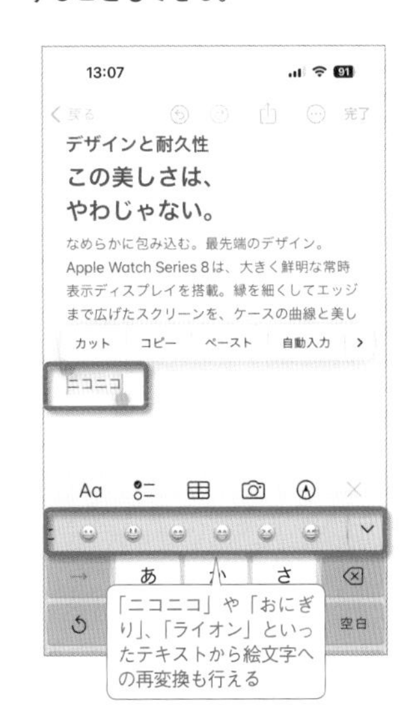

164 文章をドラッグ&ドロップで移動させる

マスト!

文字入力

メモやメールアプリでテキストを入力していると、文章の一部を別の場所に移動させたくなる場合がある。通常の操作方法であれば、テキストをロングタップしてメニューで「選択」を選び、範囲選択して「カット」後、移動したい場所をロングタップして「ペースト」を行う、という面倒な手順が必要だ。しかし、実はもっと簡単な方法がある。テキストを範囲選択したあと、そのまま移動したい場所にドラッグ&ドロップするだけだ。以下を参考に試してみよう。

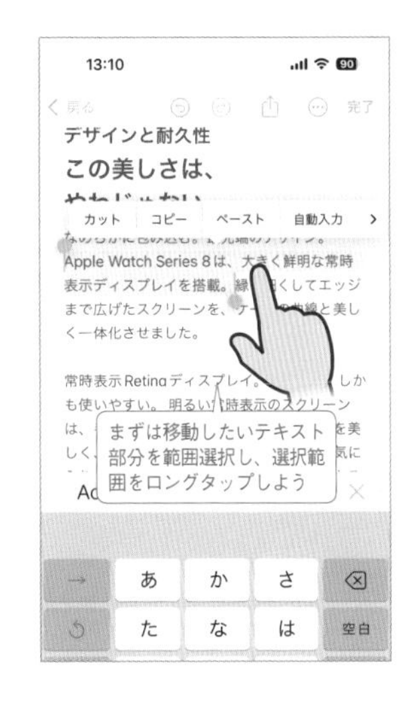

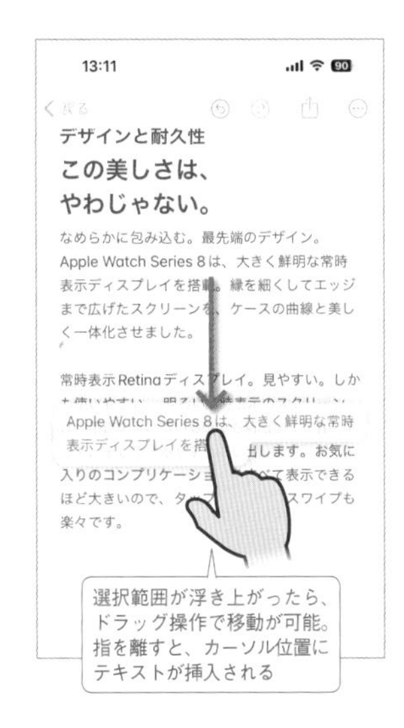

165 リマインダーを同僚や家族と共有する

リマインダー

リマインダーのタスクを共同で管理しよう

リマインダーは自分で使うだけでなく、他のユーザーとリストを共有することもできる。あらかじめ「プロジェクト」「買い物」といったリストを作成して共有すれば、プロジェクトの進捗状況を社内で管理したり、家族で買い物リストを共有して買い忘れを防ぐことができる。共有リスト内のタスクは、参加メンバーが自由に追加したり完了できるほか、タスクを特定のメンバーに割り当てることも可能だ。また、共有リスト内でタスクの追加や完了、リマインダーの割り当てなどが行われると、通知が届いて知らせてくれる。

1 他のユーザーとリストを共有する

リマインダーアプリで共有したいリストを作成して開いたら、共有ボタンをタップ。メッセージやメールで共有したい相手に参加依頼を送ろう。

2 リマインダーのリストが共有された

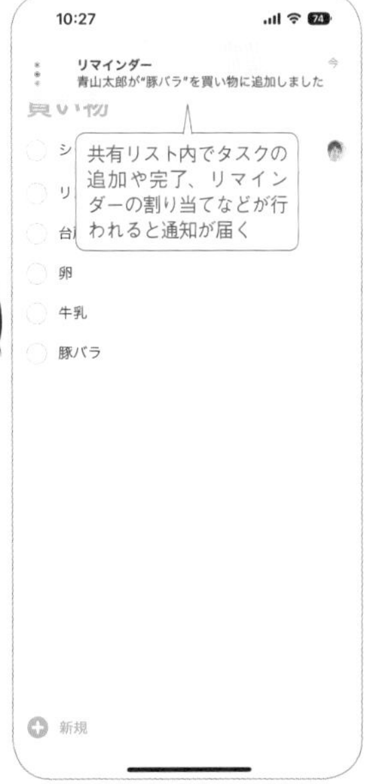

共有リストに参加したメンバーは、自由にタスクを追加したり削除できる。タスクを選択して「i」→「リマインダーの割り当て」をタップすると、そのタスクを誰に割り当てるか指定できる。

3 共有リストの管理を行う

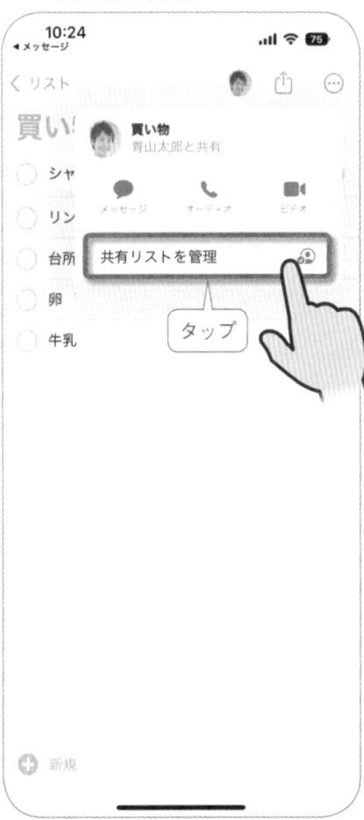

共有したリスト上部のユーザーボタンから「共有リストを管理」をタップすると、リストを共有するメンバーを追加・削除したり、共有を停止できる。

166 リマインダー 今いる場所でやるべきことを通知する

指定した場所の到着時や出発時に通知できる

標準のリマインダーアプリは指定した期日で通知するほかに、位置情報を元に通知させることもできる。たとえば、帰宅前に駅前のドラッグストアで洗剤を買うように駅に着いたら通知させたり、持っていくべきものを忘れていないか自宅の出発時に通知させるといった使い方が可能だ。新規リマインダーを作成したら「詳細」をタップし（既存のリマインダーに設定する場合は選択して「i」ボタンをタップ）、「場所」をオンにして現在地や自宅、勤務先、その他のエリアを指定。また下部のマップ画面で「到着時」か「出発時」を選択しよう。

1 リマインダーの「場所」をオン

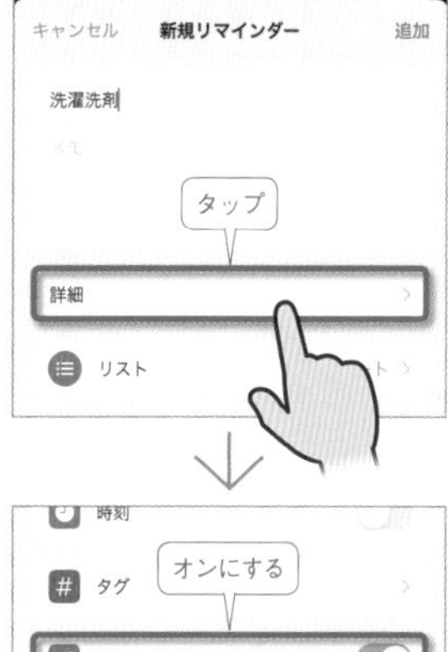

「新規」をタップしてリマインダーを作成し、「詳細」をタップ。場所をオンにして、その下のメニューボタンから「カスタム」をタップしよう。

2 通知する場所を指定する

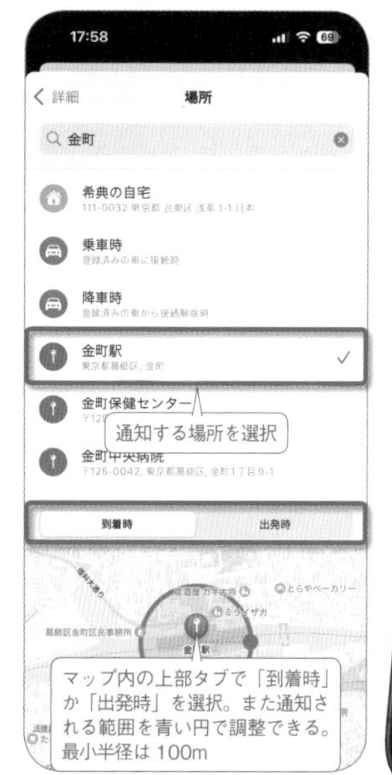

リマインダーを通知する場所は、現在地や自宅、勤務先などから選べるほか、キーワード検索で指定できる。下部のマップで、「到着時」か「出発時」を選択しておこう。

3 指定した場所で通知される

167 メモ メモと音声を紐付けできる議事録に最適なノートアプリ

会議の様子を録音しながらメモができる

「Notability」は、録音機能が搭載されたメモアプリだ。面白いのは録音しながらテキストや手書きでメモを作成すると、録音とメモが紐付けされるという点。音声再生時には、メモを書いている様子がアニメーションで再生される。なお、無制限の編集や手書き認識、iCloud同期などを利用するには、年1,480円のサブスクリプション登録が必要だ。

App

Notability
作者／Ginger Labs
価格／無料

1 録音しながらメモしてみよう

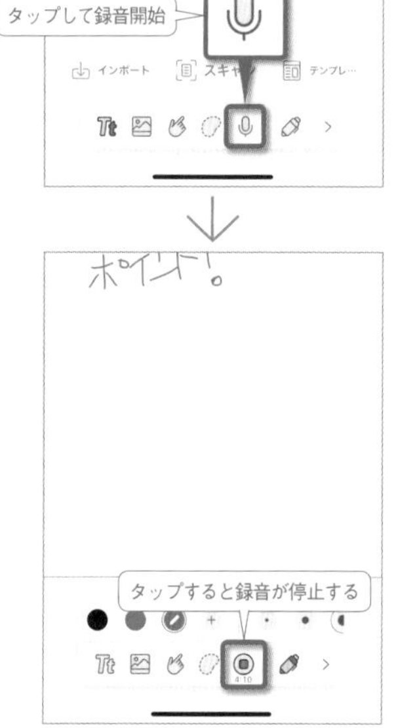

「新規」をタップしてメモの作成画面を開き、ツールバーのマイクボタンをタップすると録音が開始される。あとは、録音しながらテキストや手書きなどでメモを取っていこう。

2 録音した音声とメモを再生する

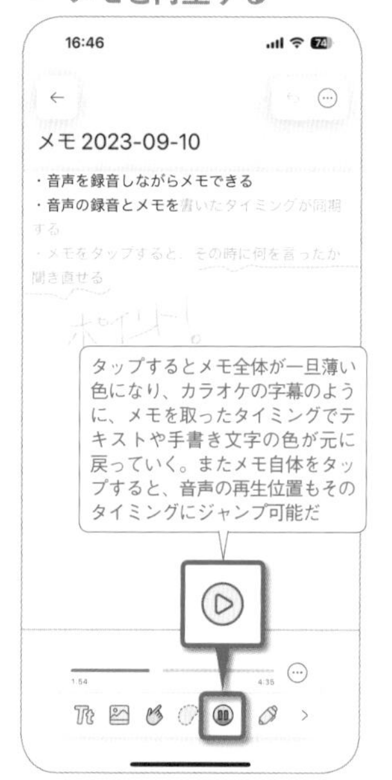

保存したメモを開いて再生ボタンをタップすると、録音した音声が再生され、メモを入力したタイミングで薄く表示されている入力内容が元の色に戻っていく。

3 再生スピードの変更も可能

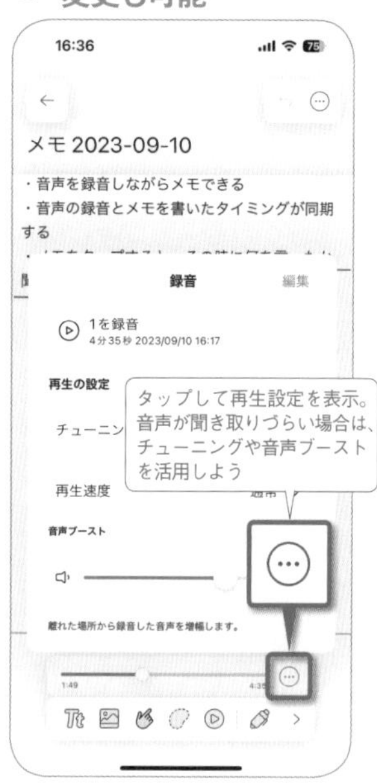

再生ボタンをタップすると表示される、シークバーの「…」ボタンをタップすると再生の設定を行える。音質のチューニングや再生速度の変更、音声ブーストの調整が可能だ。

168 Handoff iPhoneで作成中のメールや書類をiPadで作業再開する

別のiOS端末で作業を引き継げるHandoff機能

「Handoff」とは、同じ Apple ID を設定している端末同士で使用中のアプリの状態を同期するという機能だ。たとえば、iPhone のメールアプリでメールを作成しているとき、iPad に持ち替えて作業を再開するといったことがシームレスに行えるようになる。iPhone で作業途中のアプリは、iPad のドック右側に表示される。なお、本機能を利用するには、双方の端末が同じ Apple ID で iCloud にサインインし、Handoff 機能と Bluetooth、Wi-Fi がオンになっていることが前提。アプリ自体も Handoff 機能に対応している必要がある。

1 Handoff機能をオンにしておく

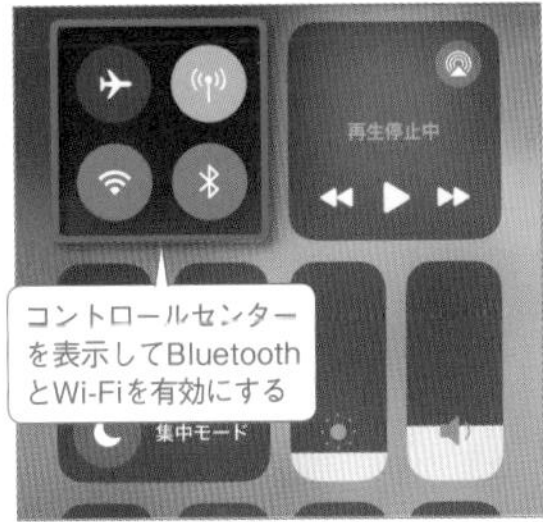

双方の端末で「設定」→「一般」→「AirPlay と Handoff」にある Handoff 機能をオンにしておく。Bluetooth と Wi-Fi も有効にしよう。

2 iPhone側のアプリで作業を行う

Handoff に対応したアプリを iPhone 側で起動する。標準のメモアプリやメールアプリ、Safari、マップアプリなどが対応している。

3 iPadで作業を引き継ぐ

iPadのドック右側にiPhoneで作業中のアプリが表示され、アイコン右上にHandoff のマークも表示される。タップして起動し、作業を引き継ごう。

169 クラウドストレージ パソコンとのデータのやりとりに最適なクラウドストレージサービス

マスト!

iPhoneやパソコンで最新のファイルを同期する

パソコンのデータを iPhone に転送したり、iPhone 内のファイルをパソコンへコピーしたりする場合、毎回パソコンと接続して同期するのは面倒だ。そこで活用したいのが、定番のクラウドストレージサービス「Dropbox」。Dropbox 上に各種ファイルを保存しておけば、iPad や Mac だけでなく、Android や Windows といったすべてのデバイス上から同じデータにアクセスが可能だ。

App
Dropbox
作者／Dropbox
価格／無料

1 同期されているファイル一覧を確認

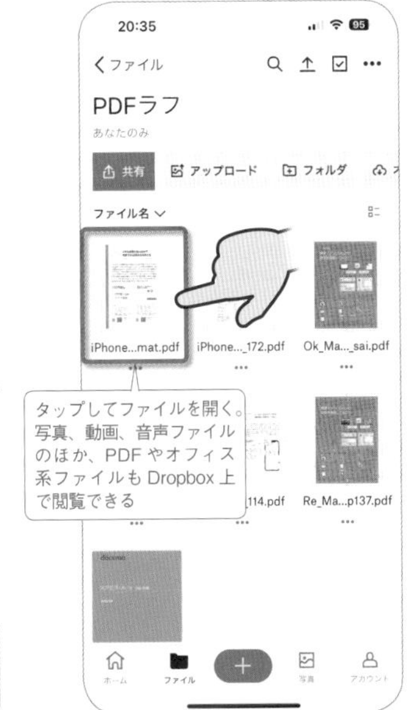

画面下部の「ファイル」をタップすると、Dropbox で同期されているファイル一覧が表示される。ファイル名をタップすれば閲覧が可能だ。

2 ファイルアプリからアップロードする

iPhone から Dropbox 上にファイルをアップロードすることも可能。標準の「ファイル」アプリを経由するので、iCloud 上のファイルも参照できる。

3 他のユーザーにファイルを受け渡す

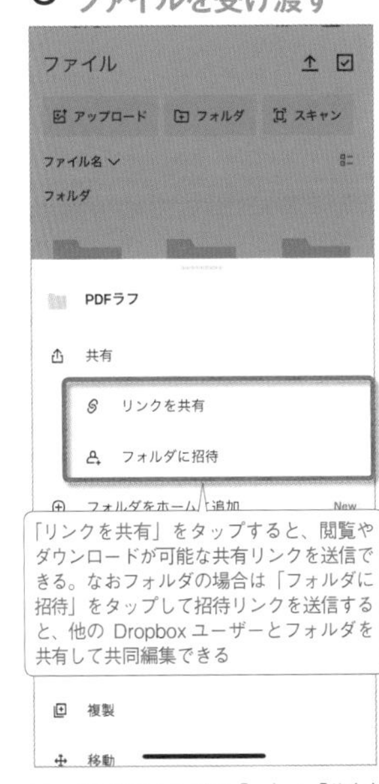

ファイルやフォルダの「…」→「共有」→「リンクを共有」をタップし、メールなどで共有リンクを送信すると、相手は Dropbox にログインしなくてもファイルの閲覧やダウンロードを行える。

170 クラウドストレージ パソコンのデータにいつでもアクセスできるようにする

Dropboxでデスクトップなどを自動同期する

会社のパソコンの書類を、iPhoneで確認したり途中だった作業を再開したい場合は、Dropbox（No169で解説）の「Dropbox Backup」機能を利用しよう。パソコンのデスクトップなどに保存しているフォルダやファイルが丸ごと自動同期されるので、特に意識することなくiPhoneでも扱えるようになる。なお、Dropboxのストレージ容量を超えると同期は停止してしまうので、無料版で使える容量の2GBでは心もとない。月額1,200円（年間払い）で2TBまで使える「Plus」プランを契約するのがおすすめだ。

1 バックアップの設定をクリック

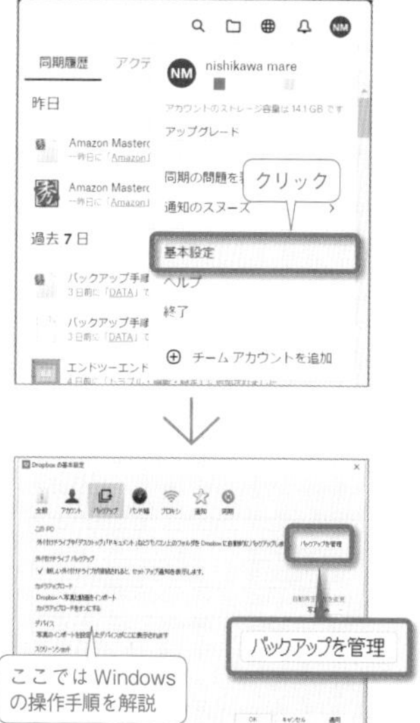

パソコンでシステムトレイのDropboxアイコンをクリックし、右上のユーザーボタンで開いたメニューから「基本設定」をクリック。「バックアップ」タブの「このPC」欄にある「バックアップを管理」ボタンをクリックしよう。

2 デスクトップを選択して同期

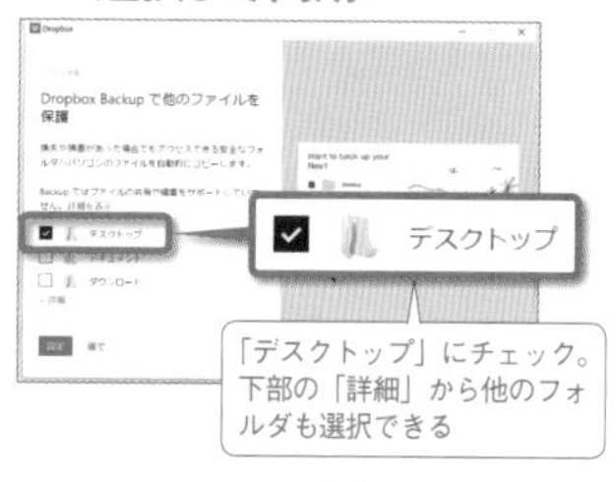

Dropbox Backupの設定画面が表示されるので、同期したいパソコンのフォルダを選択しよう。たとえば仕事の書類をデスクトップで整理しているなら、「デスクトップ」だけチェックを入れて「設定」をクリックし、指示に従って設定を進める。フォルダ一覧の下部にある「詳細」をクリックすると、他のフォルダを選択することも可能だ。なお、「デスクトップ」や「ドキュメント」などの保存場所がデフォルトから変更されていると、そのフォルダはバックアップ対象に設定できないので注意しよう。デフォルトの場所に戻すとバックアップできる。

3 同期したパソコンのフォルダにアクセス

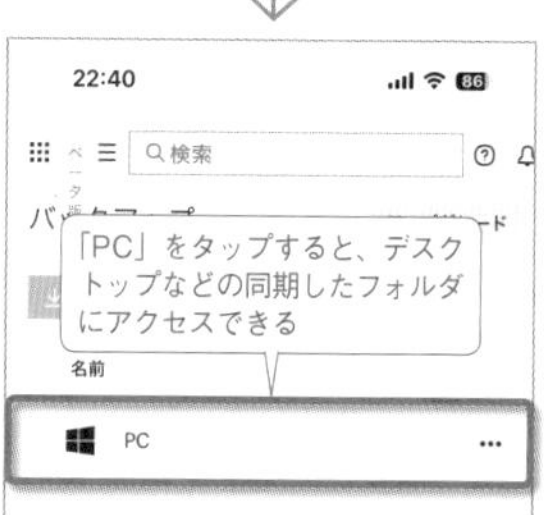

原稿執筆時点ではDropbox Backupがベータ版として実装し直されており、Dropboxアプリから同期したフォルダにアクセスできない。SafariでDropboxにアクセスしてデスクトップのファイルを確認しよう。

171 文章作成 メモにも長文にも力を発揮するテキストエディタ

スタイリッシュで軽快に使える人気アプリ

ちょっとした走り書きから長文テキスト、手書きスケッチ、Markdown形式での体裁を整えた文書作成まで対応できるテキストエディタ。スタイリッシュなインターフェイスと高速な動作で、気分良く文章を入力していける。文章の入力、編集に欠かせないツールは、すべてキーボードの上に揃っており、必要に応じてすぐに利用可能だ。別のメモへのリンク機能も便利。

App
Bear
作者／Shiny Frog Ltd.
価格／無料

1 便利なツールが揃っている

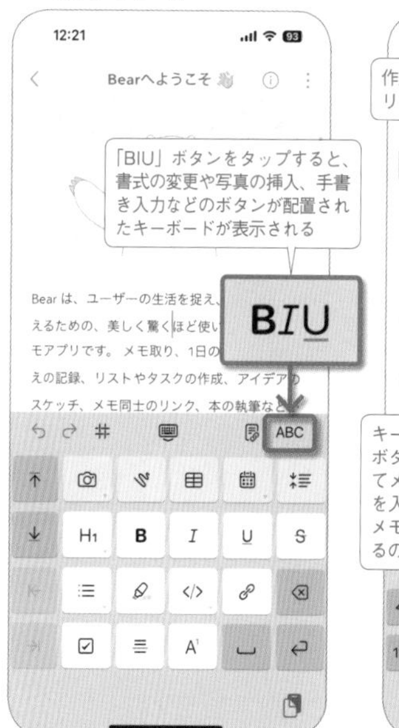

キーボード上部のボタンでアンドゥやリドゥを行えるほか、「BIU」ボタンでさまざまなツールが配置されたキーボードが表示される。

2 別のメモへのリンクを張る

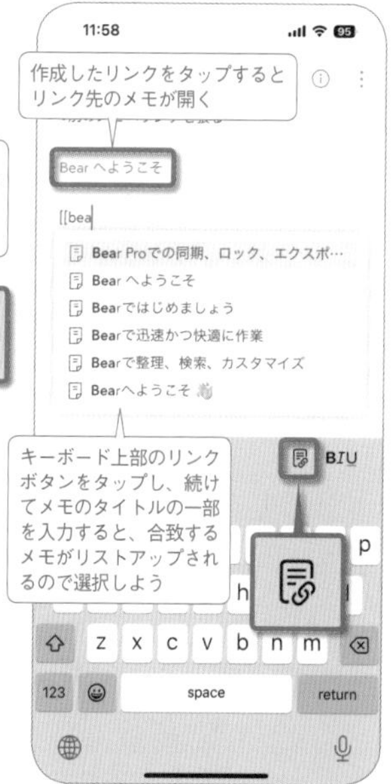

「BIU」ボタンの左にあるリンクボタンをタップし、リンクしたいメモを選択すると、メモ内に別のメモへのリンクを張ることができる。

3 メモの文字数などを確認する

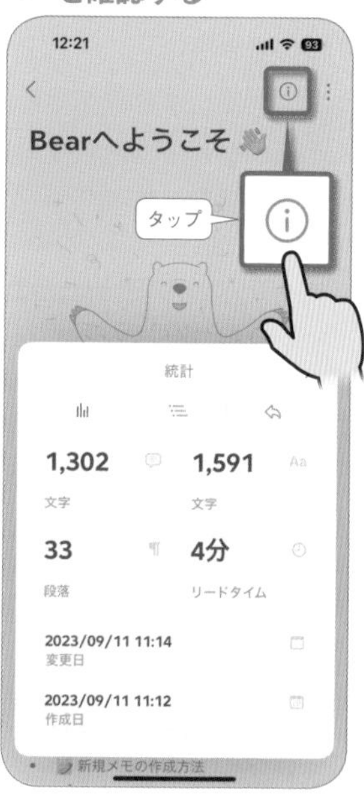

メモ内で右上の「i」ボタンをタップすると文字数や変更日を確認できる。オプション（3つのドット）ボタンで検索や書き出しが可能だ。

マスト!

172 オフィス文書 複数のメンバーで書類を共同作成、編集する

Googleドキュメントやスプレッドシートを共同編集しよう

Google ドキュメントや Google スプレッドシートでは、1つの書類を複数のメンバーで共同編集することが可能だ。まずは「Google ドライブ」アプリを開き、ファイル名の横にあるボタンから「共有」を選択しよう。各メンバーのメールアドレスを入力して招待すれば、共同編集が行えるようになる。なお、実際に編集するには各専用アプリも必要なので導入しておこう。

App

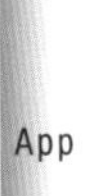
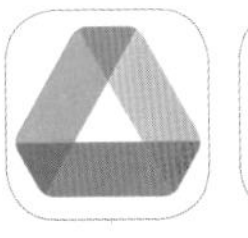

Google ドライブ
作者／Google, Inc.
価格／無料

1 Googleドライブでファイルを共有する

Google ドライブで共有したいファイルの右端にあるボタンをタップ。画面下部にメニューが表示されるので「共有」を選択しよう。

2 共有メンバーに招待を送る

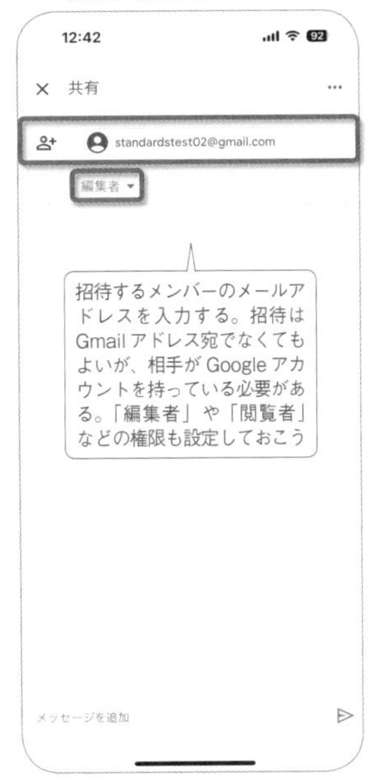

共同編集したいユーザーのメールアドレスを入力。共同で編集したい場合は、ファイルの権限を「編集者」に設定しておく必要がある。

3 ドキュメントを共同で編集する

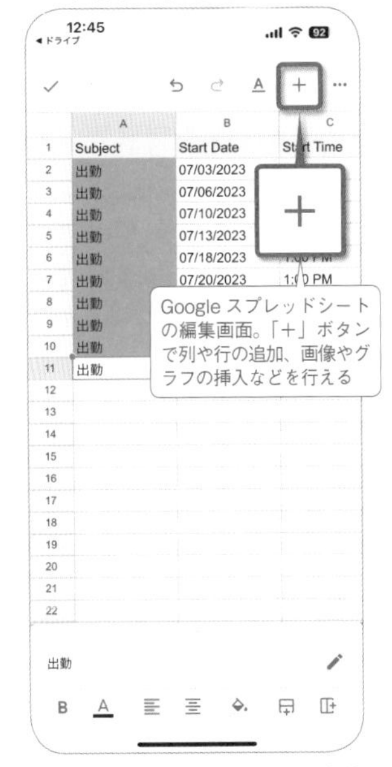

共有したファイルを iPhone 上で編集したい場合は、「Google ドキュメント」や「Google スプレッドシート」といった別アプリが必要になる。

173 音声入力 音声入力を本格的に活用しよう

音声入力と同時にキーボードでも入力できる

iPhone でより素早く文字入力したいなら、音声入力を活用してみよう。iPhone の音声入力はかなり実用的なレベルに仕上がっており、喋った内容は即座にテキスト変換してくれるし、自分の声をうまく認識しない事もほとんどない。ちょっとしたメモに便利なだけでなく、長文入力にも十分対応できる便利な機能なのだ。さらに、文脈から判断して句読点が自動で入力されるほか、音声入力と同時にキーボードでも入力でき、誤字脱字などの修正も簡単。慣れてしまえば、音声で入力して必要な箇所だけキーボードを使うほうが快適に文章を作成できる。

1 音声入力モードに切り替える

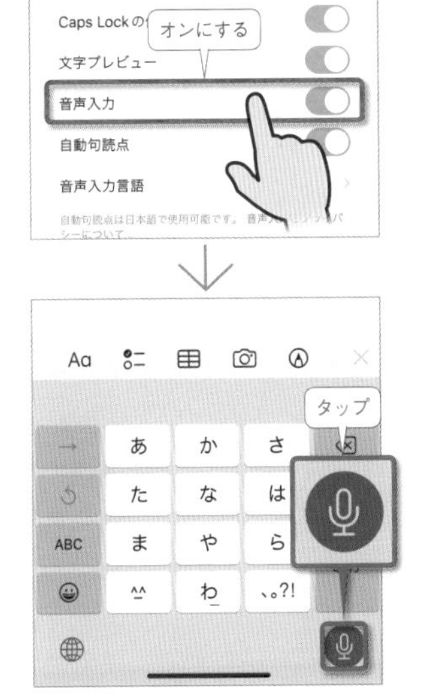

あらかじめ「設定」→「一般」→「キーボード」で「音声入力」をオンにしておこう。キーボードの右下にあるマイクボタンをタップすると、音声入力モードに切り替わる。

2 音声とキーボードで同時に入力

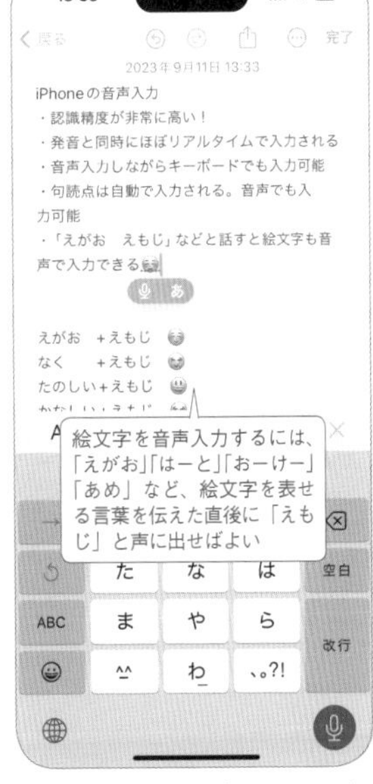

マイクボタンをタップしてもキーボードは表示されたままで、音声入力中にキーボード入力も可能。句読点や疑問符は自動で入力されるが、右にまとめた通り音声でも入力が可能だ。

POINT

句読点や記号を音声入力するには

記号	読み
(改行する)	かいぎょう
(スペース)	たぶきー
、	てん
。	まる
「	かぎかっこ
」	かぎかっことじ
!	びっくりまーく
?	はてな
・	なかぐろ
…	さんてんりーど
.	どっと
@	あっと
:	ころん
¥	えんきごう
/	すらっしゅ
※	こめじるし

174 「あとで読む」アプリで情報収集を効率化する

あとで読む

あとでチェックしたい情報を一元管理

気になるWebページを見つけたが今読む時間がない時は、すべて「Pocket」に保存しておこう。一度ダウンロードした記事はオフラインでも読めるほか、WindowsやAndroidとも同期できるので、あとで空いた時間に好きなデバイスでチェックできる。また、ニュースアプリの記事や、X（旧Twitter）などSNSの投稿も保存でき、あらゆるメディア情報の一元管理にも活躍する。

App
Pocket
作者／Mozilla
価格／無料

1 SafariでPocketのボタンを有効にする

Pocketを起動してログインを済ませたら、Safariを起動。下部中央の共有ボタンから「その他」をタップし、「Pocket」をよく使う項目に追加しておこう。

2 あとで読みたいページを保存する

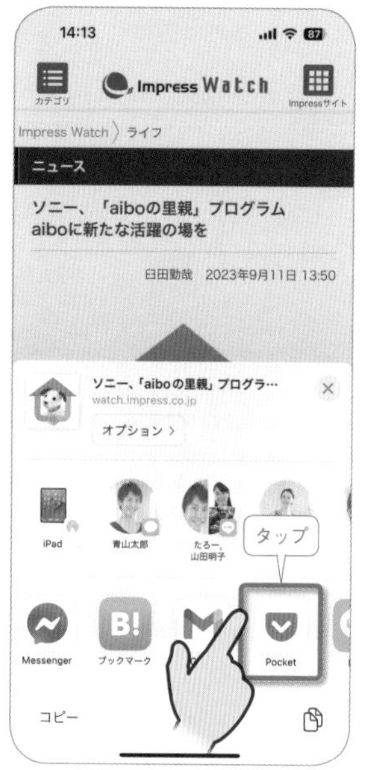

Safariや他のブラウザなどで、あとで読みたいWebページを開き、共有ボタンをタップ。続けて「Pocket」ボタンをタップすれば、表示中のページが保存される。

3 保存したページをPocketアプリで読む

Pocketを起動して下部メニューの「Saves」画面を開くと、保存した記事が一覧表示される。記事をタップするとモバイル向けに最適化されて表示され、オフラインで読むことも可能だ。

175 文字数を確認しながら入力できるメモアプリ

メモ

文字数を確認しながら文章を書きたいときは、この「文字数カウントメモ」が便利だ。メモ画面の上部で常に文字数や行数を確認できるほか、カウントに半角／全角スペースや改行を含めるといった細かな設定も行える。

App
文字数カウントメモ
作者／TAKASHI ISHIGAKI
価格／無料

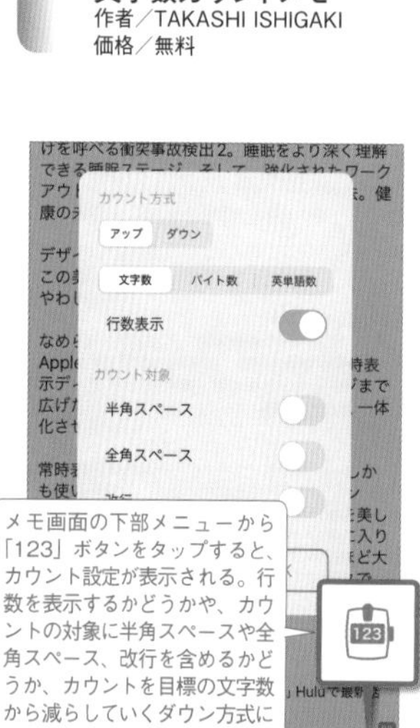

176 みんなで書き込めるホワイトボードアプリ

フリーボード

テキストや手書き文字、画像、音声、動画、付箋、ファイルなどを自由に書き込める標準のホワイトボードアプリが「フリーボード」だ。メモと違ってピンチ操作で拡大／縮小できるので、拡大して細かい書き込みを追加したり、縮小して全体を確認するといった操作も可能。また、他のiPhoneやiPad、Macユーザーと最大100人で共同作業でき、FaceTimeでのオンライン会議と同時に利用すれば、参加者全員で同じボードを見ながら会話ができる。

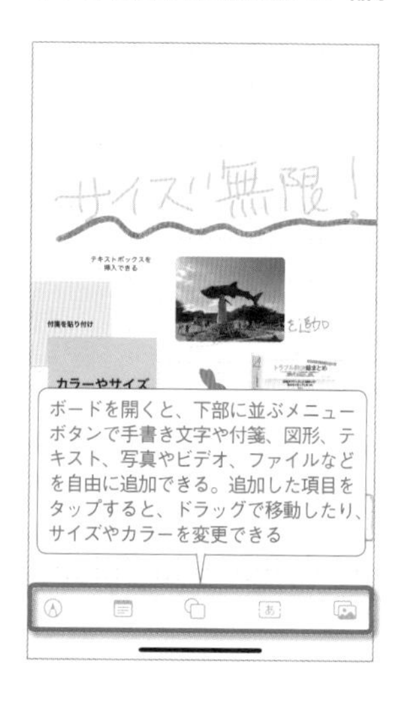

177 ファイル操作 iPhoneとさまざまなサーバでファイルをやり取りする

FTPへの接続や圧縮／解凍機能などを搭載

標準の「ファイル」アプリも十分使いやすいが、さらに多彩なサーバに接続したり、さまざまな機能を求めたい場合は、「Documents」を使ってみよう。iCloud や Dropbox、Google ドライブなどのクラウドはもちろん、FTP や SFTP といったサーバにも接続可能。ファイルの圧縮／解凍やメディアプレイヤーなどの機能も備えた決定版アプリだ。

App

Documents
作者／Readdle Inc.
価格／無料

1 各種クラウドやサーバへ接続

「マイファイル」画面の右下にある「＋」ボタンをタップし、「接続先の追加」をタップ。Dropbox や Google ドライブ、FTP サーバーなどの接続先を追加しておこう。

2 ファイルを操作する

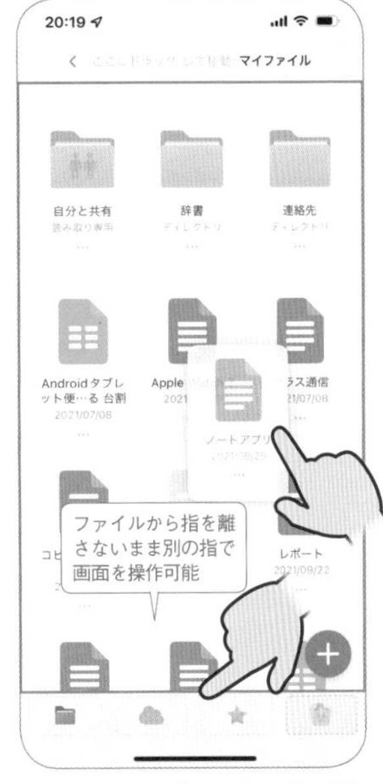

ファイルをロングタップして少し浮き上がったら、ドラッグして移動可能。ファイルを選択したまま別の指でフォルダを開いたり、クラウドへアクセスしたりなどの操作も可能だ。

3 オプションメニューで各種機能を利用

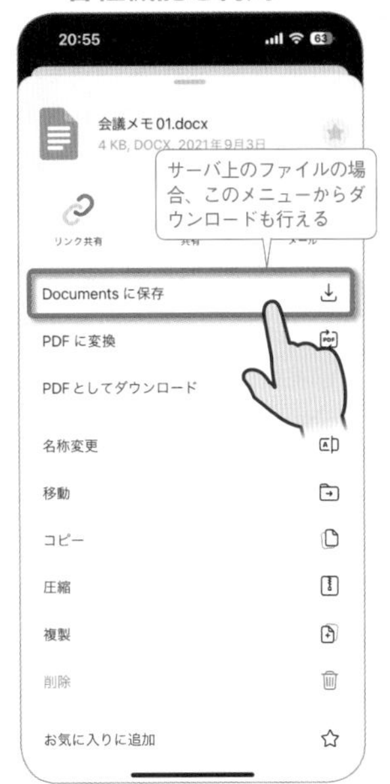

各ファイルに表示されるオプションメニューボタン（「…」ボタン）で、共有や移動、コピー、圧縮、削除など、さまざまな操作を行える。

マスト！

178 PDF編集 無料で使えるパワフルなPDFアプリを導入しよう

PDFの閲覧や書き込みが快適に行える

「PDF Viewer Pro」は、PDF 上に直接フリーハンドで指示を書き込んだり、PDF 上の文字にハイライトや取り消し線を加えたりできるアプリだ。一部のページを削除したりページ順を入れ替えたりなどの編集処理も行える。別途アプリ内課金（3ヶ月 800 円、年間 2,300 円）を行えば、コメントの挿入や PDF の結合機能なども追加することが可能だ。

App

PDF Viewer Pro by PSPDFKit
作者／PSPDFKit GmbH
価格／無料

1 ファイルアプリからファイルを開く

アプリを起動すると、ファイルアプリの画面になるので、「ブラウズ」から目的の PDF を探して開こう。

2 フリーハンドで書き込みが可能だ

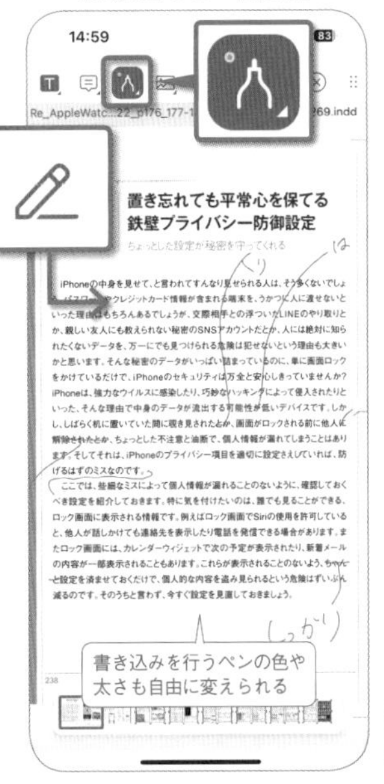

PDF を開いたら、画面の上のツールバーから編集が行える。ペンボタン→マーカーボタンをタップすれば、フリーハンドでの書き込みが可能だ。

3 ページの削除や並べ替えにも対応

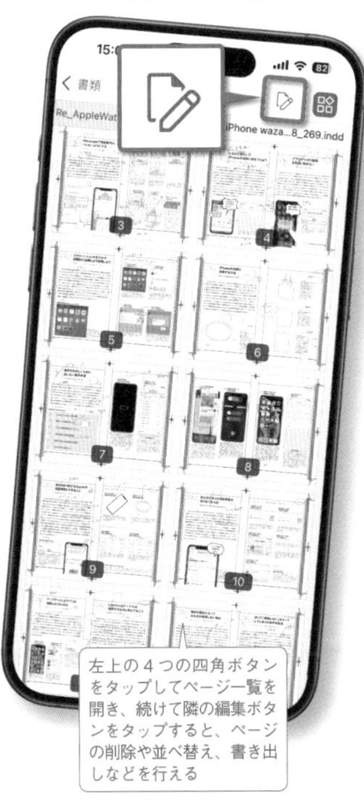

仕事効率化

179 文字起こし 議事録作成にも役立つ無料文字起こしアプリ

会議や授業の音声をあっという間にテキスト変換

録音した音声を自動でテキスト変換してくれる文字起こしアプリが「LINE CLOVA Note」だ。会議の議事録やセミナーの記録などはもちろん、日々のちょっとした音声メモの管理にも最適。テキスト化することで、聞き直したい箇所だけ素早くキーワード検索したり、ブックマークを追加しておける。また、複数人の会話も自動で判別し、会話を分けて表示してくれる。

App

LINE CLOVA Note
作者／WORKS MOBILE Japan Corp.
価格／無料

1 音声を録音するか読み込む

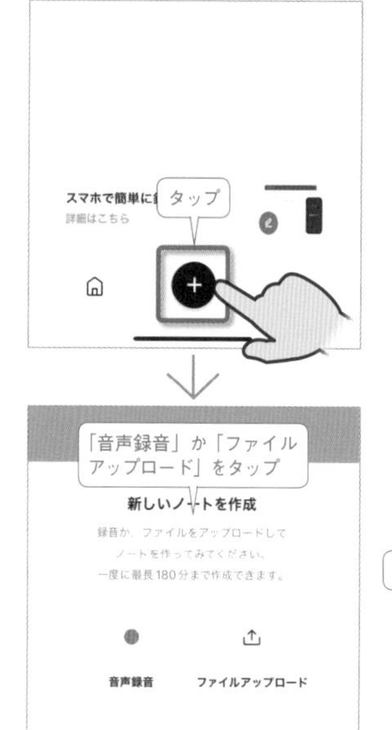

アプリを起動したらLINEアカウントでログイン。下部の「＋」をタップし、マイクで録音を開始するか、すでに録音済みの音声データを選択して読み込もう。

2 アプリで録音中の画面と操作

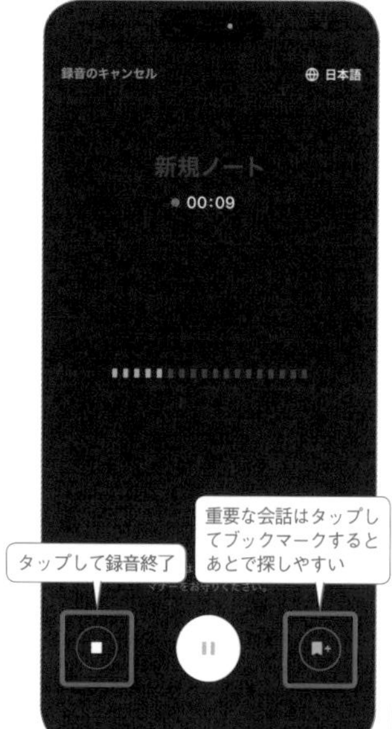

録音中はこのような画面になる。左下のボタンをタップして録音を停止し、シチュエーションなどを選択すると、自動的にテキスト変換が開始される。

3 音声がテキストに変換された

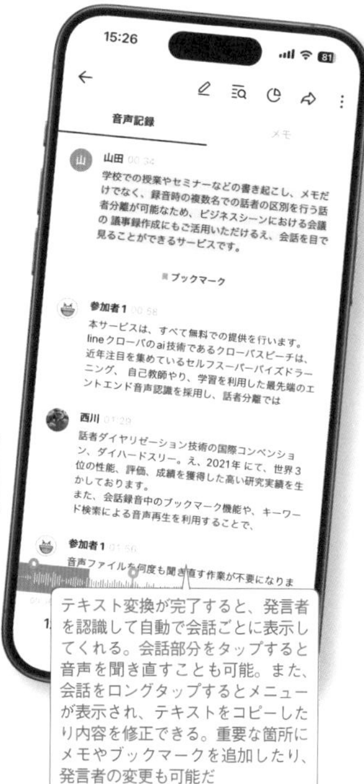

テキスト変換が完了すると、発言者を認識して自動で会話ごとに表示してくれる。会話部分をタップすると音声を聞き直すことも可能。また、会話をロングタップするとメニューが表示され、テキストをコピーしたり内容を修正できる。重要な箇所にメモやブックマークを追加したり、発言者の変更も可能だ

180 文書作成 言い換え機能が助かる文章作成アプリ

文章を書いていると、つい同じ表現や言い回しを多用しがちな人は「idraft」を使ってみよう。文章を入力して「言い換え」ボタンをタップするだけで、言い換えや類語がある語句をリストアップして、候補を提案してくれる。

App

idraft by goo
作者／NTT Resonant Inc.
価格／無料

下書き画面で新規作成ボタンをタップして文章を作成したら、キーボード上部に表示される「言い換え」ボタンをタップしてみよう

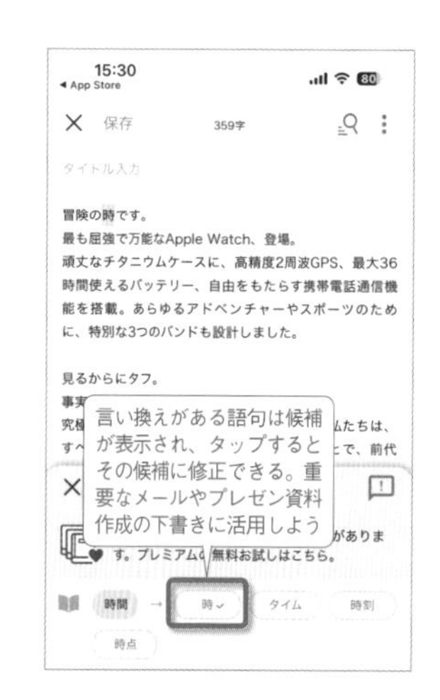

言い換えがある語句は候補が表示され、タップするとその候補に修正できる。重要なメールやプレゼン資料作成の下書きに活用しよう

181 電卓 打ち間違いを途中で修正できる電卓アプリ

美しいデザインで使いやすい電卓アプリ。入力した計算式が表示されるので、入力をミスしても分かりやすい。アプリ内課金でPro版（300円）にすれば、計算結果の履歴や単位変換機能も使えるようになる。

App

Calcbot 2
作者／Tapbots
価格／無料

現在の計算式が表示されるので、間違いがわかりやすい。左下の削除ボタンで、計算式の後ろから数字や計算記号をひとつずつ削除していけるので、間違いの修正も行いやすい

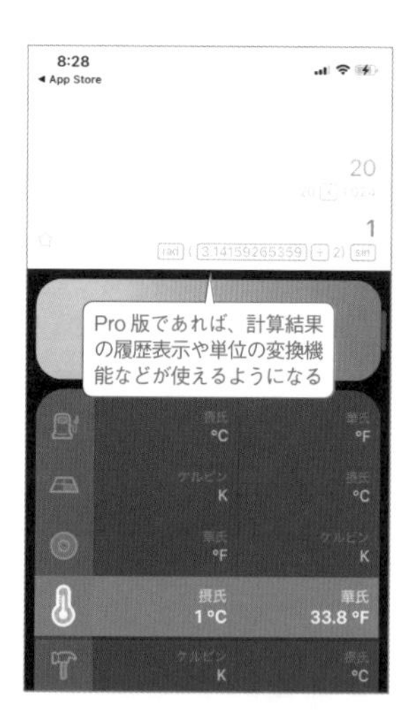

Pro版であれば、計算結果の履歴表示や単位の変換機能などが使えるようになる

SECTION 6

設定とカスタマイズ

設定項目が多岐にわたるiPhoneは、
自分仕様にカスタマイズすることで
より一層使い勝手がアップする。
日々ストレスなくiPhoneを操作するために
あらかじめ重要な設定項目を見直しておこう。

マスト!

182 パスワード管理 強力なパスワード管理機能を活用する

パスワードはすべてiPhoneに覚えておいてもらう

iPhoneは、一度ログインしたWebサイトやアプリのユーザ名とパスワードを「iCloudキーチェーン」(「設定」の一番上でApple IDをタップし「iCloud」→「パスワードとキーチェーン」を有効にしておく)に保存しておき、次回からはワンタップで呼び出して、素早くログインできる。これなら、いちいちサービスごとに違うパスワードを覚えなくても大丈夫だ。また、新規アカウント登録時には、解析されにくい強力なパスワードを自動生成してくれるので、セキュリティ的にも安心。なお、ユーザ名とパスワードの呼び出し先は、iCloudキーチェーンだけでなく、「1Password」などのサードパーティー製パスワード管理アプリも連携して利用できるようになっている。

>>> iPhoneで保存したパスワードで自動ログインする

1 アカウントを新規作成する場合

一部のWebサービスやアプリでは、アカウントの新規登録時にパスワード欄をタップすると、強力なパスワードが自動生成され提案される。このパスワードを使うと、自動的にiCloudキーチェーンに保存される。

2 入力した既存のパスワードを保存

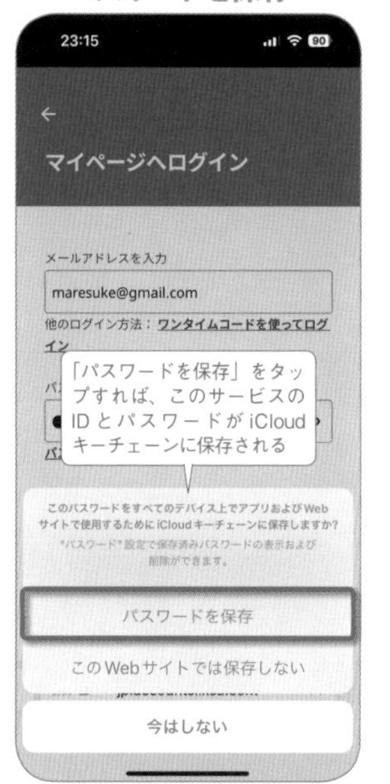

Webサービスやアプリに既存のユーザ名とパスワードでログインした際は、その情報をiCloudキーチェーンに保存するかどうかを聞かれる。保存しておけば、次回以降は簡単にユーザ名とパスワードを呼び出せるようになる。

3 保存されているパスワードを確認する

「設定」→「パスワード」をタップし、Face IDなどで認証を済ませると、現在iCloudキーチェーンに保存されているユーザ名およびパスワードを確認、編集できる。

4 自動入力をオンにし他の管理アプリも連携

自動入力機能を使うなら「設定」→「パスワード」→「パスワードオプション」→「パスワードとパスキーを自動入力」をオンにしておく。また「1Password」など他のパスワード管理アプリを使うなら、チェックを入れ連携を済ませておこう。

5 候補をタップするだけで入力できる

Webサービスやアプリでログイン欄をタップすると、保存されたアカウントの候補が表示される。これをタップするだけで、自動的にユーザ名とパスワードが入力され、すぐにログインできる。

6 候補以外のアカウントを選択する

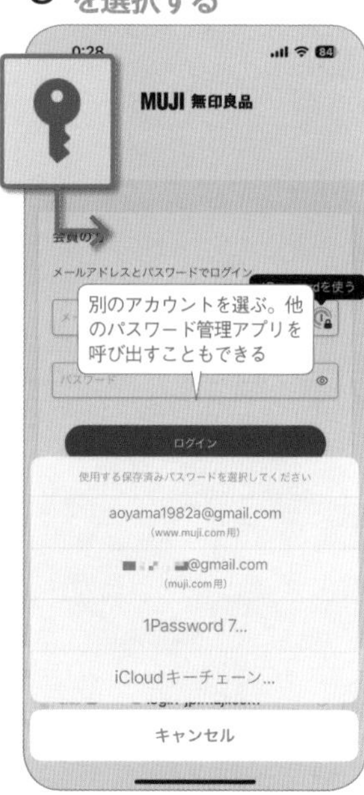

表示された候補とは違うアカウントを選択したい場合は、候補右の鍵ボタンをタップしよう。このサービスで使うその他の保存済みアカウントを選択して自動入力できる。

POINT

パスキーを使えばパスワードも不要

パスキーに対応するWebサービスやアプリなら、パスワード自体が不要となり、Face IDやTouch IDの認証だけで、簡単かつ安全にアカウントの登録やログインを行える。パスキーを使って登録したアカウントも、「設定」→「パスワード」画面で管理できる。

SECTION 6

マスト!

183 セキュリティ プライバシーを完全保護するセキュリティ設定

他人に情報を盗まれないように万全の設定を

iPhoneは、プライバシー情報が漏れないように設計されているが、それでも万全ではない。たとえば、iPhoneのロック画面からはロックを解除しなくても通知センターやウィジェット、Siriなどにアクセスすることができる。これは利便性を向上させるための設計だが、悪用すれば他人が自分の名前やスケジュールなどの個人情報を入手することさえできてしまうのだ。また、不正アクセスを防ぐために最も重要なパスコードも、デフォルトだと6桁の数字なので、あまり強固なセキュリティとは言えない。プライバシー保護を重要視するのであれば、いくつかの設定を変更して安全性を高めておくといい。ただし、右で紹介している設定をすべて実行すると使い勝手も落ちてしまう。バランスを考えて設定するようにしよう。

POINT AirDropも使わない時はオフにしよう

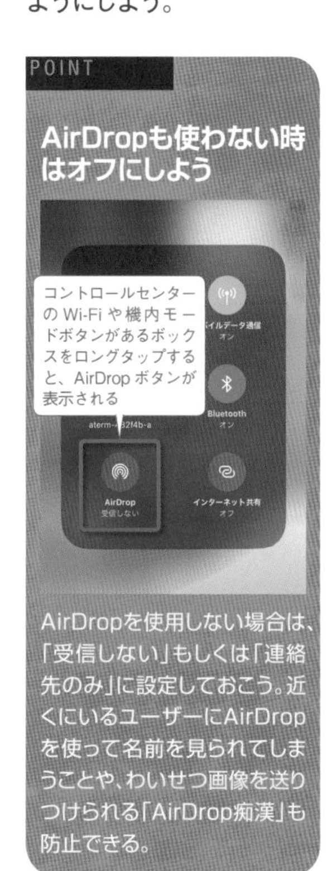

AirDropを使用しない場合は、「受信しない」もしくは「連絡先のみ」に設定しておこう。近くにいるユーザーにAirDropを使って名前を見られてしまうことや、わいせつ画像を送りつけられる「AirDrop痴漢」も防止できる。

>>> チェックしておきたいプライバシー関連の設定項目

1 ロック中のアクセスをオフにする

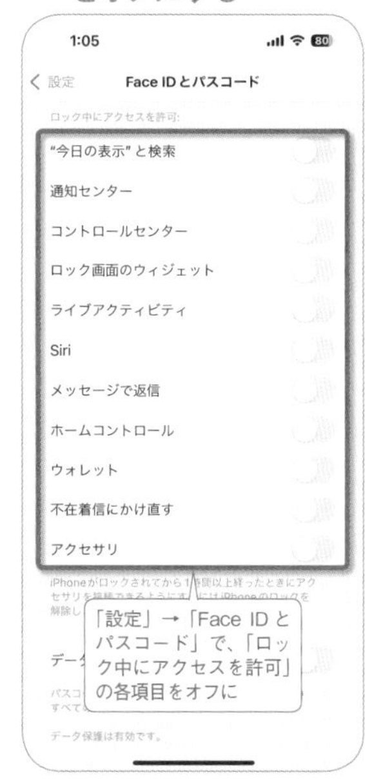

ロック画面では、「今日の表示」や「通知センター」、「ロック画面のウィジェット」、「Siri」などを利用できる。カレンダーのウィジェットやSNSの通知など、プライベートな情報の表示に注意しよう。セキュリティを最優先するならすべてオフにする。

2 ロック中でも安全にSiriを使う設定

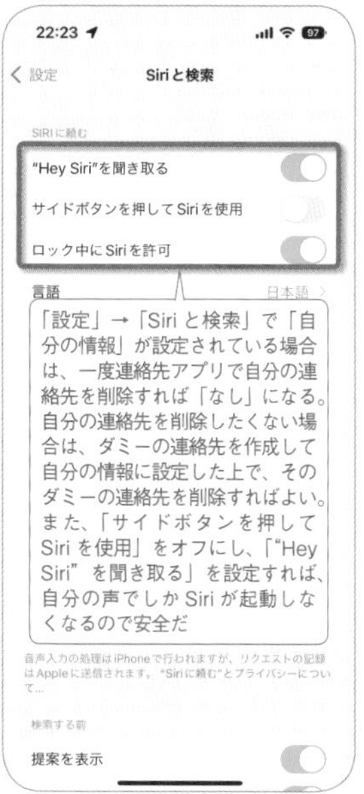

最新のiOSのロック画面では、他人にSiriを使って電話番号などを表示させることはできなくなっている。ただし、「自分の情報」に自分の連絡先を設定していると、「私は誰?」という問いかけで名前が表示されてしまう。気になるなら設定を見直しておこう。

3 見られたくない通知もオフに

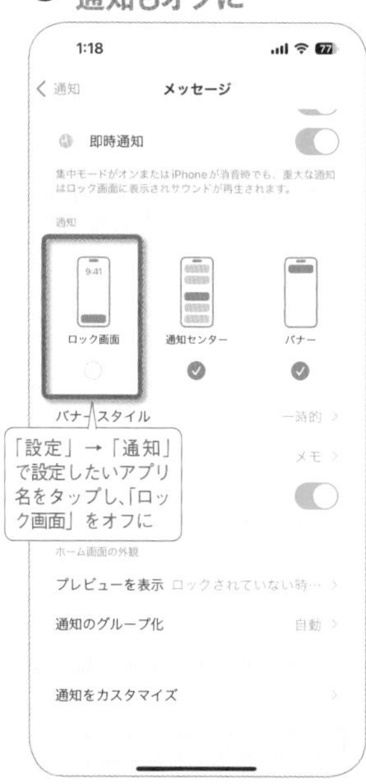

ロック画面にメールアプリの通知が表示されると、他人に内容を盗み見られる可能性がある。見られたくない通知はロック画面の表示をオフにしよう。通知は必要だが内容を見られるのは困る…といった場合は、「プレビューを表示」を「しない」に設定すればよい。

4 パスコードを英数字に変更する

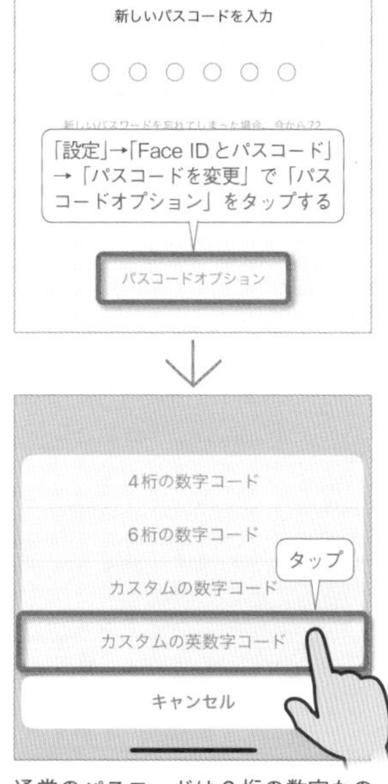

通常のパスコードは6桁の数字なので、内容によっては推測されやすい。より安全性を考えるなら英数字のコードを使おう。

5 iPhoneの名前を変更しておく

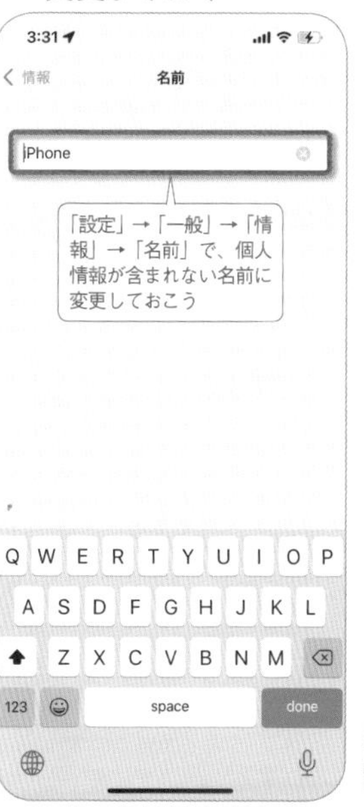

標準だとiPhoneの名前は機種名になっているが、本名などに変更している場合は注意が必要だ。この名前はAirDropに表示されるので気をつけよう。

6 ロックまでの時間を短くする

184 集中モード 集中モードで仕事中や睡眠時の通知をコントロールする

仕事中やゲーム中などシーン別に通知を制御

集中したい時に電話の着信やメールの通知が届くと気が散ってしまう。そこで活用したいのが「集中モード」だ。仕事中や睡眠中、ゲーム中といったシーン別に、通知や着信をオフにしたり、表示するホーム画面を制限できる。重要な連絡先やアプリからの通知のみ許可したり、集中モードを自動で有効にするトリガーの設定も可能だ。また、集中モード中に表示するロック画面を指定したり、アプリごとに表示するコンテンツを制限する「集中モードフィルタ」を設定することもできる。なお、「おやすみモード」と「睡眠」は似た項目だが、「睡眠」はヘルスケアアプリで設定した毎日の睡眠スケジュールと連動する設定。一時的に休憩したい時は「おやすみモード」を使おう。

SECTION 6

>>> 集中モードの設定方法と使い方

1 集中モードのシーンを選択

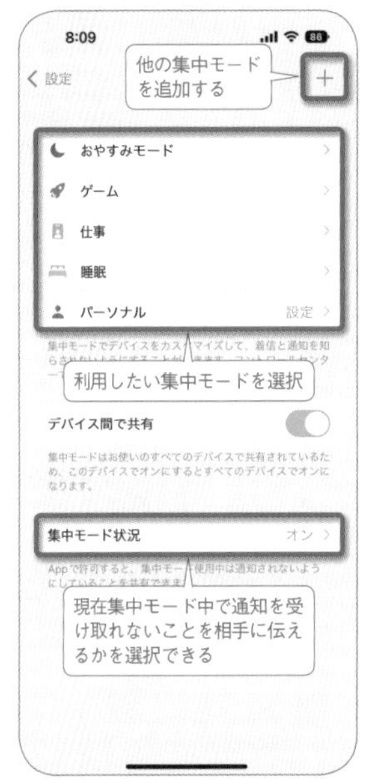

「設定」→「集中モード」をタップすると、「おやすみモード」や「仕事」などシーン別の集中モードが準備されているので、設定したいものをタップ。「＋」をタップすると、他の集中モードを追加できる。

2 通知を許可する人とアプリを選択

集中モードを選択すると設定画面が表示される。まずは「通知を許可」欄で、この集中モードがオンのときでも通知を許可する連絡先とアプリを追加しておこう。

3 即時通知アプリからの通知設定

「通知を許可」欄で「アプリ」をタップ。「追加」ボタンで通知を許可するアプリを選択できるほか、「即時通知」をオンにすると、通知設定で「即時通知」をオンにしたすべてのアプリからの通知を許可する。

4 集中モード中のロック・ホーム画面

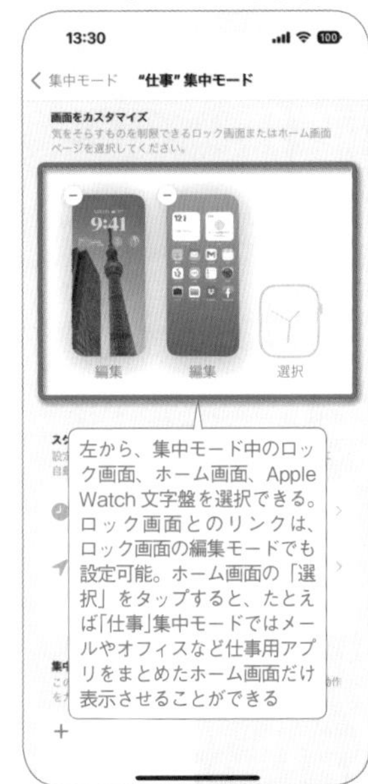

「画面をカスタマイズ」欄の「選択」や「編集」をタップすると、集中モード中に使用するロック画面とリンクしたり（No031で解説）、表示するホーム画面を制限したり、Apple Watchの文字盤を指定できる。

5 スケジュールを設定する

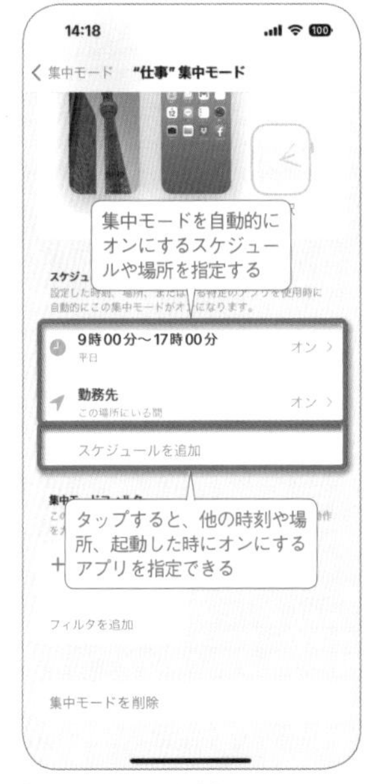

「スケジュールを設定」欄では、この集中モードを自動的に有効にするスケジュールや場所を指定できるほか、特定のアプリを起動した時に自動的にオンにすることもできる。

6 集中モードのフィルタを設定

「集中モードフィルタ」欄の「フィルタを追加」をタップすると、集中モード中のアプリの動作を設定できる。たとえば、Safariで表示するタブグループを指定したり、メールで表示するアカウントを指定できる。

7 コントロールセンターで切り替え

集中モードは、コントロールセンターから手動でオン／オフを切り替えできる。「集中モード」ボタンをタップして、機能を有効にしたい集中モードのシーンをタップしよう。

185 iPhoneに通知を読み上げてもらう

通知

「通知の読み上げ」をオンにすると、メッセージなどが届いた際に、その内容をSiriが読み上げてくれる。通知の読み上げは対応イヤホン（第1世代を除くAirPodsシリーズかBeatsブランド製品の一部）の接続中に行うほか、iPhoneのスピーカーで読み上げさせることも可能だ。なお、通知の読み上げが終わってしばらくはSiriが待機状態になり、そのままSiriに話しかけて返信メッセージを送ったり、リマインダーを実行済みにするといった操作も行える。

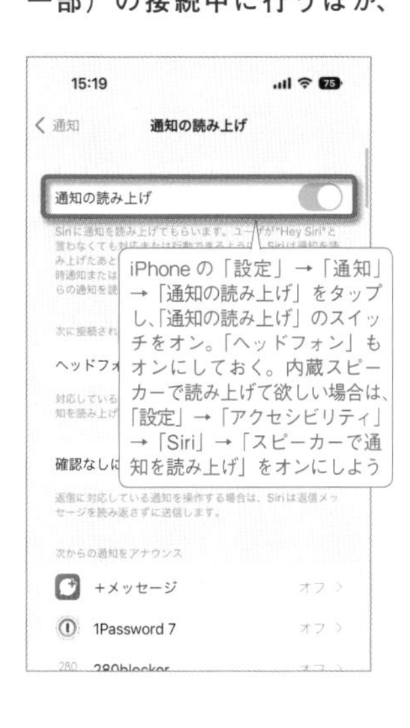

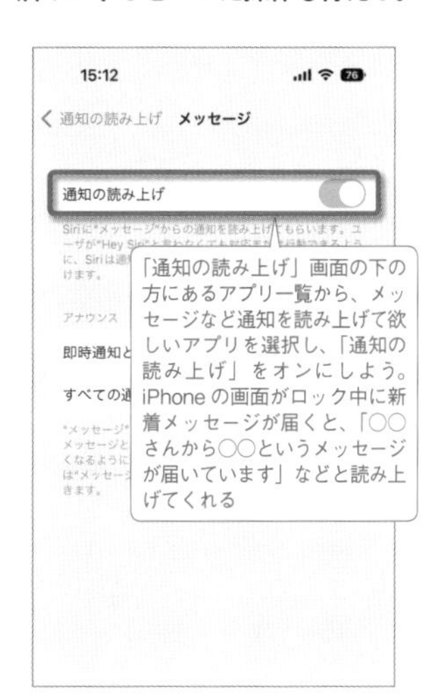

186 パスワードの脆弱性を自動でチェックする

マスト!

パスワード管理

iOSは、iCloudキーチェーンで管理しているパスワードのうち、セキュリティに問題のあるパスワードを自動で指摘してくれる。問題のあるパスワードは、「設定」→「パスワード」→「セキュリティに関する勧告」という設定項目で確認可能だ。ここでは、すでに漏洩しているパスワードや簡単に推測できるパスワード、複数のアカウントで再使用されているパスワードなどが表示される。必要であれば、各サービスのサイトでパスワードを変更しておこう。

187 ロック画面から素早くアプリを起動できるようにする

ウィジェット

よく使うアプリをウィジェットとしてロック画面に配置

iPhoneではロック画面をカスタマイズしてウィジェットを配置できる（No031で解説）。このロック画面のウィジェットに、アプリやWebサイト、ショートカットなどを割り当てて、タップするだけで起動できるようにするランチャーアプリが「Lock Launcher」だ。よく使うアプリをウィジェットとして配置し、ロック画面から素早く起動できるようにしておこう。

App
Lock Launcher
作者／ZiLi Huang
価格／無料

1 ウィジェットの登録画面を開く

アプリを起動したら、「ウィジェット」タブの「ウィジェット1」をタップ。続けて「おすすめ」タブの「アクションを選ぶ」をタップする。URLやショートカットの割り当ても可能。

2 ロック画面から起動するアプリを指定

ロック画面から起動したいアプリを選択したら、元の画面に戻り「保存」をタップすると、ウィジェットとして登録できる。無料版で登録できるウィジェットは2つまでだ。

3 ロック画面にウィジェットを配置

マスト!

188 「手前に傾けてスリープ解除」をオフにする

スリープ解除

iPhoneは、スリープ状態の端末を手前に傾けることでスリープの解除ができるようになっている。いちいちスリープ(電源)ボタンを押さなくてもスリープを解除できるのは便利な反面、常時表示ディスプレイ(No011で解説)を有効にしておけばスリープを解除せずとも時刻やウィジェットを確認できるし、必要ない時に勝手にスリープが解除され無駄にバッテリーを消費してしまうことも多い。ボタン操作や画面のタップだけでスリープを解除したい場合は、設定で「手前に傾けてスリープ解除」の機能をオフにしておこう。これで意図しない点灯を防げる。また、画面をタップするだけでスリープ解除できる機能(No024で解説)も合わせてチェックしておこう。

「設定」→「画面表示と明るさ」→「手前に傾けてスリープ解除」をオフにすれば、意図せずスリープ解除されてしまうことがなくなる

189 イヤホン装着中もドアベルなどに気付くようにする

サウンド

iPhoneには、ドアベルやサイレン、犬や猫の鳴き声、車のクラクション、赤ん坊の鳴き声など、特定の音を認識すると通知してくれる「サウンド認識」機能が搭載されている。本来は耳が不自由な人向けの聴覚サポート機能だが、イヤホンで音楽を聴いていたりオンライン会議の参加中にこの機能を有効にしておけば、指定した音が鳴った際に通知で気付くことができる。サウンド認識の通知方法は「設定」→「通知」→「サウンド認識」で設定可能だ。

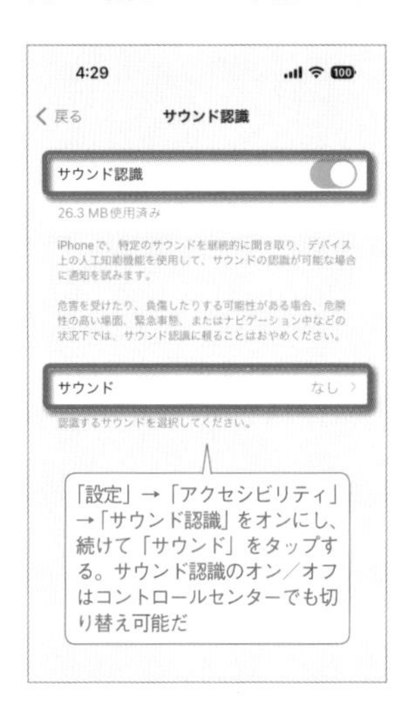

「設定」→「アクセシビリティ」→「サウンド認識」をオンにし、続けて「サウンド」をタップする。サウンド認識のオン/オフはコントロールセンターでも切り替え可能だ

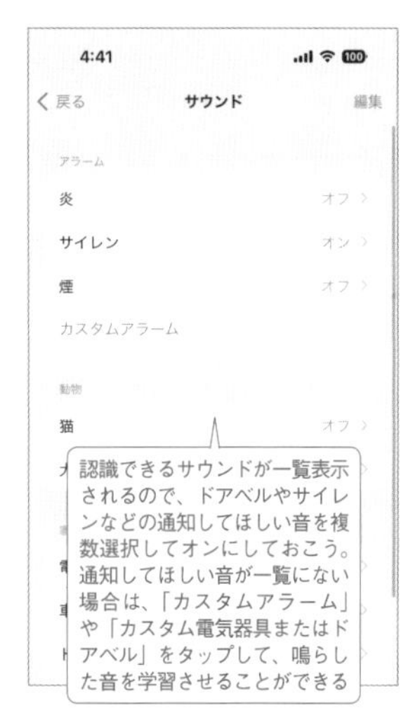

認識できるサウンドが一覧表示されるので、ドアベルやサイレンなどの通知してほしい音を複数選択してオンにしておこう。通知してほしい音が一覧にない場合は、「カスタムアラーム」や「カスタム電気器具またはドアベル」をタップして、鳴らした音を学習させることができる

190 自由自在にカスタマイズできるウィジェットアプリ

ウィジェット

自分だけのウィジェットを作成できる

ホーム画面やロック画面に表示するウィジェットを、自在にカスタマイズできるアプリが「Widgy Widgets」だ。ひとつのウィジェットに複数の機能を詰め込んだり、サイズや位置を細かく調整したり、ウィジェットと背景の壁紙を一体化させることもできる。自由度が高すぎて操作は難しいが、他のユーザーが作成したウィジェットを利用することも可能だ。

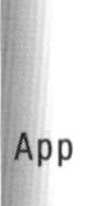
App

Widgy Widgets
作者/Woodsign
価格/無料

1 ウィジェットを作成したり追加する

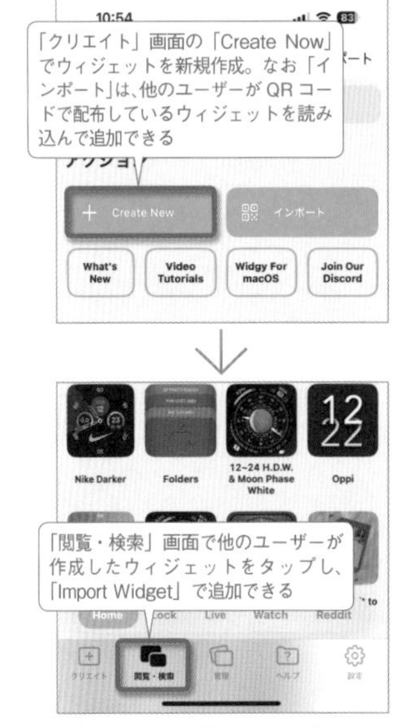

「クリエイト」画面の「Create Now」でウィジェットを新規作成。なお「インポート」は、他のユーザーがQRコードで配布しているウィジェットを読み込んで追加できる

「閲覧・検索」画面で他のユーザーが作成したウィジェットをタップし、「Import Widget」で追加できる

下部メニューの「クリエイト」画面では、「Create Now」からウィジェットを新規作成できる。また「閲覧・検索」画面では、他のユーザーが作成したウィジェット一覧から好みのものを保存できる。

2 ウィジェットを割り当てる

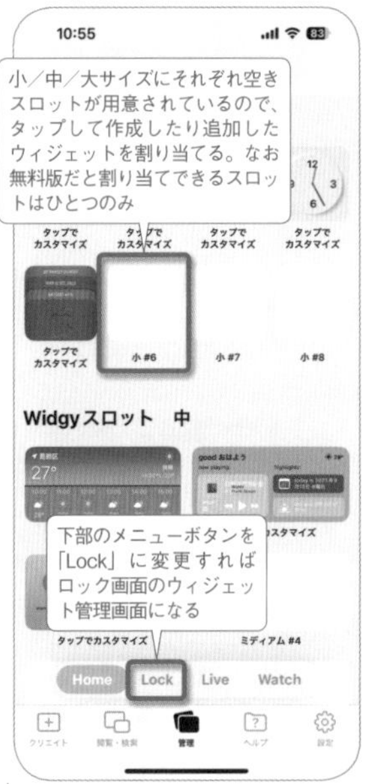

小/中/大サイズにそれぞれ空きスロットが用意されているので、タップして作成したり追加したウィジェットを割り当てる。なお無料版だと割り当てできるスロットはひとつのみ

下部のメニューボタンを「Lock」に変更すればロック画面のウィジェット管理画面になる

作成したり追加したウィジェットは、下部メニューの「管理」画面で空きスロットに割り当てておくと、ウィジェットを配置する際に割り当てたウィジェットを選択できるようになる。

3 ウィジェットを配置する

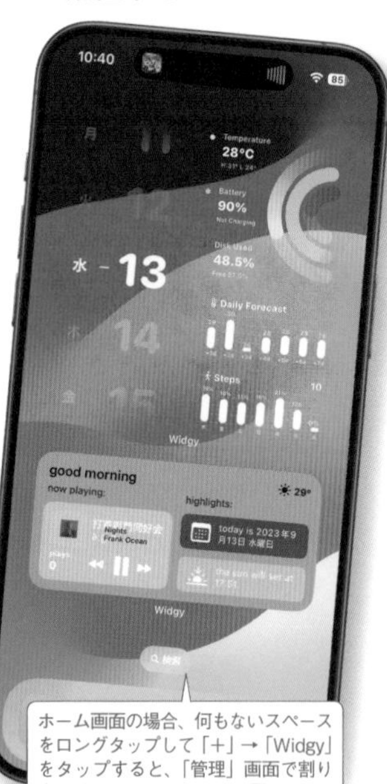

ホーム画面の場合、何もないスペースをロングタップして「+」→「Widgy」をタップすると、「管理」画面で割り当てたウィジェットを配置できる。Widgyでは背景の壁紙が透過しているように見えるウィジェットも作成できるので、自分好みのオシャレなデザインに仕上げてみよう

SECTION 6

191 キーボード 特殊な文字を入力できるキーボードアプリ

Instagramなどでオシャレなフォントを使える

Instagramのプロフィールなどでオシャレなフォントやかわいい記号を使っている人を見かけるが、これらの特殊文字は普通のキーボードだと入力できないので、基本的にWebサイトなどからコピペする必要がある。しかし特殊文字専用キーボード「Fonts」を使えば、特殊文字だけでなく顔文字やアスキーアートもワンタップで入力することが可能だ。

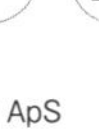

App
Fonts
作者／Fonts ApS
価格／無料

1 キーボードを有効にする

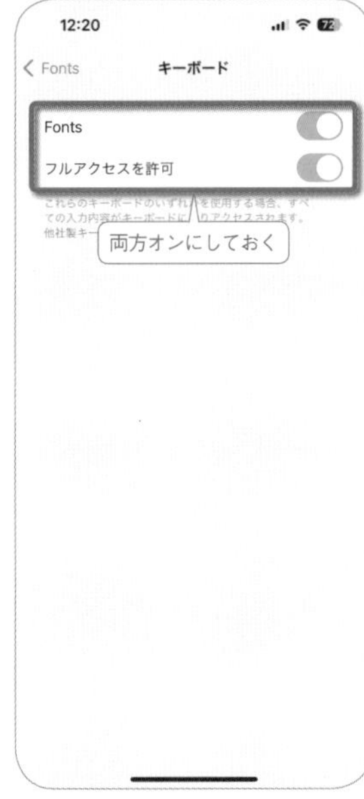

アプリを起動したら、まず画面の指示に従って「設定」→「Fonts」→「キーボード」の「Fonts」と「フルアクセスを許可」をオンにしておこう。

2 キーボードを切り替える

キーボードの地球儀キーをロングタップし、キーボードの一覧から「Fonts」をタップすると、Fontsのキーボードに切り替えできる。

3 特殊文字を入力する

キーボード上部のメニューボタンで、フォントを変更したり、アスキーアートや記号のキーボードに切り替えたら、好きな特殊文字をタップして入力しよう。なお、すべてのフォントを利用するにはサブスクリプション登録が必要となる

192 壁紙 ロック画面の壁紙をシャッフル表示する

iPhoneの壁紙で「写真シャッフル」を設定しておくと、ロック画面の壁紙写真が指定したタイミングでランダム表示されるようになる。壁紙にする写真は、選択したカテゴリのおすすめ写真を設定できるほか、「写真を手動で選択」をタップすれば好きな写真を自由に選択することが可能だ。また「シャッフルの頻度」でシャッフル表示するタイミングを「タップ時」「ロック時」「1時間ごと」「毎日」から選択できるようになっている。

「設定」→「壁紙」→「＋新しい壁紙を追加」をタップしたら、上部のメニューボタンから「写真シャッフル」をタップする

「ペット」「自然」などのカテゴリを選択して「シャッフルの頻度」を設定し、「おすすめの写真を使用」をタップすると、おすすめの写真がロック画面の壁紙としてシャッフル表示される。写真を自分で選びたいなら「写真を手動で選択」をタップしよう

193 背面タップ 背面をトントンッとタップして指定した機能を動作させる

背面タップ機能を有効にすると、本体の背面を2回もしくは3回タップすることで、特定の機能や操作を実行できる。あらかじめ「設定」→「アクセシビリティ」→「タッチ」→「背面タップ」で、ダブルタップとトリプルタップの操作に、それぞれ呼び出したい機能を割り当てておこう。スクリーンショットの撮影や、ホーム画面に戻る、Siriを起動するといった基本的な操作のほか、ショートカット（No032で解説）で設定した操作も割り当てできる。

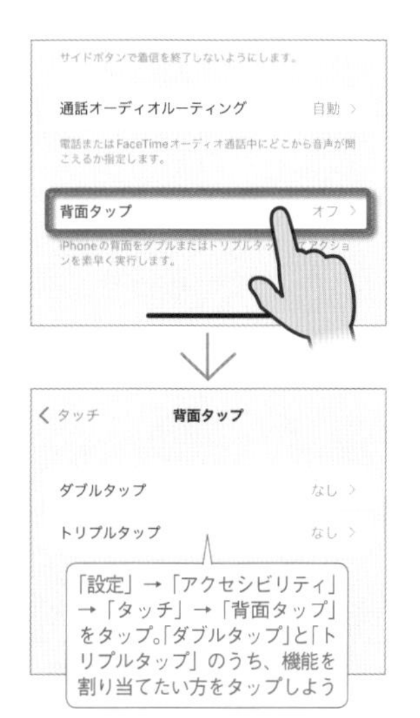

「設定」→「アクセシビリティ」→「タッチ」→「背面タップ」をタップ。「ダブルタップ」と「トリプルタップ」のうち、機能を割り当てたい方をタップしよう

背面タップで実行したい機能を選択する。SiriやSpotlightの起動、コントロールセンターの表示など、さまざまな機能が用意されている。下の方にスクロールすると、ショートカットアプリで登録した操作も選択できる

マスト!

194 ユーザ辞書 よく使う単語や文章、メアドなどは辞書登録しておこう

ユーザ辞書の便利な使い方を覚えよう

よく利用するメールアドレスや住所、名前、定型文、顔文字などを素早くテキスト入力するには、「ユーザ辞書」を活用するのがおすすめ。「設定」→「一般」→「キーボード」→「ユーザ辞書」をタップすると、登録済みのユーザ辞書が一覧表示されるので、右上の「+」ボタンから新規登録してみよう。たとえば、「単語」に自分のメールアドレスを登録し、「よみ」に「めーる」と登録して「保存」をタップ。すると、以後テキスト入力時に「めーる」と入力するだけで、辞書登録したメールアドレスが予測変換候補に表示されるようになるのだ。

1 ユーザ辞書を編集する

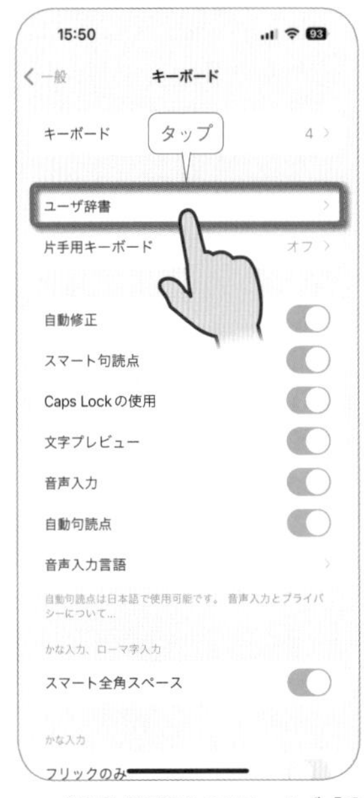

ユーザ辞書を編集するには、まず「設定」→「一般」→「キーボード」をタップ。上の画面で「ユーザ辞書」をタップすれば単語登録が行える。

2 単語とよみを登録する

「+」をタップし、「単語」と「よみ」を入力して「保存」で登録完了。頻繁に入力する単語やメールアドレスなどを登録しておくと便利だ。

3 変換候補に辞書が表示される

メモアプリなどを起動して、ユーザ辞書に登録した「よみ」を文字入力してみよう。変換候補に登録した単語が表示されるようになる。

iOS17

195 eSIM SIMカード不要で使えるeSIMを利用する

即日発行でき乗り換えや機種変更も簡単

iPhone XSシリーズおよびXR以降の機種は、本体側面にあるSIMスロットに加えて、本体内部のチップにSIMの情報を書き込める「eSIM」を備えている。このeSIMを使うには、eSIM対応の通信プランを契約する必要があるが、たとえばソフトバンクからahamoに乗り換える際に、ahamoをeSIMで契約することで、SIMカードの到着を待つ必要もなく即日開通して乗り換えできる。また機種変更時も「eSIMクイック転送」を使えばBluetoothまたはiCloud経由で簡単に新しいiPhoneへSIM情報を転送できる。

1 eSIMで契約すれば即日開通できる

iPhoneに内蔵されたeSIMで通信するには、eSIM対応プランの契約が必要だ。eSIMの通信プランで契約を進め、本人確認書類などを撮影してアップロードすると、即日開通できる。

2 eSIMクイック転送で簡単に転送できる

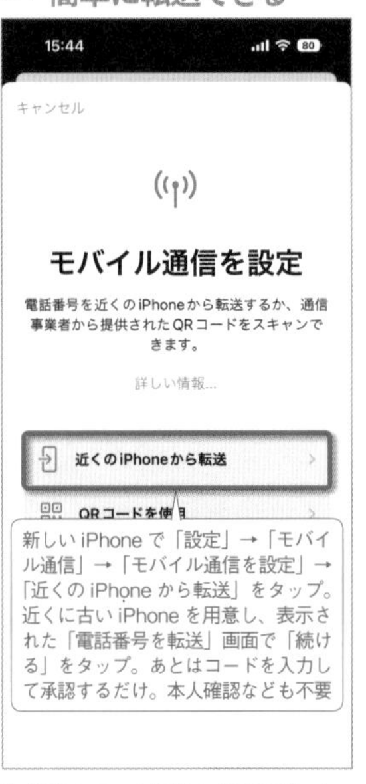

「eSIMクイック転送」を使えば、古いiPhoneから新しいiPhoneへ、eSIM情報を簡単に転送できる。旧iPhoneの物理的なSIMカードから、新しいiPhoneのeSIMにSIM情報を転送することも可能だ。

3 eSIMで2つの回線を同時に利用する

物理SIM+eSIMか、eSIM+eSIMの組み合わせで2つのプランを契約しておけば、仕事用とプライベート用の回線を使い分けたり、国内と海外でSIMを切り替えて使うことも可能だ。「設定」→「モバイル通信」で、デフォルトのモバイル通信回線や音声回線を指定しておける

SECTION 6

196 iPhoneやアプリの使用時間を制限する

使用制限

ついついYouTubeやSNSをチェックしてダラダラと時間を費やしてしまう、という人におすすめなのが、「スクリーンタイム」による使用制限だ。本機能では、iPhoneを使わない時間帯を決めて許可したアプリしか使えないようにしたり、指定したアプリや特定カテゴリのアプリを一定時間しか使えないように設定しておける。「すべてのアプリとWebサイトのアクティビティを確認する」で、詳細な使用状況を確認することも可能だ。

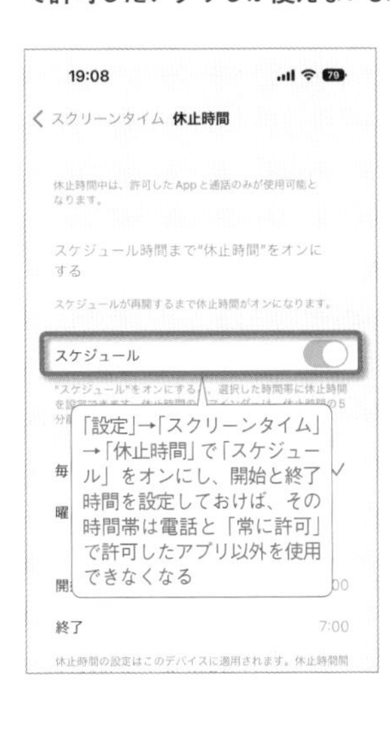

197 アプリごとに文字サイズや画面表示の設定を変える

画面表示

iPhoneでは、全体的に文字サイズを大きくしたり太くできるだけでなく、アプリ単位で文字サイズや画面設定を個別に変更することも可能だ。「設定」→「アクセシビリティ」→「アプリごとの設定」をタップし、「アプリを追加」で変更したいアプリを追加したら、追加したアプリをタップ。文字の太さやサイズを変更できるほか、透明度を下げたりコントラストを上げることもできる。さらに、画面の色を反転させたり視差効果を減らすなど細かく設定可能だ。

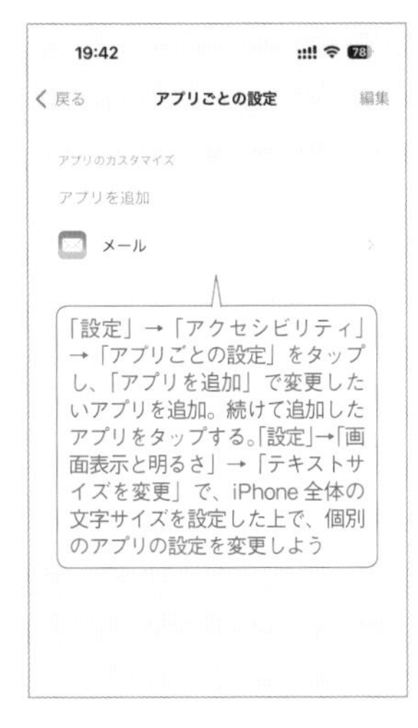

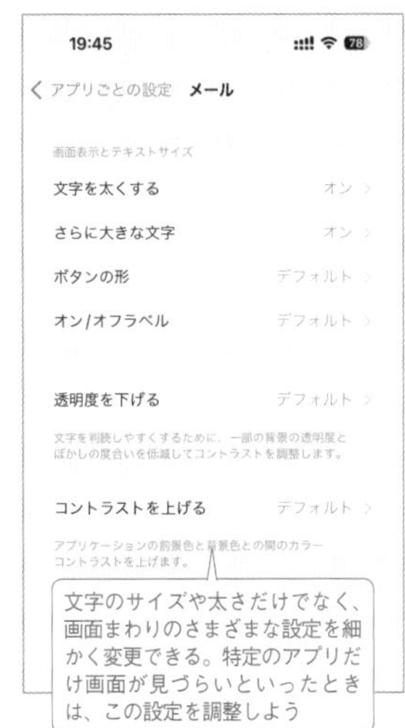

198 画面上に多機能なボタンを表示させる

AssistiveTouch

設定で「AssistiveTouch」をオンにすると、半透明の仮想ボタンが画面上に常駐するようになる。この仮想ボタンを表示しておけば、ホームボタン非搭載のiPhoneでもホームボタン代わりに使えたり、両手でボタンを押さなくてもスクリーンショットを撮影できたりなど、さまざまな機能を利用することが可能だ。ただし、常に画面上に表示されるため、操作の邪魔になることも多い。なお、仮想ボタンはドラッグ＆ドロップして好きな位置に移動が可能だ。

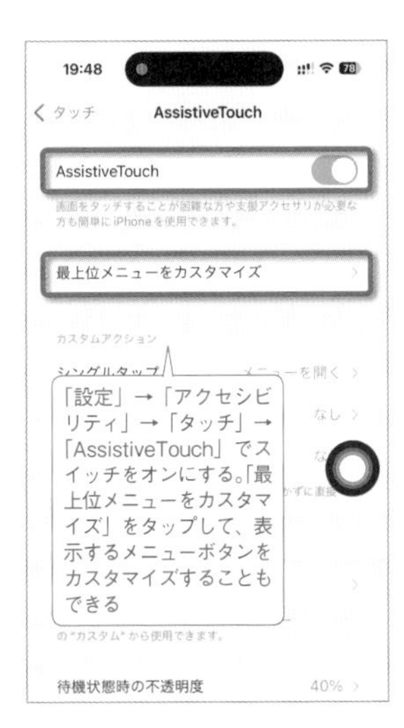

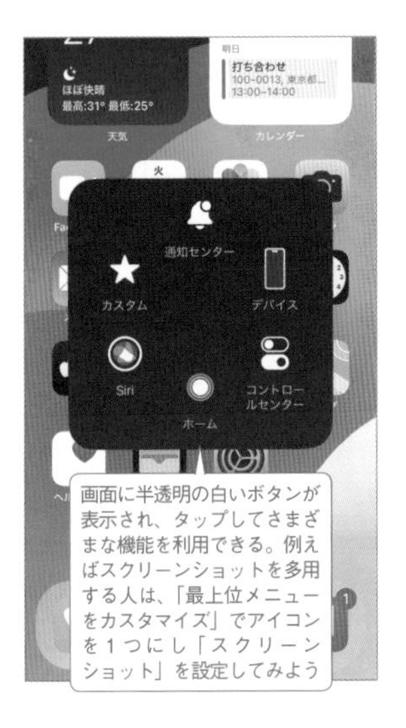

199 子供が使うときの起動アプリをひとつに限定する

使用制限

iPhoneで一時的にひとつのアプリしか使えないように制限する機能が「アクセスガイド」だ。子供にYouTubeを見せるときに他の画面を触らせないようにしたり、ゲームに集中できるよう誤操作でホーム画面に戻ることを防ぎたい場合などに利用しよう。使いたいアプリを起動してiPhone側面のスリープ（電源）ボタンを3回連続で押し、「開始」をタップすると機能が有効になる。もう一度スリープ（電源）ボタンを3回連続でクリックすると終了できる。

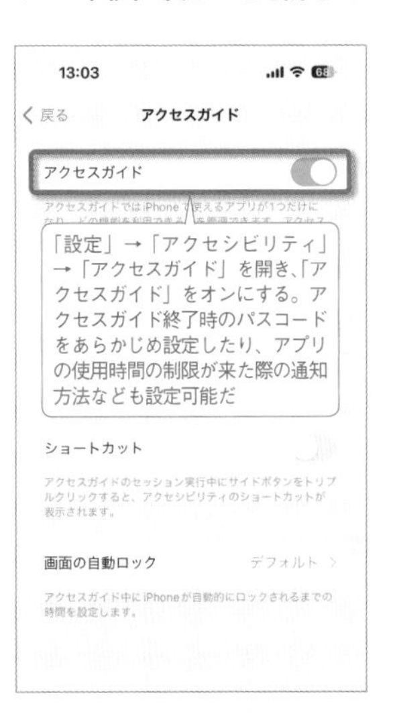

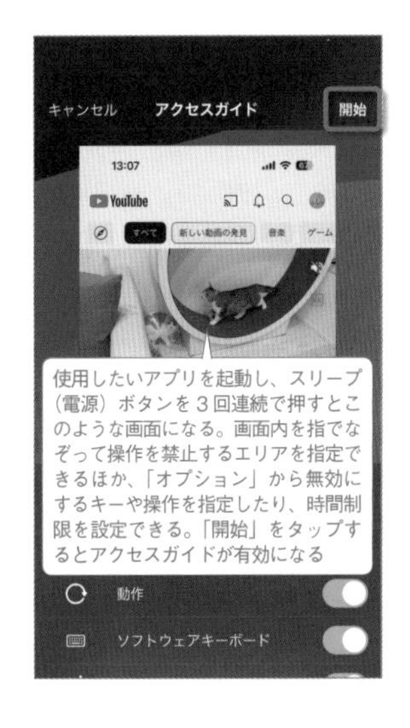

200 データ通信 モバイルデータ通信をアプリによって使用制限する

意図しない通信が発生しないよう事前に設定する

モバイルデータ通信を使うときは、無駄な通信をできるだけ抑えたいものだ。とはいえ、Wi-Fi接続がオフになった状態で、うっかり動画をストリーミング再生したり、大きなサイズのデータを共有したりすると、意図せず余計な通信量を消費してしまうことがある。そんな事態を避けたいのであれば、あらかじめ「設定」→「モバイル通信」の画面で、アプリごとにモバイルデータ通信を使うかどうかを設定しておくといい。なお、ミュージックやApp Store、iCloudなどは、モバイルデータ通信の利用に関してさらに細かく設定できる。

1 アプリのデータ通信利用を禁止する

「設定」→「モバイル通信」で、モバイルデータ通信の使用を禁止するアプリのスイッチをオフに。なお、一度モバイルデータ通信を使ったアプリしか表示されないので注意しよう。

2 オフに設定したアプリを起動すると

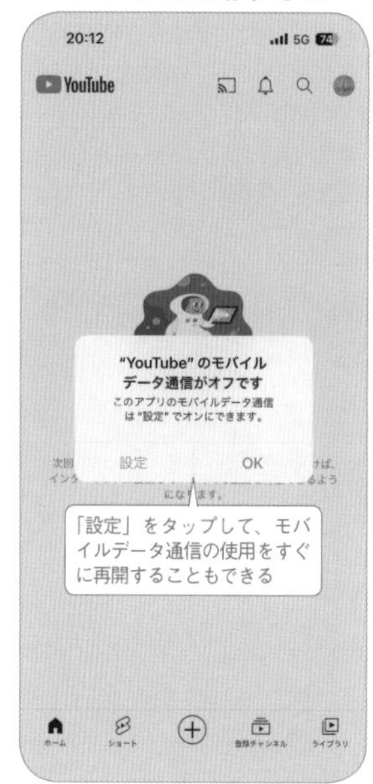

モバイルデータ通信の使用をオフにしたアプリをWi-Fiオフの状態で起動すると、このようなメッセージが表示される。これで、意図せずデータ通信を使ってしまうことを防止できる。

3 さらに細かく設定できるアプリも

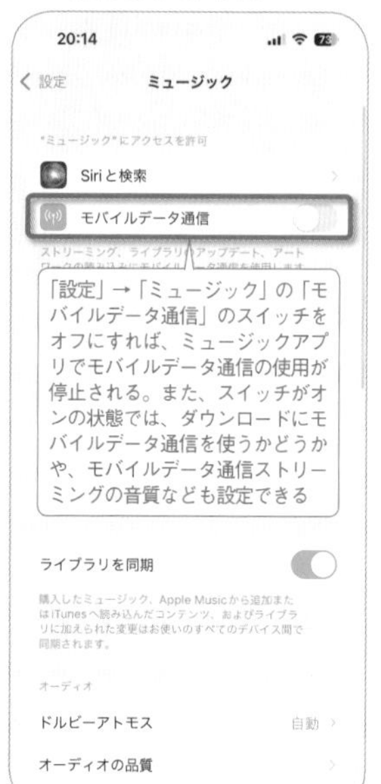

ミュージックや、App Store、iCloudおよびサードパーティのアプリの一部では、機能によって細かくモバイルデータ通信を使用するかどうかを設定できる。

201 iOS17 共有メニュー アクションの項目を取捨選択する

共有ボタンで表示される項目を編集

写真アプリやSafariなどで共有ボタンをタップすると、表示中の写真やページを共有する相手やアプリを選択したり、コピーやマークアップなどの操作を行うアクションメニューが表示される。このアクションメニューの中には、あまり使わない項目が表示されていたり、よく使う項目が下の方にあって、使いづらいと感じたりすることもあるだろう。そんな時は、アクションメニューの一番下にある「アクションを編集」をタップしよう。不要なアクションを非表示にしたり、「よく使う項目」に追加して表示順を並べ替えたりができる。

1 共有メニューを開きアクションを編集

写真アプリやSafariで共有ボタンをタップし、メニューを開いたら、一番下までスクロールして「アクションを編集」をタップしよう。

2 よく使う項目に追加して並べ替え

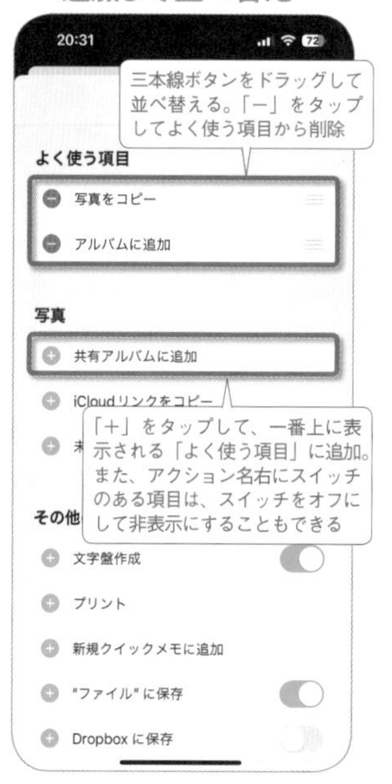

アクションの「＋」をタップすると、一番上に表示される「よく使う項目」に追加できる。さらに「よく使う項目」は三本線ボタンをドラッグして並び順を変更可能だ。

3 Appメニューを編集する

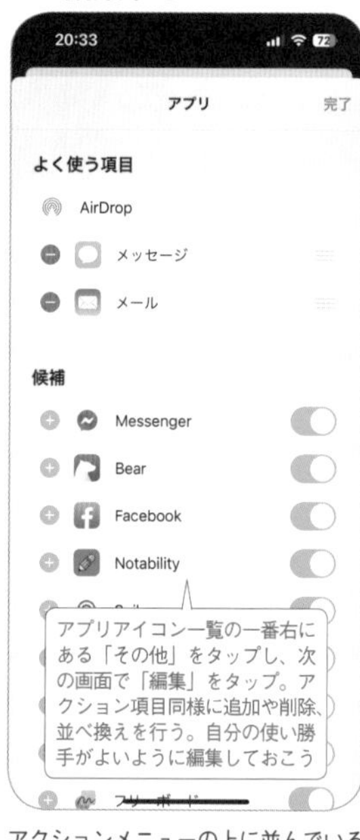

アクションメニューの上に並んでいるアプリアイコンをタップすることで、データや情報を受け渡して共有できる。このアプリ一覧も並べ換えなどの編集が可能だ。

SECTION 7

生活お役立ち技

日常のあらゆるシーンで活躍するiPhone。
旅行はもちろん日々の移動で助かる
Googleマップの活用法をはじめ
乗換案内や電子マネー、電子書籍など毎日の
生活をサポートしてくれるアプリが満載。

マスト!

202 地図 使ってみると便利すぎるGoogleマップの経路検索

2つの地点の最短ルートと所要時間が分かる

iOSの標準マップアプリよりもさらに情報量が多く、正確な地図アプリが「Googleマップ」だ。特に「経路検索」機能は強力で、指定した2つの地点を結ぶ最適なルートと距離、所要時間を、自動車／公共交通機関／徒歩／自転車などそれぞれの移動手段別に割り出してくれる。対応エリアでは、タクシーの配車なども可能。自動車と徒歩では、ナビ機能も利用できる。

Googleマップ
作者／Google, Inc.
価格／無料

1 経路検索モードでルートを検索する

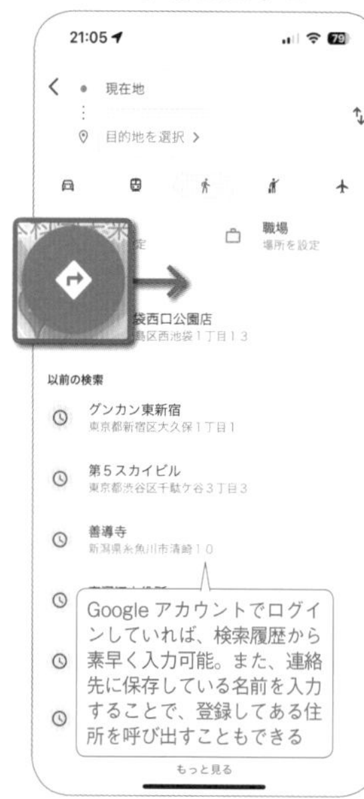

右下の経路検索ボタンをタップ。移動手段を自動車、公共交通機関、徒歩、タクシー、自転車、飛行機から選択し、出発地および目的地を入力する。

2 ルートと距離所要時間が表示

最適なルートがカラーのラインで、別の候補がグレーのラインで表示され、画面下部に所要時間と距離も示される。

3 乗換案内として利用する

移動手段に公共交通機関を選べば、複数の経路がリスト表示される。ひとつ選んでタップすれば、地図上のルートと詳細な乗換案内を表示する。

203 マップ 電車やバスの発車時刻や停車駅、ルートを確認する

分かりづらいバスのルートもマップで確認

Googleマップでは、特定の駅やバス停をタップすると、今後の出発時刻や出発までの時間が一覧表示される。乗りたい方面へのバスがあと何分で出発するか、同じ方向への電車はどちらの路線の方が出発が早いかなどがすぐに分って助かる機能だ。またひとつをタップして選択すると、その路線のすべての停車駅やバス停が表示され、ルートをマップ上で確認できる。特にバスの場合はルートが分かりづらいことが多いが、この機能を使えばルートがマップ上でカラー表示されるので、行きたい場所の近くを通るかどうかも確認しやすい。

1 特定の駅の出発情報を確認する

マップ上の駅名をタップすると、今後の出発時刻や出発までの時間が一覧表示される。複数の路線を見比べたいときなどに活用しよう。

2 バス停も出発情報を確認できる

バス停をタップした場合も、同様に今後の出発時刻や出発までの時間が一覧表示される。乗りたい時間をタップしてみよう。

3 ルートをマップ上で確認できる

SECTION 7

マスト!

204 Googleマップで調べたスポットをブックマーク

地図

Google マップで調べたスポットは、ブックマークのように保存しておける。保存したスポットには、「保存済み」タブの「自分のリスト」から素早くアクセスすることが可能だ。保存先リストとして「お気に入り」「行ってみたい」「旅行プラン」「スター付き」があらかじめ用意されているほか、リストを新規作成することもできる。旅行先で訪れたい場所や、仕事で巡回する訪問先など、調べたスポットは忘れないうちに保存して、マップをさらに充実させよう。

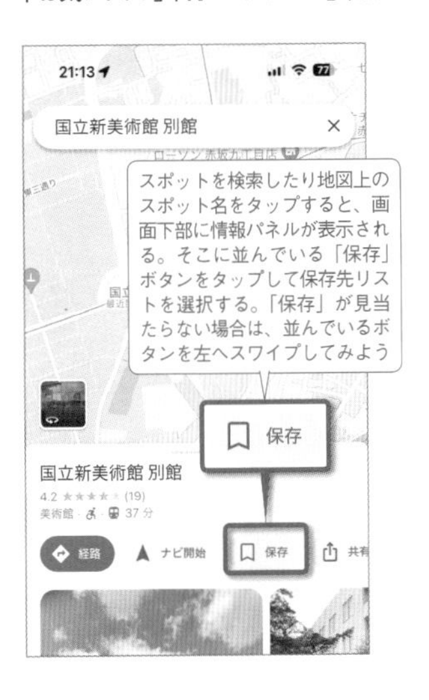

205 通信量節約にもなるオフラインマップを活用

地図

Google マップは、ネット接続のないオフライン状態でも地図を表示できる「オフラインマップ」機能を備えている。あらかじめ指定した範囲の地図データをダウンロードしておくことで、圏外や機内モードの状態でも Google マップで地図を確認でき、スポット検索も行える。ただし、経路検索やストリートビューなど制限されている機能もある。データ通信の残量が少ない時や海外で通信に不安がある際に、マップをダウンロードしておくと助かるはずだ。

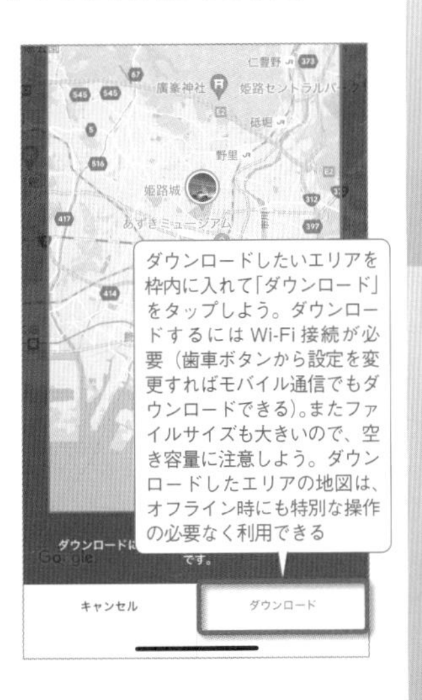

マスト!

206 Googleマップに自宅や職場を登録する

地図

日本国内はもちろん世界中の地図を確認できる Google マップだが、日常的には自宅や職場周辺を調べたり、同じく自宅や職場を出発地や目的地とした経路検索を行うことも多いだろう。そこで、自宅や職場の住所をあらかじめ登録しておけば使い勝手が大きく向上する。下部メニュー「保存済み」タブの「自分のリスト」にある「ラベル付き」をタップ。続けて「自宅」および「職場」をタップして、それぞれの住所を入力しよう。

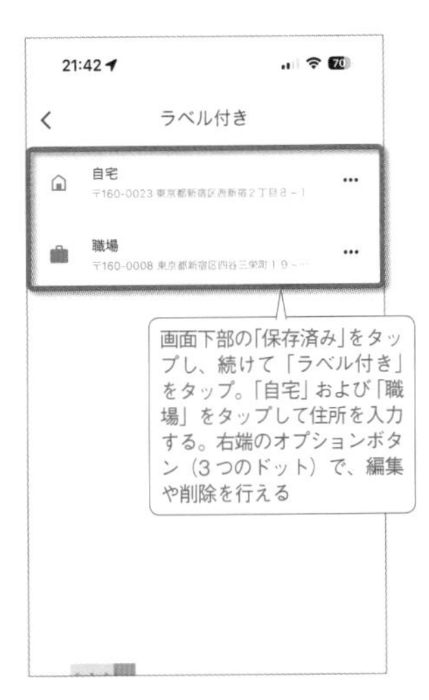

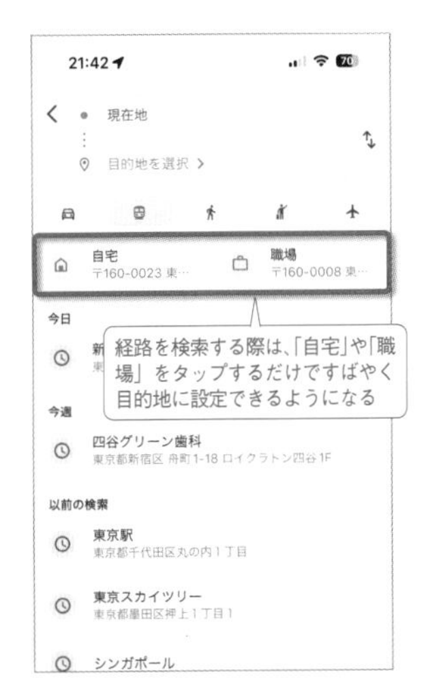

マスト!

207 Googleマップを片手操作で拡大縮小する

地図

Google マップは2本の指の間隔を広げたり狭めたりする操作（ピンチイン・ピンチアウト）で表示エリアをなめらかに拡大・縮小できる。しかし、両手を使わないとこの操作を行うのは難しい。ダブルタップで段階的に拡大することは可能だが、細かい調整ができない上に縮小も不可能なので、いまひとつ使いづらいはずだ。そこで、ここで紹介する操作方法を覚えておこう。

その操作方法とは、持ち手の親指で地図をダブルタップしたあと、そのまま親指を離さずに上下にスライドさせるというもの。上にスライドすれば縮小、下にスライドすれば拡大となる。これなら片手だけで自在に Google マップを操ることができる。地図の回転や角度の変更をすることはできないが、片手がふさがっている場合には十分に有効な手段だ。

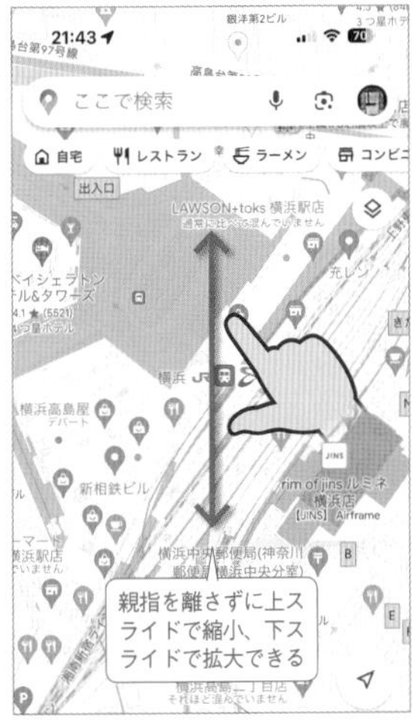

208 日々の行動履歴を記録しマップで確認する

地図

Googleマップには「タイムライン」という機能があり、移動した経路や訪れた場所を常時記録し、マップ上で確認することができる。特に操作しなくても自動で保存される便利なライフログ機能だ。タイムライン機能を利用するには、あらかじめGoogleマップの「設定」で「ロケーション履歴」をオンにしておこう。これで常に位置情報が記録されるようになる。旅行の行動記録はもちろん、ウォーキングや散歩の移動距離確認などにも利用したい。

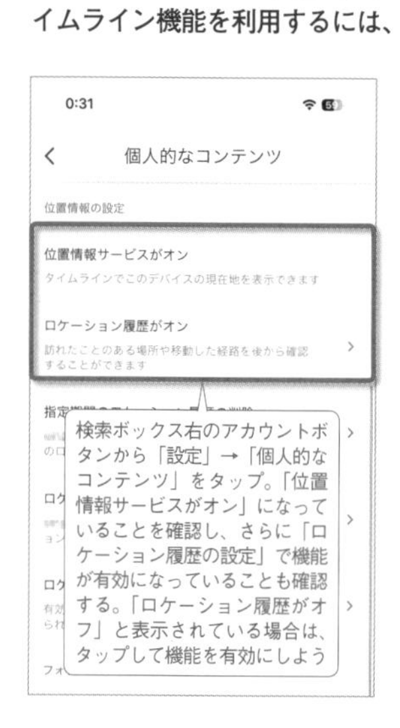

209 Googleマップのシークレットモードを利用する

地図

Googleマップで検索したり訪問した場所の履歴を残したくない時は、「シークレットモード」を利用しよう。検索ボックス右にあるアカウントボタンをタップしてメニューを開き、「シークレットモードをオンにする」をタップすればよい。機能が有効になり、検索履歴や訪問履歴を残さずマップを利用できるようになる。通常モードに戻すには、再度アカウントボタンをタップして「シークレットモードをオフにする」をタップすればよい。

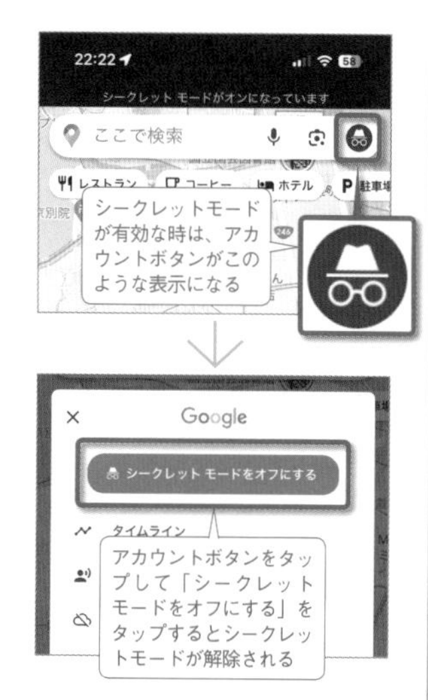

マスト!

210 柔軟な条件を迷わず設定できる最高の乗換案内アプリ

乗換案内

電車移動を強力にサポートするベストアプリ

電車移動に必須の乗換案内アプリ。おすすめは条件入力がわかりやすく検索結果の画面もみやすい「Yahoo!乗換案内」だ。自分に合った移動スピードや座席の指定、運賃種別など、細かな条件設定が行えるのはもちろん、1本前と1本後での再検索、全通過駅の表示、乗り換えに最適な車両の案内など役立つ機能も満載だ。

App

Yahoo!乗換案内
作者／Yahoo Japan Corp.
価格／無料

1 出発駅、到着駅経由駅を設定する

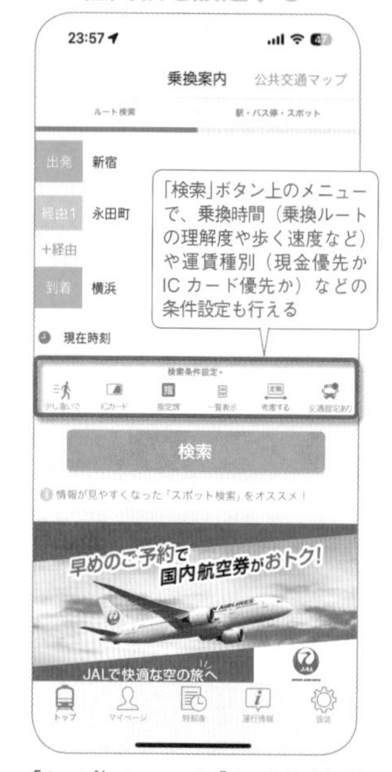

「トップ」メニューの「ルート検索」画面で、出発駅や経由駅、到着駅を入力して検索しよう。一度入力した駅名は履歴に残るので再入力も簡単だ。

2 日時の設定もスムーズに行える

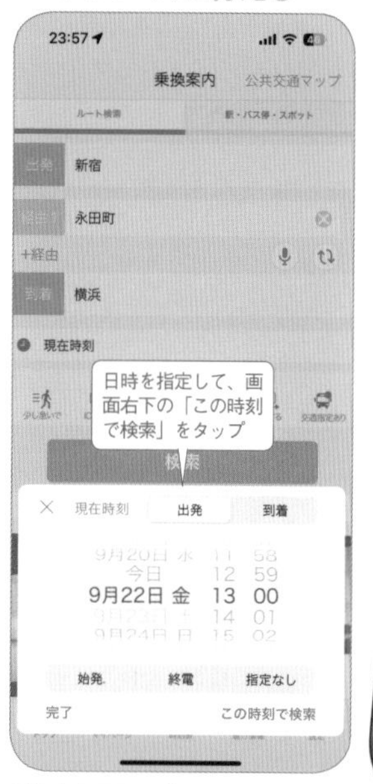

乗換案内画面の「現在時刻」をタップすれば、出発や到着の日時を指定できる。指定日の始発および終電を検索することも可能だ。

3 検索結果が表示される

211 乗換情報はスクショで保存、共有がオススメ

乗換案内

「Yahoo! 乗換案内」(No210で解説) の検索結果を家族や友人に伝えたい場合、検索結果の「予定を共有」をタップすれば、メッセージやLINEで送信できる。ただこの方法だとテキストで送信されるので、パッと見ただけではルートが分かりづらい。同じく検索結果画面に用意された「スクショ」ボタンで、視覚的に分かりやすい画像そのままで送るのがおすすめだ。1画面に収まらない長いルートでも、1枚の縦長画像として保存し、送信できる。

検索結果から共有したいルートを表示したら、上部の「スクショ」ボタンをタップ。続けて「シェアする」をタップしよう

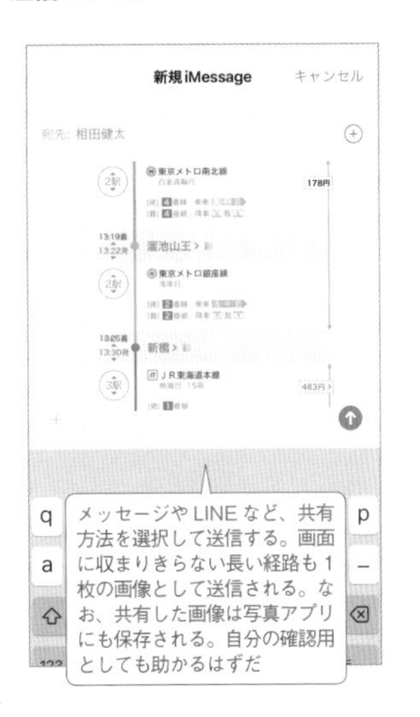

メッセージやLINEなど、共有方法を選択して送信する。画面に収まりきらない長い経路も1枚の画像として送信される。なお、共有した画像は写真アプリにも保存される。自分の確認用としても助かるはずだ

212 混雑や遅延を避けて乗換検索する

乗換案内

特に都市部の電車では、事故や点検によって遅れが発生したり、イベント開催で大混雑するといった事態が日常茶飯事だが、できればうまく避けて別の路線やバスで迂回したい。そんな時にも、No210で紹介した「Yahoo! 乗換案内」が活躍する。路線の運行情報をいち早くチェックできるだけでなく、遅延や運休時に迂回路をすばやく再検索できる。また、遅延・運休時以外でも、避けたい路線を迂回した乗換検索を自由に行うこともできる。

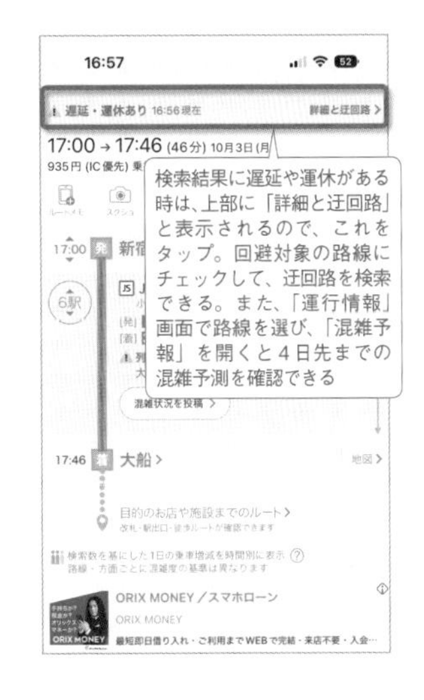

検索結果に遅延や運休がある時は、上部に「詳細と迂回路」と表示されるので、これをタップ。回避対象の路線にチェックして、迂回路を検索できる。また、「運行情報」画面で路線を選び、「混雑予報」を開くと4日先までの混雑予測を確認できる

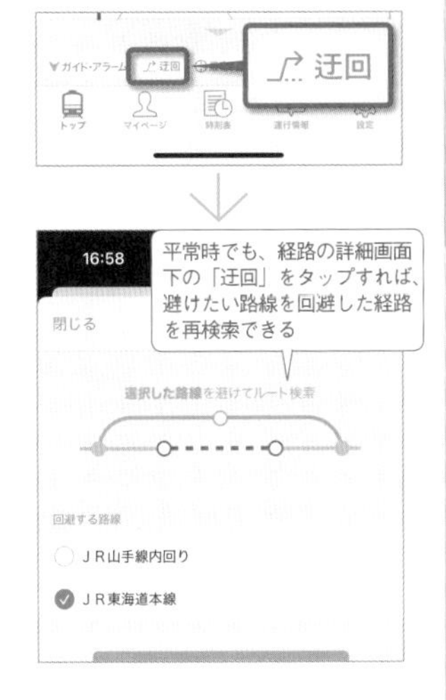

平常時でも、経路の詳細画面下の「迂回」をタップすれば、避けたい路線を回避した経路を再検索できる

213 いつも乗る電車の発車カウントダウンを表示する

乗換案内

No210で紹介した「Yahoo! 乗換案内」には、登録した駅と路線で次の電車が発車するまでの時間をウィジェットでカウントダウン表示してくれる機能がある。「急げば間に合いそう」「もう間に合わないから次の電車にしよう」といった判断を助ける機能なので、毎日電車に乗る人はぜひセッティングしておこう。複数の駅や路線を登録し、それぞれをウィジェットに登録して同時に表示することも可能だ。同じ駅の上下線を表示することもできる。

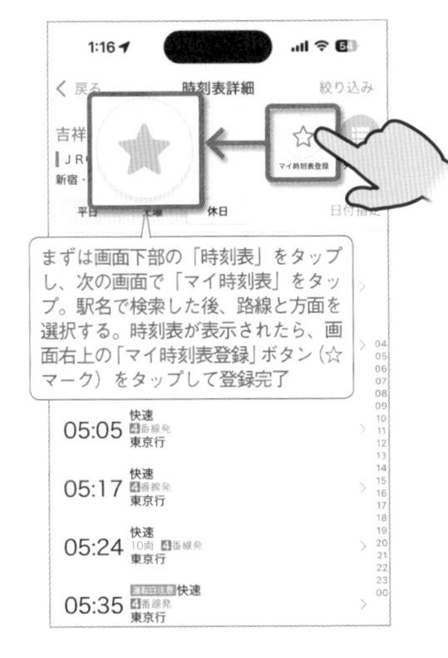

まずは画面下部の「時刻表」をタップし、次の画面で「マイ時刻表」をタップ。駅名で検索した後、路線と方面を選択する。時刻表が表示されたら、画面右上の「マイ時刻表登録」ボタン(☆マーク)をタップして登録完了

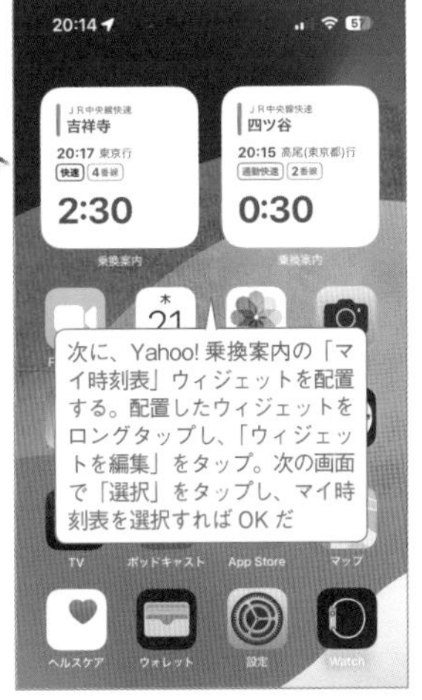

次に、Yahoo! 乗換案内の「マイ時刻表」ウィジェットを配置する。配置したウィジェットをロングタップし、「ウィジェットを編集」をタップ。次の画面で「選択」をタップし、マイ時刻表を選択すればOKだ

214 iPhoneをかざしてシェアサイクルを利用する

シェアサイクル

NTTドコモが全国各地で展開中の「ドコモ・バイクシェア」。街中にあるポートで自転車を借りて、別のポートで返却できるシェアサイクルサービスだ。スマホキーとして登録したiPhoneをかざすだけで解錠できるのも便利。

App

ドコモ・バイクシェア
作者/株式会社ドコモ・バイクシェア
価格/無料

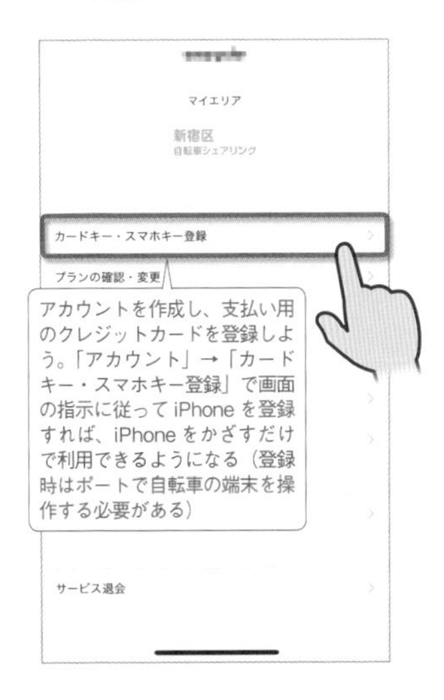

アカウントを作成し、支払い用のクレジットカードを登録しよう。「アカウント」→「カードキー・スマホキー登録」で画面の指示に従って iPhone を登録すれば、iPhone をかざすだけで利用できるようになる(登録時はポートで自転車の端末を操作する必要がある)

利用可能な自転車の数がマップの各ポートに表示されている。バッテリーの十分な自転車を選んで予約しよう(スマホキー登録していれば予約なしでも利用可能)

マスト!

215 電子マネー 人気のスマホ決済をiPhoneで利用する

お得に使えるQRコード決済でキャッシュレス生活

スマホを使って店に支払う「スマホ決済」をiPhoneでも利用するには、No033で解説した「Apple Pay」を利用するほかに、「QRコード決済」を使う方法もある。店頭でQRコードやバーコードを提示して読み取ってもらうか、店頭にあるQRコードをスキャンして支払う方法で、いわゆる「○○ペイ」系のサービスだ。ここでは「PayPay」を例に基本的な使い方を解説する。

App

PayPay
作者／PayPay Corporation
価格／無料

1 残高をチャージしておく

PayPayを起動してユーザー登録を済ませたら、まずはホーム画面の「チャージ」をタップ。銀行口座やヤフーカードと連携を済ませて、支払いに使うPayPay残高をチャージしておこう。

2 店側にバーコードを読み取ってもらう

PayPayの支払い方法は2パターン。店側に読み取り端末がある場合は、ホーム画面のバーコード、または「支払う」をタップして表示されるバーコードを、店員に読み取ってもらおう。

3 店のQRコードをスキャンして支払う

店側に端末がなくQRコードが表示されている場合は、「スキャン」をタップしてQRコードを読み取り、金額を入力。店員に画面の金額を確認してもらい、「支払う」をタップすればよい。

216 銀行 キャッシュカードなしでATMから出金する

財布を持たずにiPhoneだけ手にして外出したときに限って現金が必要になることがある。そんなときもPayPay銀行を使っていれば、セブン銀行やローソン銀行のATMでiPhoneを使って出金できる。

App

PayPay銀行
作者／PayPay Bank Corporation
価格／無料

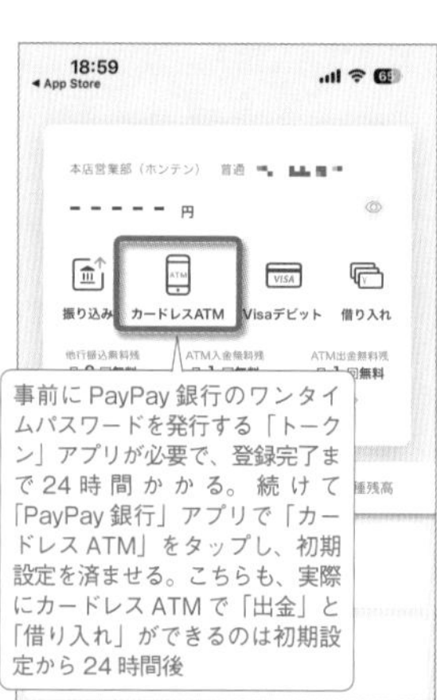

事前にPayPay銀行のワンタイムパスワードを発行する「トークン」アプリが必要で、登録完了まで24時間かかる。続けて「PayPay銀行」アプリで「カードレスATM」をタップし、初期設定を済ませる。こちらも、実際にカードレスATMで「出金」と「借り入れ」ができるのは初期設定から24時間後

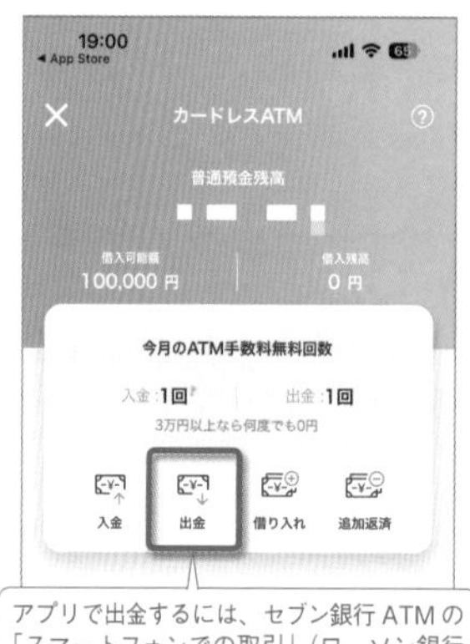

アプリで出金するには、セブン銀行ATMの「スマートフォンでの取引」(ローソン銀行ATMでは「スマホ取引」)ボタンを押し、PayPay銀行アプリで「スマホATM」→「出金」をタップ。QRコードを読み取って企業番号をATMで入力したら、あとは暗証番号と出金する金額をATMで入力すればよい

マスト!

217 翻訳 自然な表現がすごい最新の翻訳アプリ

驚くほど自然な文章に翻訳できると話題のアプリ「DeepL翻訳」。他のアプリでは、読みにくい直訳や堅苦しい翻訳になるところを、DeepL翻訳は正確な意味や微妙なニュアンスもくみ取ったナチュラルな訳文に仕上げてくれる。

App

DeepL翻訳
作者／DeepL GmbH
価格／無料

画面上段に翻訳したいテキストを入力したりペーストすると、下段に訳文が表示される。無料版は5,000文字までの制限がある

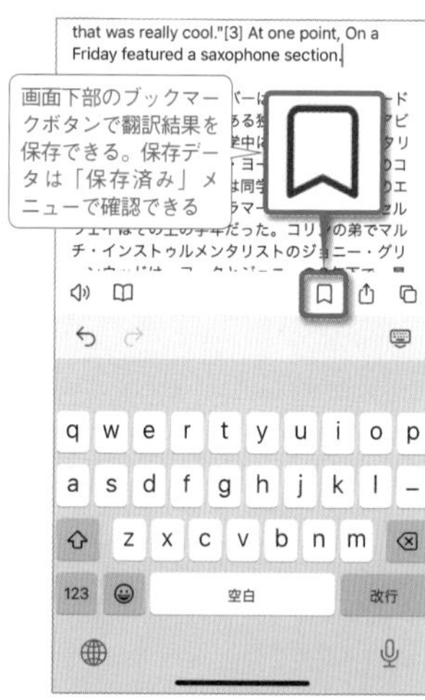

画面下部のブックマークボタンで翻訳結果を保存できる。保存データは「保存済み」メニューで確認できる

218 電子書籍の気になる文章を保存しておく

電子書籍

Amazonの電子書籍を読める「Kindle」アプリなら、あとで読み返したい文章に蛍光ラインを引いて、簡単に保存しておける。ハイライトは4色に色分けでき、まとめて表示することも可能だ。

App
Kindle
作者／AMZN Mobile LLC
価格／無料

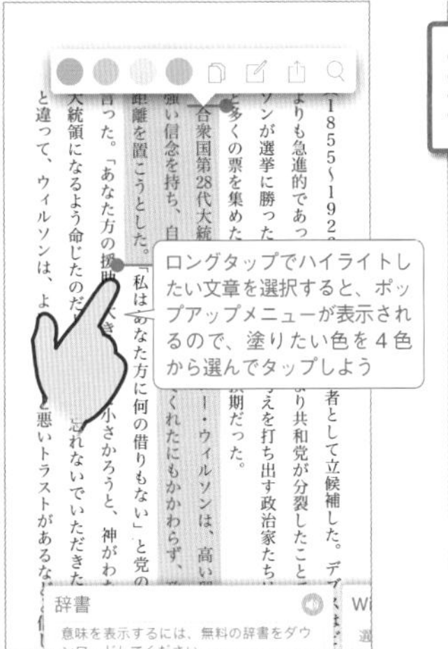

ロングタップでハイライトしたい文章を選択すると、ポップアップメニューが表示されるので、塗りたい色を4色から選んでタップしよう

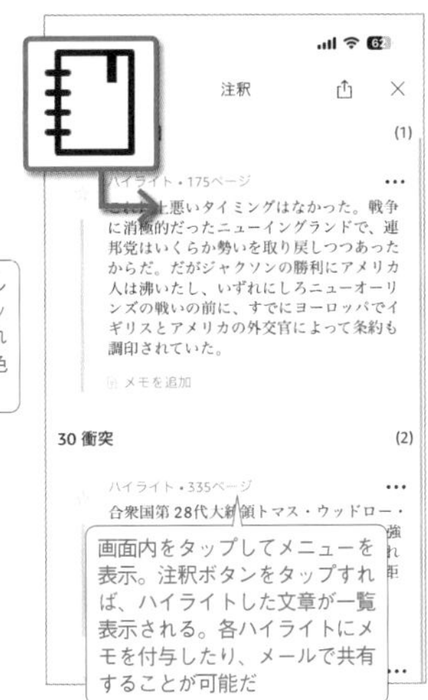

画面内をタップしてメニューを表示。注釈ボタンをタップすれば、ハイライトした文章が一覧表示される。各ハイライトにメモを付与したり、メールで共有することが可能だ

219 コンビニで書類や写真をプリントアウトする

印刷

自宅にプリンタがなくても大丈夫。「かんたんnetprint」アプリを使えば、iPhoneからアップロードしたファイルを全国のセブンイレブンにあるマルチコピー機でプリントアウトすることができるのだ。会員登録なども一切不要で、PDFやOffice文書、写真などの書類を最大A3サイズの普通紙やはがき、フォト用紙にプリントできる。なお、近くにセブンイレブンがない場合は、ファミリーマートやローソンで印刷できる「PrintSmash」アプリを利用しよう。

App
かんたんnetprint
作者／FUJIFILM Business Innovation Corp.
価格／無料

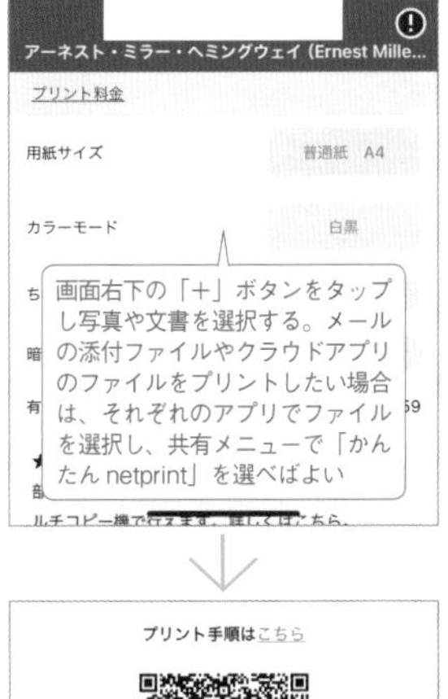

画面右下の「＋」ボタンをタップし写真や文書を選択する。メールの添付ファイルやクラウドアプリのファイルをプリントしたい場合は、それぞれのアプリでファイルを選択し、共有メニューで「かんたん netprint」を選べばよい

プリント設定画面で用紙サイズやカラーモードを選択、最後に右上の「登録」をタップ。予約項目の下に表示される「QRコードを表示」をタップし、表示されたQRコードをマルチコピー機にかざしてプリントアウトする

220 食べログのランキングを無料で見る

グルメ

定番のグルメサイト「食べログ」では、エリアとジャンルを設定して点数が高い順のランキングを表示することが可能だ。評価の高い順にお店をチェックできる便利な機能だが、アプリ版でチェックするには月額税込400円（クレジットカード決済）のプレミアムサービスに登録する必要がある。ところが、SafariでWeb版にアクセスしデスクトップ版で表示すると、このランキングを無料ですべて見ることが可能だ。

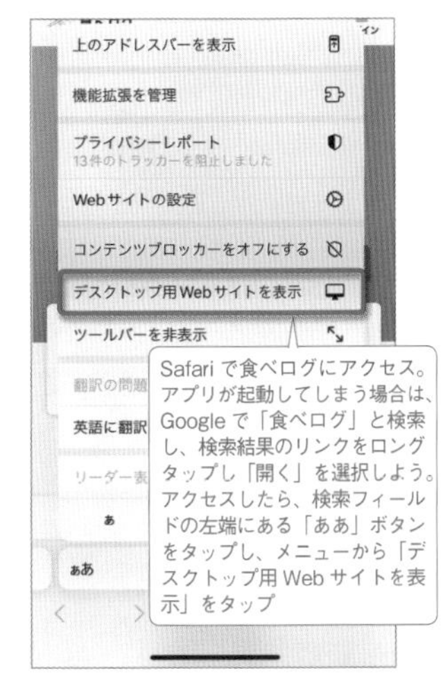

Safariで食べログにアクセス。アプリが起動してしまう場合は、Googleで「食べログ」と検索し、検索結果のリンクをロングタップし「開く」を選択しよう。アクセスしたら、検索フィールドの左端にある「ぁあ」ボタンをタップし、メニューから「デスクトップ用Webサイトを表示」をタップ

デスクトップ版の食べログで検索し、「ランキング」タブをタップすると、完全版のランキングを無料でチェックすることができる

221 iPhoneからスマートに宅配便を発送する

宅配便

宅配便で荷物を送りたい時も、手書きの送り状を用意しなくてもOK。クロネコヤマト公式アプリを使えば、宛先の入力や支払いなど面倒な作業をすべてiPhone上で処理できる。あらかじめ無料のクロネコメンバーズ登録が必要だ。

App
ヤマト運輸公式アプリ
作者／YAMATO TRANSPORT CO., LTD.
価格／無料

無料のクロネコメンバーズに登録してアプリにログイン。「ホーム」にある「宅急便をスマホで送る」をタップ。メニューに従って必要項目を選択、入力。荷物を持ち込む営業所やセブンイレブン、ファミリーマート、宅配便ロッカーを選択する

お届け希望日時や支払い方法を選択すれば送り状作成が完了。「荷物詳細を見る」をタップして表示されるQRコードやバーコードをネコピットやFamiポート、レジ（セブンイレブン）で読み取り送り状を発行する仕組みだ

222 Amazonで怪しい商品や悪質業者を避けるコツ

ネット通販

Amazonで低品質な商品や対応の悪い業者を避けるには、出荷元と販売元の両方が「Amazon」の商品を選ぶのが確実だ。以前は「Amazonショッピング」アプリで簡単に絞り込みできたが、現在は販売元の絞り込み機能がなくなっている。そこで、SafariでAmazonにアクセスして商品を検索し、検索結果のURL末尾に「&emi=AN1VRQENFRJN5」という文字列を加えてみよう。出荷元と販売元がAmazonの商品に絞り込める。

SafariでAmazonを開き、欲しい商品を検索。URLの末尾に「&emi=AN1VRQENFRJN5」を追加して開く

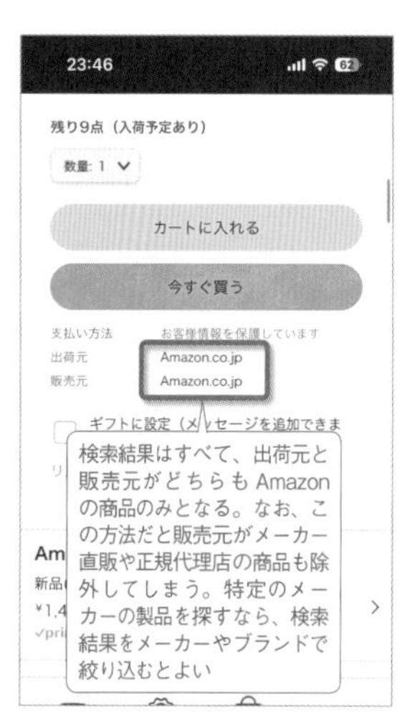
検索結果はすべて、出荷元と販売元がどちらもAmazonの商品のみとなる。なお、この方法だと販売元がメーカー直販や正規代理店の商品も除外してしまう。特定のメーカーの製品を探すなら、検索結果をメーカーやブランドで絞り込むとよい

223 iPhoneをマイクにして離れた場所の音声を聞く

聴覚補助

コントロールセンターから起動できる「ライブリスニング」は、iPhoneを置いた場所の音声を拾い、AirPodsで聞くことができる機能だ。騒がしい場所や少し離れた場所で話している人の声を聞き取りやすくするために、聴覚の弱い人が補聴器のように使うこともできる。iPhoneを置いた場所の音声を離れた場所で聞くことも可能だ(もちろん悪用厳禁)。まずはコントロールセンターに「聴覚」を追加しておこう。AirPodsの他、Beatsでも利用できる。

「設定」→「コントロールセンター」で、「聴覚」を追加。コントロールセンターを開いて、「聴覚」(耳のアイコン)をタップする。続けて「ライブリスニング」をタップ

iPhoneがマイクとなり周囲の音声を拾い、AirPodsで聞くことができる。コントロールセンターは閉じてもよいし、アプリの画面やスリープ中でも機能は実行され続ける

224 カードの不正利用に備えて利用通知を有効にする

マスト!

セキュリティ

クレジットカードの管理アプリをインストールしているなら、ぜひ利用通知機能を有効にしておこう。カードの利用内容をリアルタイムに通知するサービスで、身に覚えのない利用にもすぐに気付くことができる。

App
三井住友カード Vpass アプリ
作者/三井住友カード株式会社
価格/無料

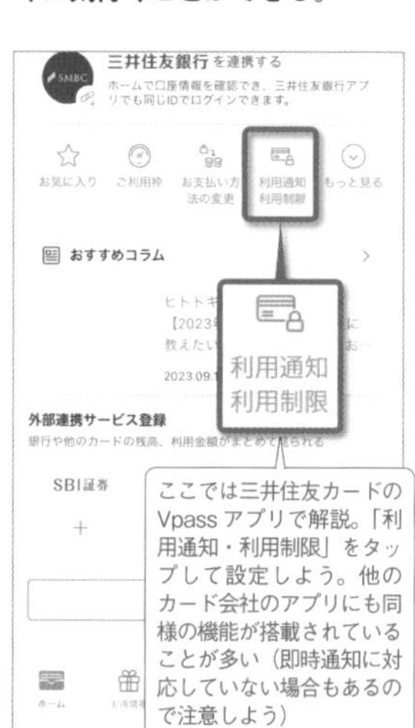

ここでは三井住友カードのVpassアプリで解説。「利用通知・利用制限」をタップして設定しよう。他のカード会社のアプリにも同様の機能が搭載されていることが多い(即時通知に対応していない場合もあるので注意しよう)

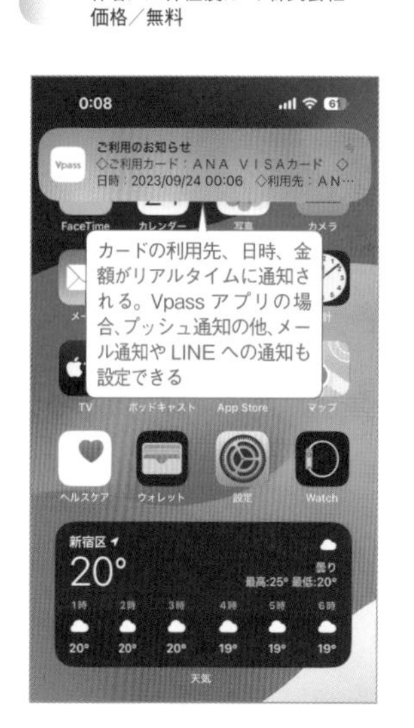
カードの利用先、日時、金額がリアルタイムに通知される。Vpassアプリの場合、プッシュ通知の他、メール通知やLINEへの通知も設定できる

225 さまざまな家電のマニュアルをまとめて管理する

マニュアル

家電のマニュアル管理は全部「トリセツ」アプリにまかせてしまおう。型番を入力したりバーコードを読み取るだけで、家電をはじめ住宅設備やアウトドア用品など幅広いジャンルの取扱説明書を取得し表示できる。

App
トリセツ
作者/TRYGLE Co.,Ltd.
価格/無料

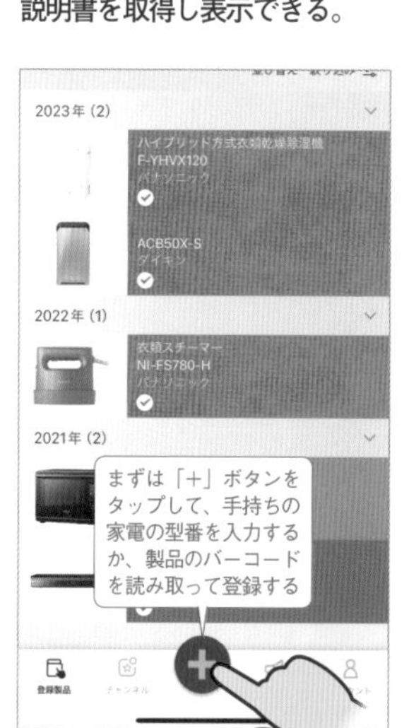
まずは「+」ボタンをタップして、手持ちの家電の型番を入力するか、製品のバーコードを読み取って登録する

登録した製品名をタップ。続けて「取扱説明書」をタップすると製品マニュアルが表示される

SECTION 8

トラブル解決とメンテナンス

iPhoneで起こりがちな大小さまざまなトラブルは、決まった対処法を覚えておけば決して怖いものではない。転ばぬ先のメンテナンス法と合わせて、よくあるトラブルの解決法をまとめて紹介。

マスト!

226 トラブル対処 動作にトラブルが発生した際の対処方法総まとめ

動きが止まる 動作が重いなどを まるごと解決

登場からすでに何世代ものモデルがリリースされているiPhoneは、かつてにくらべると動作の安定感は抜群に向上している。とは言え、フリーズ(動作が停止し操作不能な状態)やアプリが起動しない、Wi-Fiがつながらない、動作が重い……といった症状に見舞われてしまう可能性はゼロではない。ここでは、そんなトラブル発生時にまずは試みたい、簡単な対処法をまとめて紹介する。

まず、各アプリをはじめ、Wi-FiやBluetoothなどの機能が正常に動作しないときは、該当するアプリや機能をいったん終了させて再度起動するのが基本だ。強制終了してもまだ調子が悪いアプリは、一度削除して再インストール。それでも改善されないなら、本体の電源を切って再起動すると解決することが多い。iPhoneが発熱して動作が不安定なときも、電源を切ってしばらく冷ますのが有効だ。電源オフも受け付けない状態なら、右で解説している手順で本体の強制再起動を行おう。

さらに、設定から各種データをリセットすると、症状が改善されることもある。該当する項目をタップしてリセットを試みよう。どうしても解決できない時は「すべてのコンテンツと設定を消去」で、工場出荷状態に戻そう(No255で解説)。ただし、バックアップを取っていないと、すべてのセッティングをいちからやり直すことになるので注意が必要だ。以上の方法や、ネットの情報などでも解決できない場合は、「Appleサポート」アプリを利用してみよう(No253で解説)。

>>> まず試したいトラブル解決の基本対処法

1 各機能をオフにしもう一度オンに戻す

Wi-FiやBluetoothなど、個別の機能が動作しない場合は、設定からその機能を一度オフにして、再度オンにしてみよう。

2 不調なアプリは一度終了させよう

アプリが不調な場合は、一度アプリを強制終了してから再起動してみよう。アプリスイッチャー画面で、アプリを上にスワイプすれば、そのアプリを強制的に終了できる。

3 アプリを削除して再インストールする

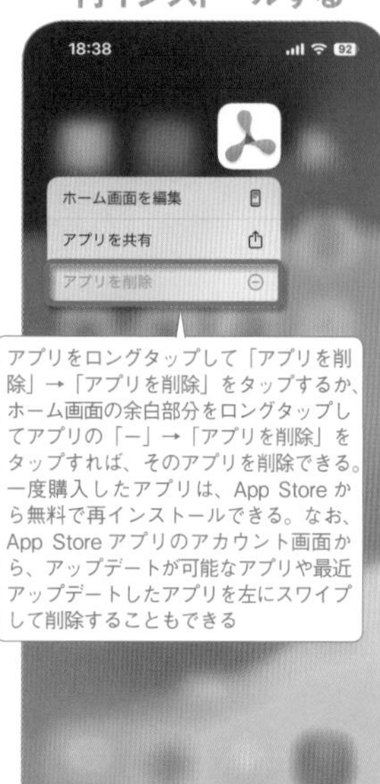

再起動してもアプリの調子が悪いなら、一度アプリを削除し、App Storeから再インストールしてみよう。これでアプリの不調が直る場合も多い。

>>> 基本的な対処法で解決できなかった場合は

1 本体の電源を切って再起動してみる

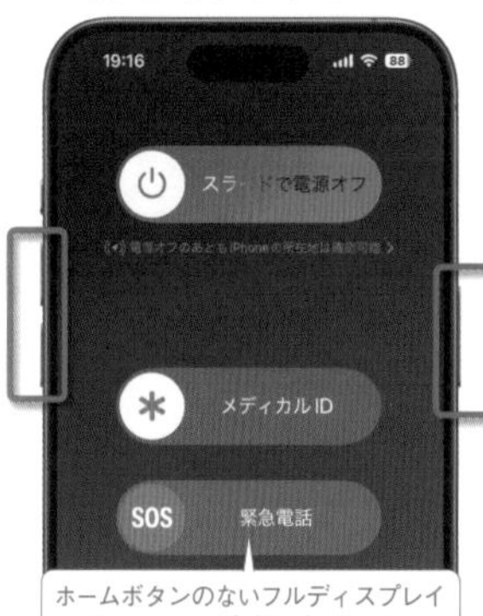

スリープ(電源)ボタンと音量ボタン、またはスリープ(電源)ボタンを押し続けると表示される、「スライドで電源オフ」を右にスワイプすると本体の電源が切れる。その後スリープ(電源)ボタンを長押しして再起動。

2 本体を強制的に再起動する

「スライドで電源オフ」が表示されない場合や、画面が真っ暗な状態、タッチしても反応しない時は、本体を強制再起動させる必要がある。上記の手順を実行しよう。

3 それでもダメなら各種リセット

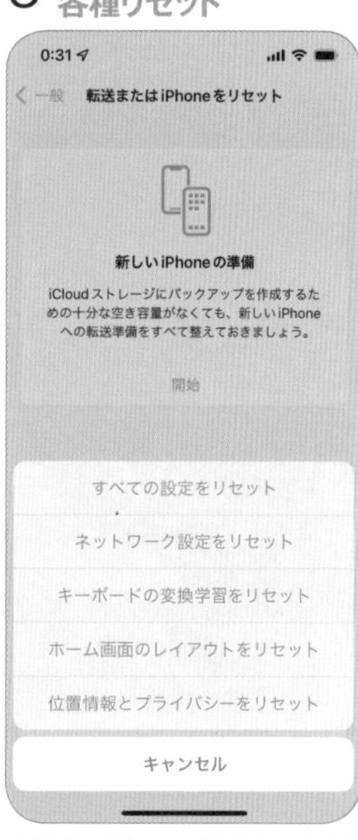

まだ調子が悪いなら「設定」→「一般」→「転送またはiPhoneをリセット」→「リセット」の項目を試してみよう。端末内のデータが消えていいなら、「すべてのコンテンツと設定を消去」(No255で解説)で初期化するのが確実。

227 紛失対策 なくしてしまったiPhoneを見つけ出す方法

所在地のマップ確認やメッセージ送信など緊急の対処が可能

iPhoneの紛失に備えて、iCloudの「探す」機能をあらかじめ有効にしておこう。万一iPhoneを紛失した際は、iPadやMacを持っているなら、「探す」アプリで現在地を特定できる。また、家族や友人のiPhoneを借りて「探す」アプリの「友達を助ける」から探したり、パソコンやAndroid端末のWebブラウザでiCloud.com（https://www.icloud.com/）にアクセスして「探す」から探すことも可能だ。どちらも2ファクタ認証はスキップできる。また、紛失したiPhoneの「"探す"ネットワーク」がオンになっていれば、オフラインの状態でもBluetoothを利用して現在地が分かり、さらにUWB（超広帯域無線）をサポートするiPhone 11シリーズ以降であれば、電源が切れても最大24時間は位置情報を追跡できる。iPhoneが初期化されてしまっても、アクティベーションロック機能により位置情報を取得できるほか、元の持ち主のApple IDでサインインしないと、初期設定を進められない仕組みになっている。

なお、「探す」ではさまざまな遠隔操作も可能だ。「紛失モード」を有効にすれば、即座にiPhoneはロック（パスコード未設定の場合は遠隔で設定）され、画面に拾ってくれた人へのメッセージや電話番号を表示できる。地図上のポイントを探しても見つからない場合は、「サウンドを再生」で徐々に大きくなる音を鳴らしてみる。発見が難しく情報漏洩阻止を優先したい場合は、「iPhoneを消去」ですべてのコンテンツや設定を消去しよう。

>>> 事前の設定と紛失時の操作手順

1 「iPhoneを探す」の設定を確認

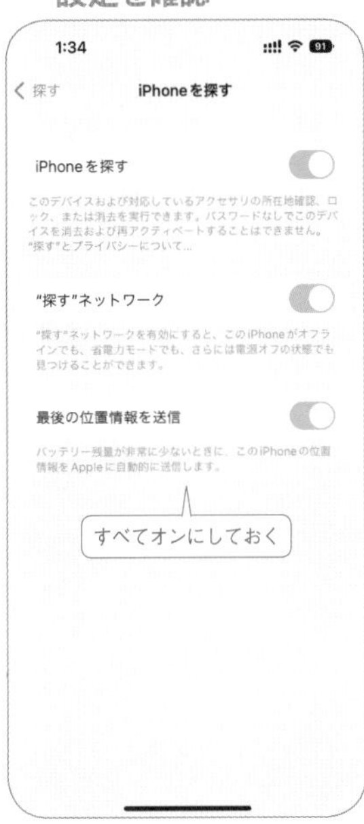

「設定」で一番上のApple IDをタップし、「探す」→「iPhoneを探す」をタップ。すべてのスイッチがオンになっていることを確認しよう。なお、「設定」→「プライバシーとセキュリティ」→「位置情報サービス」のスイッチもオンにしておくこと。

2 iPadなどの「探す」アプリで探す

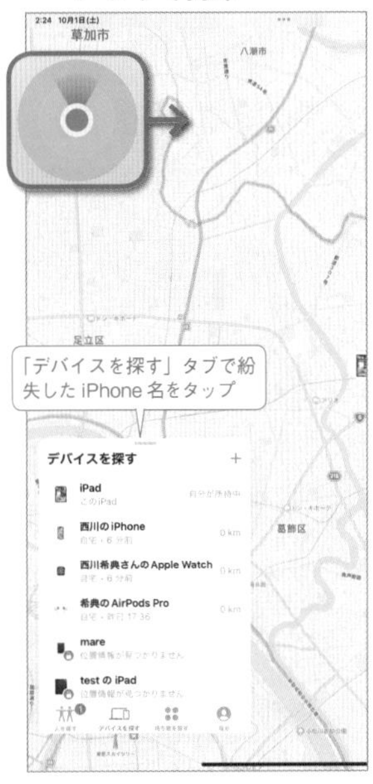

iPhoneを紛失した際は、同じApple IDでサインインしたiPadやMacなどで「探す」アプリを起動しよう。紛失したiPhoneを選択すれば、現在地がマップ上に表示される。オフラインの場合は、検出された現在地が黒い画面の端末アイコンで表示される。

3 友人のiPhoneを借りて探す

家族や友人のiPhoneを借りて探す場合は、「探す」アプリで「自分」タブを開き、「友達を助ける」から自分のApple IDでサインインしよう。パソコンやAndroid端末のWebブラウザでiCloud.comにアクセスしてサインインし、「探す」を使ってもよい。

4 サウンドを鳴らして位置を特定する

下部のデバイス一覧から紛失したiPhoneを選択すると、マップ上にiPhoneの現在地が表示される。マップ上のポイントを探しても見つからない時は、「サウンド再生」をタップすると、徐々に大きくなるサウンドが約2分間再生される。

5 紛失モードで端末をロックする

「紛失モード」→「続ける」をタップし、画面に表示する電話番号や拾った人へのメッセージを入力すると、端末が紛失モードになる。紛失モード中は画面がロックされ、入力した番号への「電話」ボタンのみ表示されるほか、Apple Payも無効化される（No228で解説）。

6 情報漏洩阻止を優先するなら

「iPhoneを消去」をタップすると、iPhoneのすべてのデータを消去して初期化できる。消去したあとでもiPhoneの現在地は確認可能だ。また、アカウントからデバイスを削除しなければ、持ち主の許可なしにデバイスを再アクティベートできないので、紛失した端末を勝手に使ったり売ったりすることはできない。

マスト!

228 Apple Pay Apple Payの紛失対策と復元方法

Apple Payは利用の停止も復元も簡単

Apple Pay（No033で解説）にクレジットカードやSuicaを登録しておけば、iPhoneで手軽に支払いできて便利だが、不正利用されないかセキュリティ面も気になるところ。iPhoneを紛失した場合や、登録したクレジットカードやSuicaが消えた場合など、万一の際の対策方法を知っておこう。

iPhoneを紛失したら、まずは「紛失モード」を有効にしよう。No227で解説している通り、「探す」アプリを使うか、パソコンやAndroidスマートフォンのWebブラウザでiCloud.comにアクセスすればよい。紛失モードを有効にした時点で、Apple Payに登録しているクレジットカードやデビットカードはすぐに利用できなくなる。またエクスプレスカードに設定されているSuicaやPASMOも、次回オンラインになった時点で利用が停止されるので、紛失モードさえ有効にしておけば不正利用の危険性はほとんどない。紛失したiPhoneを見つけたら、ロックを解除するとApple IDのパスワード入力が求められる。パスワードを入力して認証を済ませると紛失モードが解除され、Apple Payに登録済みのカードも復元される。

Apple Payのカードが消えてしまった場合も心配はいらない。ウォレットアプリの「+」→「以前ご利用のカード」をタップすると、以前登録していたカードの情報が残っている。ここからSuicaやPASMOを復元すると残高などは問題なく復元されるほか、クレジットカードもセキュリティコードの入力だけで復元が可能だ。

>>> iPhoneを紛失した場合の対処法

1 紛失に備えて設定を確認しておく

「設定」を開いたら上部のApple IDをタップし、「探す」→「iPhoneを探す」→「iPhoneを探す」と「iCloud」→「すべてを表示」→「ウォレット」がオンになっていることを確認。

2 紛失モードにしてApple Payを停止

iPhoneを紛失した際は、友人のiPhoneを借りるなどして「デバイスを探す」画面を開き、「紛失モード」をタップして紛失モードを有効にしよう。これでApple Payの利用を一時的に停止できる。

3 紛失モードの解除で復元される

iPhoneを見つけたらロックを解除してApple IDでサインインし直すだけで、紛失モードが解除され、Apple Payに登録済みのカードも復元される。もしApple Payのカードが消えている場合は、下で解説している手順で復元しよう。

>>> Suicaやクレジットカードの復元方法

1 ウォレットに追加画面から処理を行う

Suicaやクレジットカードを削除しても、残高などの情報はiCloudに保存されており簡単に復元できる。ウォレットアプリで右上にある「+」ボタンをタップし、続けて「以前ご利用のカード」をタップしよう。

2 復元するカードを選択する

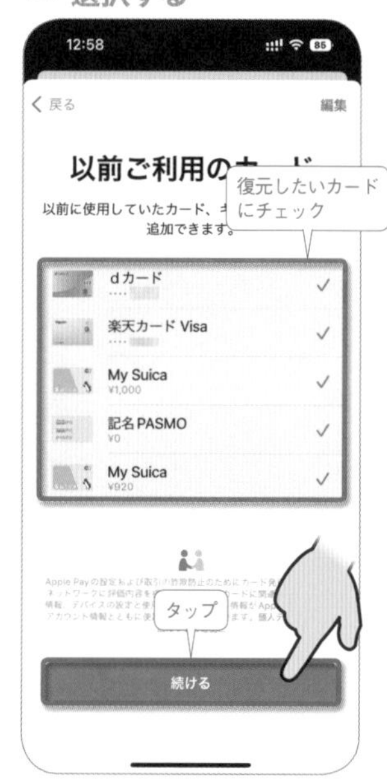

以前ウォレットで使っていたクレジットカードや電子マネーが一覧表示される。復元したいカードにチェックを入れて、「続ける」をタップしよう。

3 各種カードを復元する

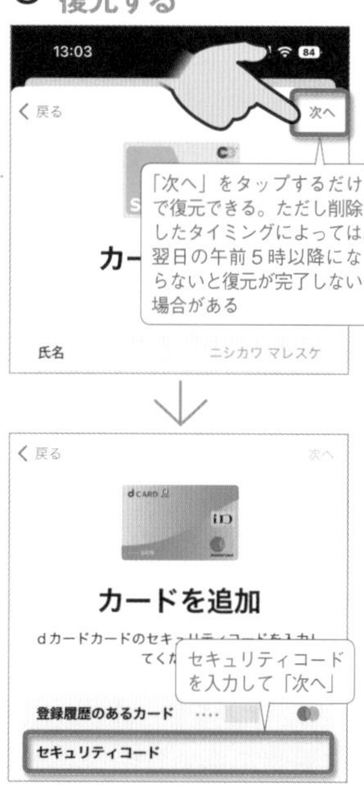

SuicaやPASMOを復元する場合は、名前や残高などを確認して「次へ」をタップするだけ。クレジットカードを復元する場合は、セキュリティコードを入力して「次へ」で復元できる。

マスト!

229 バックアップ いざという時に備えてiPhoneの環境をiCloudにバックアップする

iPhone単体で自動的にバックアップできる

iPhoneは「iCloudバックアップ」が有効で、電源およびWi-Fi（設定を有効にすればモバイル通信でも可）に接続中の状態なら、毎日定期的に自動バックアップを作成してくれる。本体の設定をはじめ、メッセージや通話の履歴、インストール済みアプリなどは、このiCloudバックアップで一通り復元可能だ。アプリ内で保存した書類やデータも復元できる。アプリのパスワードなどは基本的に消えるので再ログインが必要だが、「iCloudキーチェーン」（No182で解説）で保存されたパスワードは、ワンタップで呼び出してログインできる。

1 「iCloudバックアップ」をオンにしておく

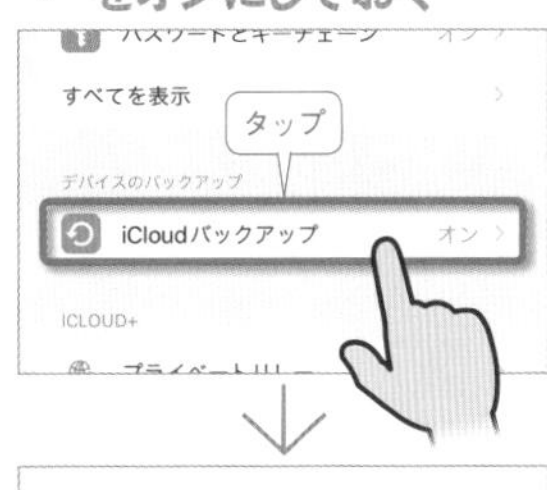

「設定」の一番上のApple IDをタップし、「iCloud」→「iCloudバックアップ」をタップ。スイッチをオンにしておけば、電源およびWi-Fi接続中に自動でバックアップを作成する。

2 バックアップを手動で作成する

また、「今すぐバックアップを作成」をタップすれば、手動ですぐにiCloudバックアップを作成できる。最後に作成されたバックアップの日時も確認できる。

POINT

空き容量が足りなくてもバックアップ可能

iCloudの空き容量が足りないとiCloudバックアップは作成できないが、「設定」→「一般」→「転送またはiPhoneをリセット」で、「新しいiPhoneの準備」の「開始」をタップすると、iCloudの容量が不足しているときでも、無料でiCloudの空き容量を超えたサイズのバックアップを作成できる。ただし保存されるのは最大3週間の一時的なバックアップなので、機種変更や初期化時にiCloudの空き容量が足りないときに利用しよう（No255で解説）。なお、この方法で一度バックアップを作成すると、新しいiPhoneを設定するまで、その後も自動でバックアップされ常に最新の状態に保たれる。

230 iCloud iCloudのストレージの容量を管理する

どうしても足りないならiCloud容量を追加購入しよう

iCloudは無料で5GBまで利用できるクラウドストレージだが、iOSデバイスのバックアップをはじめさまざまなデータの保存に利用され、しかも同じApple IDを利用する他のiOSデバイスとも共通の容量なので、保存項目を厳選しないとすぐに容量が足りなくなる。写真をiCloudに保存していると（No138で解説）、無料の5GBだけではとても運用できないので、機能をオフにするか、不要な写真やビデオを削除してバックアップ容量を減らそう。どうしても容量が足りない時は、素直に有料でiCloudの容量を追加するのがおすすめだ。

1 iCloud写真をオフにする

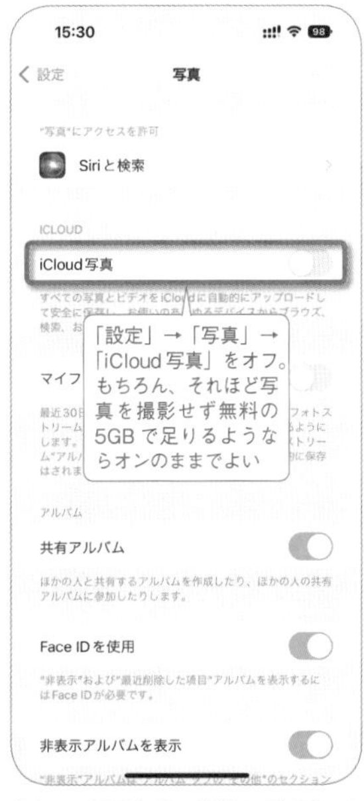

「iCloud写真」は、複数のデバイスの写真や動画をすべてアップロードして、iCloud上で同期する機能なので、無料の5GBでは足りないことが多い。よく検討して設定しよう。

2 写真ライブラリのバックアップもオフ

「iCloud写真」がオフでも、iCloudバックアップの「写真ライブラリ」がオンだと、端末内の写真がiCloudに保存されるのでオフに。写真はパソコンに保存しておこう（No232で解説）。

3 iCloudの容量を追加購入する

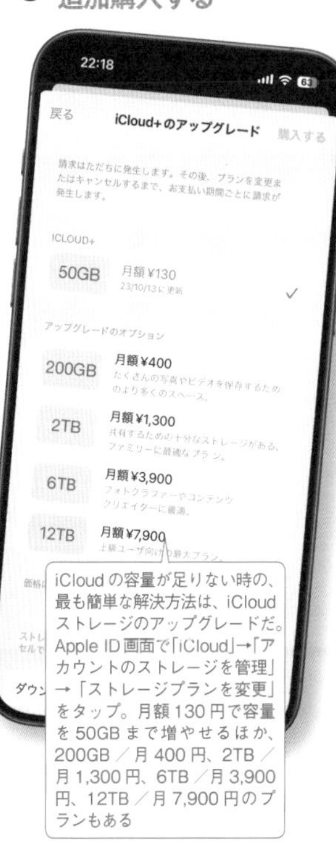

231 ストレージ iPhoneの空き容量が足りなくなったときの対処法

「iPhoneストレージ」で簡単に空き容量を確保できる

iPhoneの空き容量が少ないなら、「設定」→「一般」→「iPhoneストレージ」を開こう。アプリや写真などの使用割合をカラーバーで視覚的に確認できるほか、空き容量を増やすための方法が提示され、簡単に不要なデータを削除できる。使用頻度の低いアプリを書類とデータを残しつつ削除する「非使用のアプリを取り除く」や、ゴミ箱内の写真を完全に削除する「"最近削除した項目"アルバム」、サイズの大きいビデオを確認して削除できる「自分のビデオを再検討」などを実行すれば、空き容量を効果的に増やすことができる。

1 非使用のアプリを自動的に削除する

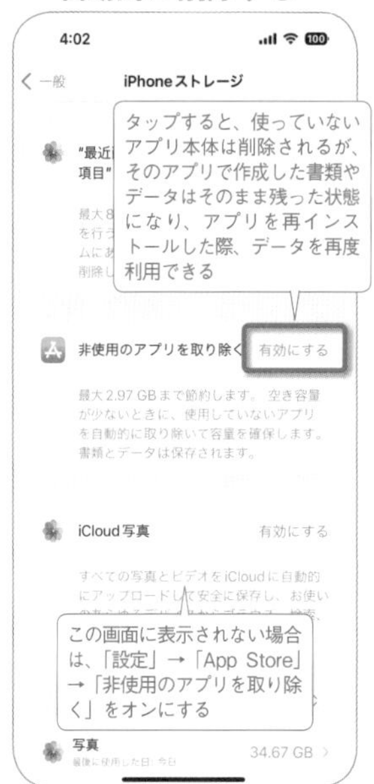

「設定」→「一般」→「iPhoneストレージ」→「非使用のアプリを取り除く」の「有効にする」をタップ。iPhoneの空き容量が少ない時に、使っていないアプリを書類とデータを残したまま削除する。

2 最近削除した項目を完全削除

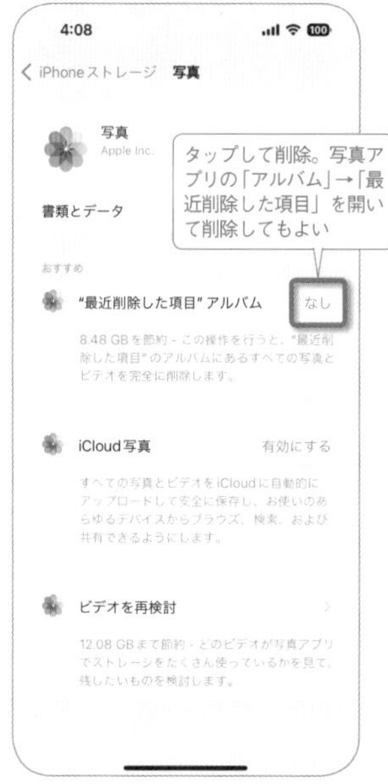

「iPhoneストレージ」画面下部のアプリ一覧から「写真」をタップ。「"最近削除した項目"アルバム」の「なし」で、端末内に残ったままになっている削除済み写真を完全に削除できる。

3 サイズの大きい不要なビデオを削除する

「iPhoneストレージ」画面下部のアプリ一覧から「写真」をタップ。「ビデオを再検討」をタップすると、端末内のビデオがサイズの大きい順に表示されるので、不要なものを消そう。

SECTION 8

232 バックアップ 写真や動画をパソコンにバックアップ

iCloudの容量は無料版だと5GBまで。iPhoneで撮影した写真やビデオをすべて保存するのは無理があるので、パソコンがあるなら、iPhone内の写真やビデオは手動でバックアップしておきたい。写真やビデオのファイルは、iTunesを使わなくても、ドラッグ&ドロップで簡単にパソコンへコピーできる。なお、iPhoneがロックされたままだとiPhone内のフォルダにアクセスできないので、ロックを解除しておこう。

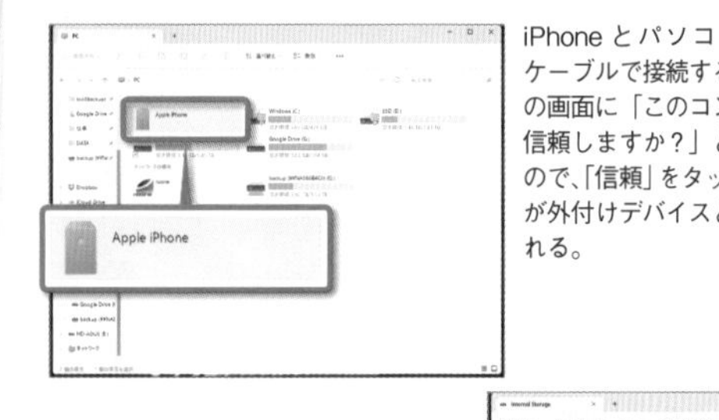

iPhoneとパソコンを初めてケーブルで接続すると、iPhoneの画面に「このコンピュータを信頼しますか?」と表示されるので、「信頼」をタップ。iPhoneが外付けデバイスとして認識される。

iPhoneの画面ロックを解除すると、「Internal Storage」フォルダにアクセスできる。年月別のフォルダにiPhoneで撮影した写真やビデオが保存されているので、ドラッグ&ドロップでパソコンにコピーしよう。

マスト! 233 アプリ アップデートしたアプリが起動しなくなったら

iPhoneの各種アプリは、新機能の追加や安定性の強化、不具合の解消などでアップデート版が公開される。しかし、まれにうまくアップデートされず、起動しなくなるなどのトラブルが発生する。そんな時は、そのアプリを一度削除して、再度App Storeからインストールしてみよう。たいていの場合、再インストール後は問題なく利用できるはずだ。一度購入した有料アプリも、無料で再インストールできる。

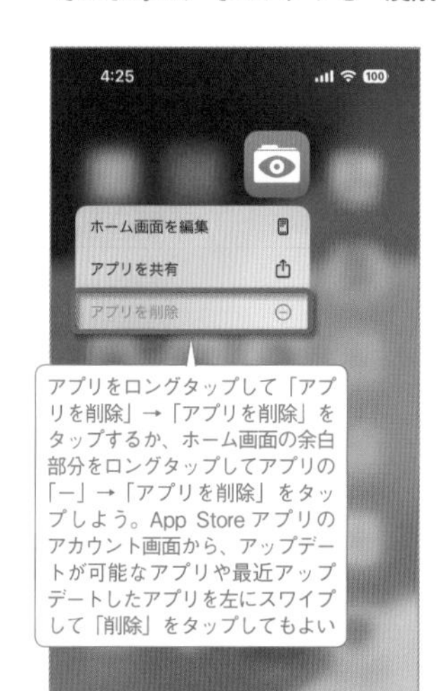

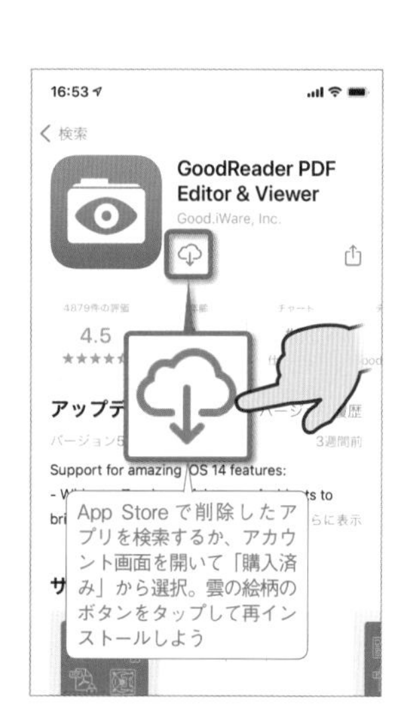

234 アカウント Apple IDのID(アドレス)やパスワードを変更する

設定から簡単に変更できる

App Store や iCloud、iTunes Store などで利用する Apple ID の ID（メールアドレス）やパスワードは、「設定」の一番上の Apple ID をタップし、続けて「サインインとセキュリティ」をタップすると変更できる。ID を変更したい場合は、「メールと電話番号」欄の「編集」をタップして現在のアドレスを削除後、新しいアドレスを設定しよう。ただし、作成して30日以内の @icloud.com メールアドレスは Apple ID に設定できない。またパスワードを変更したい場合は、「パスワードの変更」をタップすれば新規のパスワードを設定できる。

1 サインインとセキュリティをタップ

Apple ID の ID やパスワードを変更するには、まず「設定」の一番上の Apple ID をタップし、続けて「サインインとセキュリティ」をタップする。

2 Apple IDのアドレスを変更する

ID を変更するには、「メールと電話番号」欄の「編集」をタップして現在の Apple ID アドレスを削除し、新しいメールアドレスを ID として設定すればよい。

3 Apple IDのパスワードを変更

パスワードを変更するには、「パスワードの変更」をタップして2箇所の入力欄に新規のパスワードを入力し、「変更」をタップすれば変更できる。

マスト! 235 Wi-Fi Wi-Fiで高速通信を利用するための基礎知識

Wi-Fiルータの対応規格にも注目しよう

iPhone 11以降の Wi-Fi 機能は、最大 9.6Gbpx の高速通信を行える「11ax」という規格に対応している。Wi-Fi ルータ側も 11ax に対応していると、最も高速な通信を行えるが、ひとつ前の規格の 11ac でも 6.9Gbps と十分高速な通信速度を得ることはできる。ただし、もうひとつ前の 11n までにしか対応していないと、最大 600Mbps とかなり速度が落ちるので、Wi-Fi ルータの買い換えを検討したいところだ。また、Wi-Fi 規格以前に、接続元の固定回線の速度に依存する点も注意しよう。なお、Wi-Fi は 5GHz と 2.4GHz の2つの帯域で接続できることも理解しておこう。

11ax(Wi-Fi 6)対応のおすすめルータ

NEC
Aterm WX3600HP
実勢価格／12,700円

3階建て（戸建）、4LDK（マンション）までの間取りに向き、36台／12人程度まで快適に接続できる11ax（Wi-Fi 6）対応ルータ。ストリーム数は5GHz帯×4／2.4GHz帯×4。部屋が広かったり、Wi-Fiに接続するデバイスが多いなら、ルータの性能にもある程度余裕を持たせておくのがおすすめ。

バッファロー
AirStation WSR-1800AX4P
実勢価格／8,000円

2階建て（戸建）、3LDK（マンション）までの間取りに向き、14台／5人程度まで快適に接続できる11ax（Wi-Fi 6）対応ルータ。ストリーム数は5GHz帯×2／2.4GHz帯×2。一般的な用途であれば、この製品のようなエントリーモデルで十分。価格も比較的手頃だ。

5GHzと2.4GHz どちらに接続する?

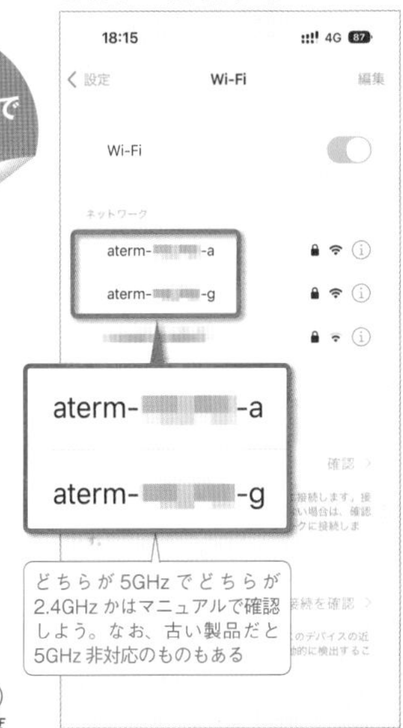

Wi-Fi は 5GHz と 2.4GHz の2つの帯域で接続できるので、このように2つのアクセスポイントが表示される。基本は安定してより高速な通信を行える 5GHz に接続すればよい。遮蔽物が多い環境では2.4GHzがよい場合もある。

SECTION 8

236 Face IDの認識失敗をできるだけなくす

Face ID

Face IDでうまく顔認証できないときは設定を見直そう。まず、メイクなどで顔の印象が大きく変わる場合は「もう一つの容姿を設定」で追加登録する。また、「マスク着用時Face ID」をオンにすると、マスクを着用中でもFace ID認証が可能だ。マスク着用時に普段使うメガネが複数あるなら、「メガネを追加」で他のメガネも登録しておく。カメラに目を向けて認証するのがわずらわしいなら、「Face IDを使用するには注視が必要」をオフにできる。

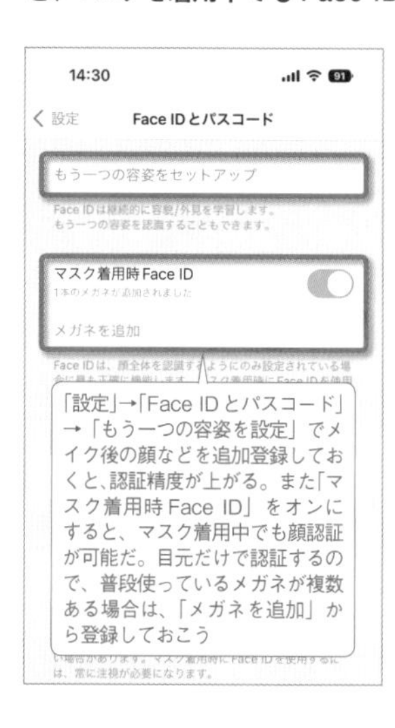

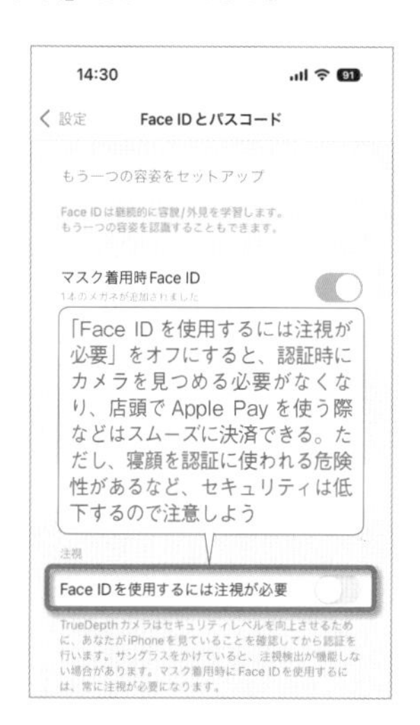

237 意外と忘れやすい自分の電話番号を確認する方法

マスト!

電話

契約書などの記入時にうっかり自分の電話番号を忘れてしまった場合は、「設定」→「電話」をタップしてみよう。「自分の番号」欄に、自分の電話番号が表示されているはずだ。または、あらかじめ「設定」→「連絡先」→「自分の情報」で自分の連絡先を選択しておけば、連絡先アプリや電話アプリの連絡先画面で、一番上に「マイカード」が表示されるようになる。これをタップすれば自分の電話番号を確認することが可能だ。覚えておくといざというときに役立つ。

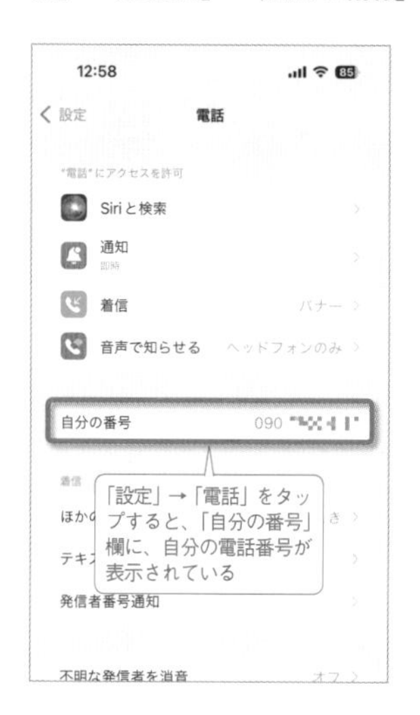

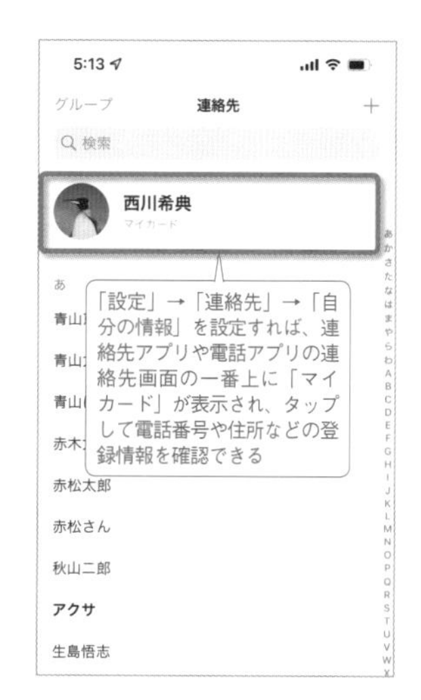

238 位置情報の許可を聞かれた時は?

マスト!

位置情報

位置情報を使うアプリを初めて起動すると、「位置情報の使用を許可しますか?」と確認される。これは基本的に「アプリの使用中は許可」を選んでおけばよい。位置情報へのアクセス権限は、あとからでも「設定」→「プライバシーとセキュリティ」→「位置情報サービス」でアプリを選べば変更できる。位置情報ゲームをプレイしたりGoogleマップのタイムライン機能(No208で解説)などを利用するなら、位置情報の許可を「常に」に変更しておこう。

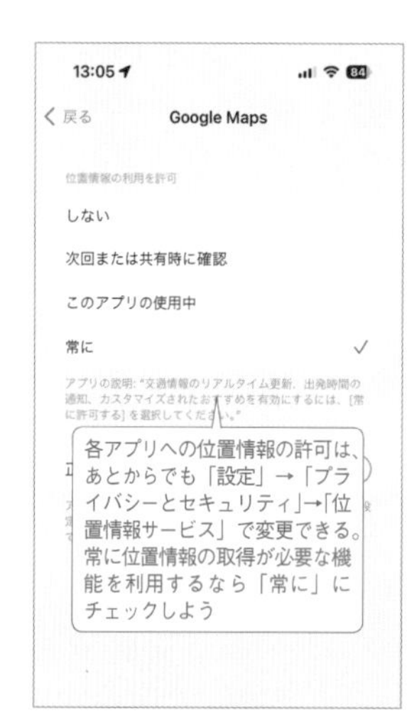

239 ホーム画面のレイアウトを初期状態に戻す

ホーム画面

iPhoneを使い続けていると、インストールしたけど使わないアプリや中身がよくわからないフォルダなどが増え、ホーム画面が煩雑になってくる。そこで一旦ホーム画面のレイアウトをリセットする方法を紹介しよう。「設定」→「一般」→「転送またはiPhoneをリセット」→「リセット」→「ホーム画面のレイアウトをリセット」→「ホーム画面をリセット」をタップすればOKだ。ホーム画面が初期状態に戻り、アプリのフォルダ分けもリセットされる。

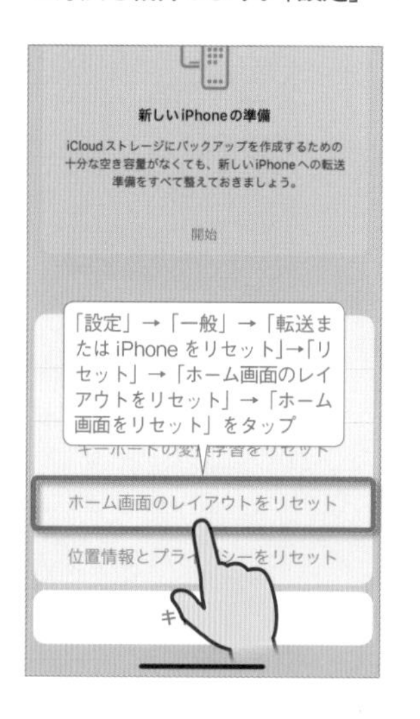

240 誤って「信頼しない」をタップした時の対処法

セキュリティ

iPhoneをパソコンなど他のデバイスに初めて接続すると、「このコンピュータを信頼しますか？」と警告表示され、「信頼」をタップすることでiPhoneへのアクセスを許可する。この時、誤って「信頼しない」をタップしてしまった場合は、iPhoneの「設定」→「一般」→「転送またはiPhoneをリセット」→「リセット」→「位置情報とプライバシーをリセット」をタップしよう。これで、「信頼しますか？」の警告画面が再表示されるようになる。

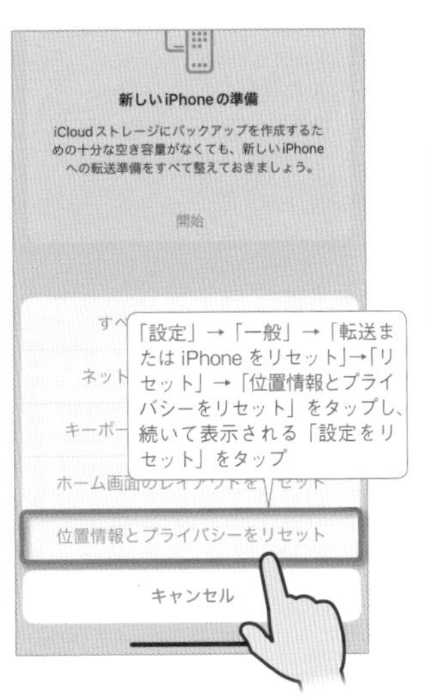

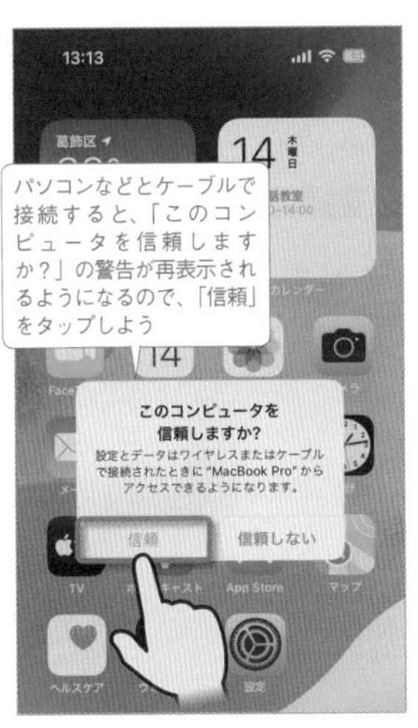

241 写真ウィジェットに表示したくない写真があるときは

写真

写真ウィジェットで表示される写真は、自分で選択できず、写真アプリの「For You」で自動的にピックアップされた「おすすめの写真」や「メモリー」から選ばれる仕組みになっている。このため、あまりウィジェットで表示させたくない写真やメモリーも、勝手に表示されてしまうことがある。表示したくない写真は、「おすすめの写真」や「メモリー」からそれぞれ削除しておくことで、以降は写真ウィジェットで表示されなくなる。

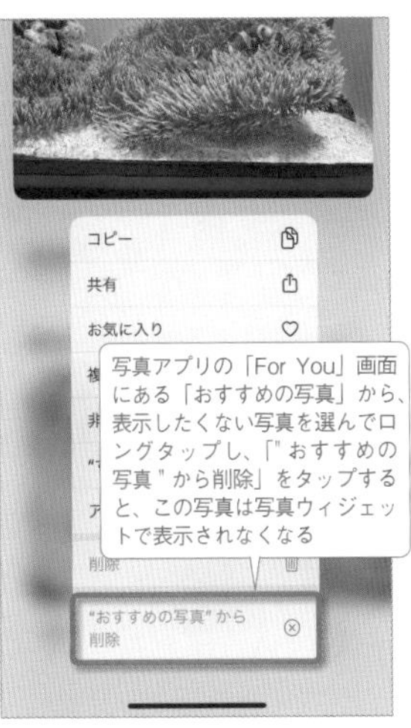

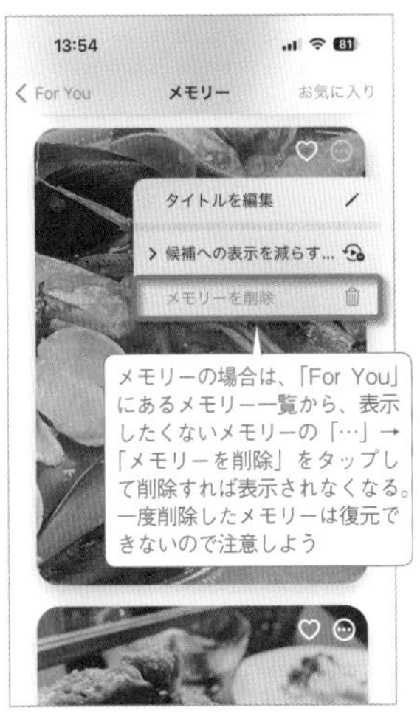

242 誤って登録された予測変換を削除する

文字入力

iPhoneの日本語入力システムは、よく変換する文字列を学習し、最初の一文字を入力するだけで、その文字列を予測変換候補の上位に優先的に表示する。入力補助としては便利な機能なのだが、普段使わない語句やタイプミス、表示されると恥ずかしい用語が学習されてしまうことも。そんな不要な予測変換候補を消してしまいたい場合は、「設定」→「一般」→「転送またはiPhoneをリセット」→「リセット」→「キーボードの変換学習をリセット」をタップしよう。画面下部に表示される「変換学習をリセット」ボタンをタップすれば、キーボード辞書が初期化され、学習した予測変換候補が表示されなくなる。ただし、学習した内容を個別に削除することはできず、すべての学習内容がまとめて削除されるので注意しよう。

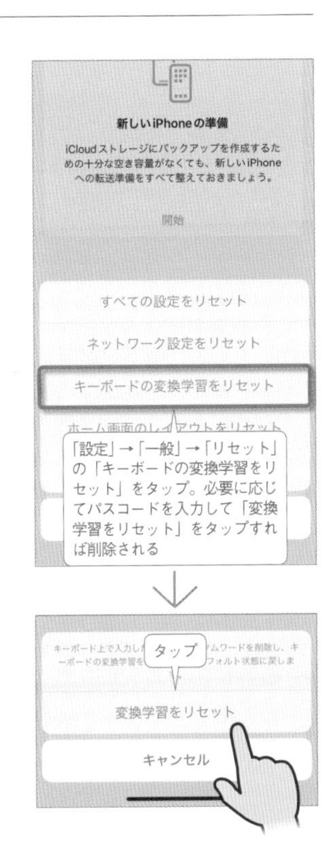

243 アプリの評価依頼を表示させないようにする

App Store

アプリを利用していると、「App Storeで評価してください」という画面がポップアップ表示されることがある。星をタップするか「今はしない」をタップするとすぐに消えるが、アプリの使用中に突然表示されるので、作業を中断することになり非常に邪魔だ。この画面が現れないように設定で無効にしておこう。アプリを評価したいときは、App Storeで該当アプリの「評価とレビュー」画面を開き、星マークの数で評価したりレビューを書けばよい。

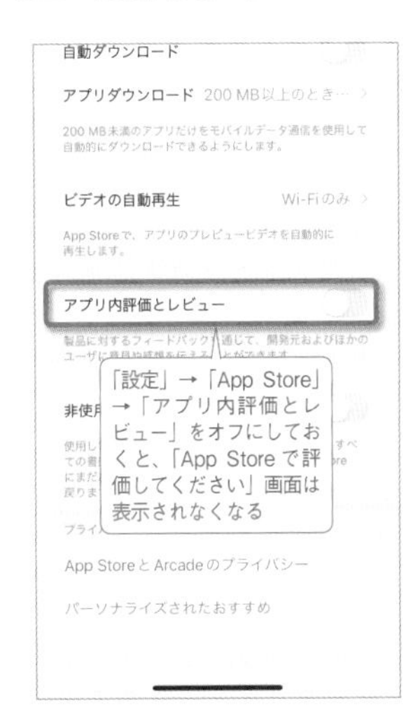

244 共有シートのおすすめを消去する

共有

アプリの共有ボタンをタップすると、以前にメッセージやLINE、AirDropなどを使ってやり取りした相手とアプリが、おすすめの連絡先として表示される。いつも連絡する相手が決まっているなら便利な機能だが、あまり使わない連絡先が表示されると誤タップの危険もある。不要な連絡先は、アイコンをロングタップして「おすすめを減らす」をタップし、表示されないようにしておこう。設定でおすすめの連絡先欄自体を非表示にすることもできる。

マスト!

245 ユーザーIDの使い回しに注意しよう

セキュリティ

ログインパスワードは気を付けてサービスごとに使い分けていても、ユーザーIDはどれも同じという人は多いだろう。しかし実は、サービスや企業から流出しない限り公開されることのないパスワードよりも、ネット上で公開されることの多いユーザーIDを使い回している方が危険性は高いと言える。いつも使っているユーザーIDで検索してみるといい。X（旧Twitter）のポストやFacebookのプロフィール、オークションの落札結果、掲示板での書き込み履歴などがヒットし、複数のSNSやWebサービスのアカウントと容易に結び付いてしまうのだ。特に、仕事用とプライベート用のアカウントは、異なるユーザーIDで登録して、しっかり使い分けておくことをおすすめする。

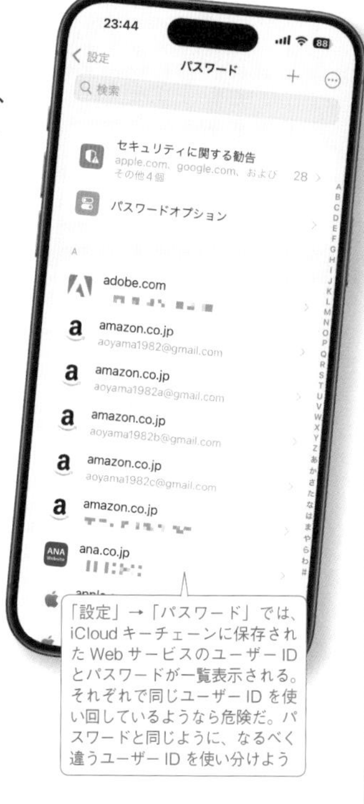

「設定」→「パスワード」では、iCloudキーチェーンに保存されたWebサービスのユーザーIDとパスワードが一覧表示される。それぞれで同じユーザーIDを使い回しているようなら危険だ。パスワードと同じように、なるべく違うユーザーIDを使い分けよう

マスト!

246 気付かないで料金を支払っているサブスクをチェック

定期購読

アプリやサービスによっては、買い切りではなく、月単位などで定額料金の支払いが発生する。このような支払形態を、「サブスクリプション」（定期購読）と言う。必要な時だけ比較的安価で利用できる点が便利だが、うっかり解約を忘れると、使っていない時にも料金が発生するし、中には無料を装って月額課金に誘導する悪質なアプリもある。いつの間にか不要なサービスに課金し続けていないか、確認方法を知っておこう。

マスト!

247 iPhoneの充電器の正しい選び方

充電

iPhone 15シリーズをはじめ、最近のiPhoneには、充電に必要な電源アダプタが同梱されていない。別途自分で購入する必要があるので、最適な充電器の選び方を知っておこう。まず、完全にバッテリーが切れたiPhoneを再充電する際などは、純正の電源アダプタとケーブルを使わないとうまく充電できないことがあるので、純正品を購入しておいた方が安心だ。また、高速充電するには、20W以上のUSB PD対応充電器と、付属のケーブルとの組み合わせで充電する必要がある。これらを踏まえて、とりあえず純正の「20W USB-C電源アダプタ」を購入しておけば間違いない。他社製の電源アダプタを選ぶ場合も、「USB PD対応で20W以上」を目安にしよう。

Apple
20W USB-C電源アダプタ
2,780円(税込)

Apple純正の電源アダプタ。20W以上の充電器を購入しておけば、付属のケーブルと組み合わせて、iPhoneを高速充電できる。他社製の充電器を選ぶ場合も、USB PD対応で20W以上の高速充電に対応する製品を購入しよう。

248 ワイヤレス充電器で快適に充電する

充電

iPhone 12シリーズ以降は「MagSafe」というワイヤレス充電機能に対応している。その名前からわかる通り、iPhoneの背面と充電器を磁石でくっつけて充電する仕組みだ。Apple純正の「MagSafe充電器」をはじめ多彩な充電器が発売されているのでチェックしてみよう。なお、MagSafe対応ケースなら装着した状態でも問題なく充電可能。MagSafe対応ではなくても素材や厚みによっては充電可能な場合が多いが、念のためメーカーの商品説明を確認することをおすすめしたい。

Apple MagSafe充電器
6,480円(税込)

Apple純正のMagSafe充電器。iPhone 12～15シリーズとの組み合わせなら正常な充電位置に磁石で吸着でき、最大15Wでの高速充電が可能だ。Qi規格のワイヤレス充電と互換性があるので、Qiに対応したiPhone 8～11の旧機種でも、磁石でしっかり吸着はしないがワイヤレス充電は可能。ただしQiワイヤレス充電の場合は最大7.5Wになる。なお、MagSafe充電器を接続するための電源アダプタも別途必要となる。No247で紹介した「20W USB-C電源アダプタ」と組み合わせて使うのがおすすめだ。

249 ケーブル不要で使いやすいモバイルバッテリー

マスト!

バッテリー

充電忘れなどで慌てないように、外出時はiPhoneを充電できるモバイルバッテリーを常に持ち歩いておきたいが、せっかくモバイルバッテリーがあるのにケーブルを入れ忘れて充電できない……といったトラブルもありがちだ。Ankerの「633 Magnetic Battery」なら「MagSafe」に対応しており、ケーブル不要でiPhoneを乗せるだけで充電できる。コンパクトなサイズながら容量は5000mAhで、最大7.5W出力でiPhoneを約1回分フル充電可能だ。

Anker 633 Magnetic Battery (MagGo)
実勢価格／5,990円
サイズ／約111×66×11.5mm
重量／約132g

MagSafe対応iPhoneの背面にピタッと装着して、ケーブル不要で充電できるマグネット式のワイヤレス充電モバイルバッテリー。容量は5000mAhで、ワイヤレス出力は最大7.5W。厚さ11.5mmと薄く、iPhoneと重ね持ちして充電しながら使える。なお、USB-Cケーブルで接続しても充電できる。

250 使用したデータ通信量を正確に確認する

マスト!

通信量

各キャリアのアプリを使えば正確に分かる

使った通信量によって段階的に料金が変わる段階制プランだと、少し通信量をオーバーしただけでも次の段階の料金に跳ね上がる。また定額制プランでも段階制プランでも、決められた上限を超えて通信量を使い過ぎると、通信速度が大幅に制限されてしまう。このような、無駄な料金アップや速度制限を避けるためには、現在のモバイルデータ通信量をこまめにチェックするのが大切だ。各キャリアの公式アプリを使えば、現在までの正確な通信量を確認できるほか、料金アップや速度低下までの残りデータ量、過去の履歴なども確認できる。

My docomo
作者／株式会社NTTドコモ
価格／無料

docomo版は「My docomo」アプリをインストールし、dアカウントでログイン。データ・料金画面で、当月／先月分の合計や、過去の利用データ通信量を確認できる。

My au
作者／KDDI CORPORATION
価格／無料

au版は「My au」アプリをインストールし、au IDでログイン。ホーム画面から、今月のデータ残量やデータの利用履歴などを確認することができる。

My SoftBank
作者／SoftBank Corp.
価格／無料

SoftBank版は「My SoftBank」アプリをインストールし、SoftBank IDでログイン。ホーム画面から、今月のデータ残量をグラフで確認できる。

マスト!

251 iOSの自動アップデートを設定する

アップデート

iPhoneの基本ソフト「iOS」は、アップデートによってさまざまな新機能が追加されるので、なるべく早めに更新しておきたい。設定で「自動アップデート」をオンにしておけば、電源／Wi-Fi接続中の夜間に、自動でダウンロードおよびインストールを済ませてくれて便利だ。ただ、最新アップデートの不具合を確認してから更新したい慎重派もいるだろう。その場合は、設定をオフにし、自分のタイミングで手動アップデートすればよい。

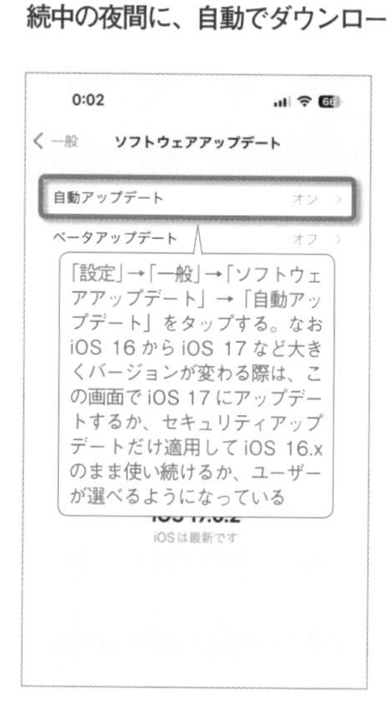

「設定」→「一般」→「ソフトウェアアップデート」→「自動アップデート」をタップする。なおiOS 16からiOS 17など大きくバージョンが変わる際は、この画面でiOS 17にアップデートするか、セキュリティアップデートだけ適用してiOS 16.xのまま使い続けるか、ユーザーが選べるようになっている

新しいiOSが配信された際は、自動ダウンロード欄の「iOSアップデート」をオンにしておけばWi-Fi接続中に自動ダウンロードする。また自動インストール欄の「iOSアップデート」をオンにしておけば、電源とWi-Fi接続中の夜間に、ダウンロードしたデータを自動でインストールする。自分のタイミングで手動アップデートしたい人はオフにしておこう

252 iPhoneの保証期限を確認する

保証

すべてのiPhoneには、購入後1年間のハードウェア保証と90日間の無償電話サポートが付いている。また、購入後30日以内に「AppleCare+ for iPhone」に加入すると、保証とサポートの期間を延長して（期間限定プランは2年間、月払いプランは解約するまで）、過失や事故による修理サービスを格安で受けられるようになる。自分のiPhoneの残り保証期間は、本体の「設定」→「一般」→「情報」→「保証範囲」→「このデバイス」をタップして確認しよう。

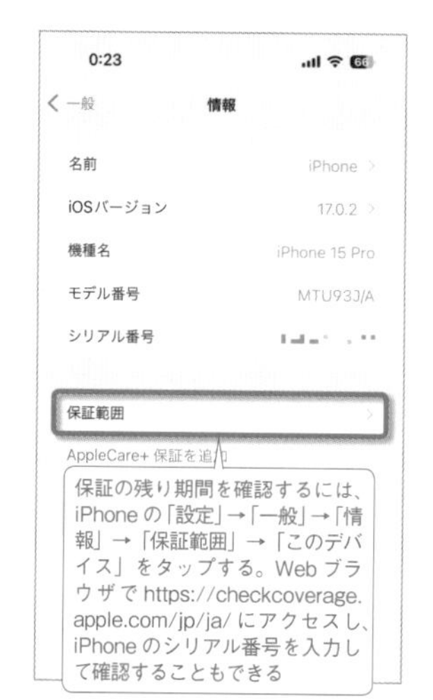

保証の残り期間を確認するには、iPhoneの「設定」→「一般」→「情報」→「保証範囲」→「このデバイス」をタップする。Webブラウザでhttps://checkcoverage.apple.com/jp/ja/にアクセスし、iPhoneのシリアル番号を入力して確認することもできる

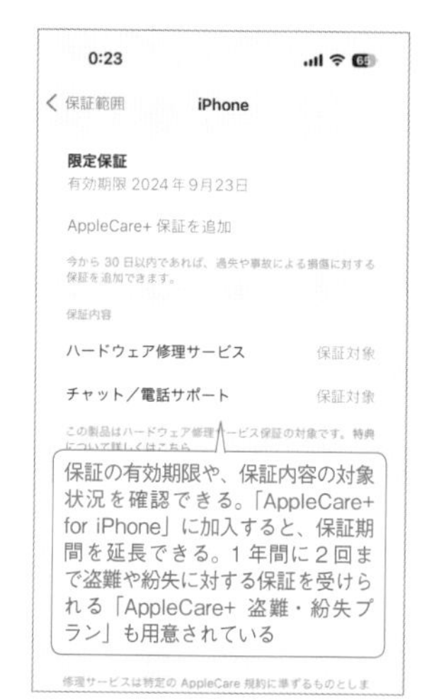

保証の有効期限や、保証内容の対象状況を確認できる。「AppleCare+ for iPhone」に加入すると、保証期間を延長できる。1年間に2回まで盗難や紛失に対する保証を受けられる「AppleCare+ 盗難・紛失プラン」も用意されている

マスト!

253 Appleサポートアプリで各種トラブルを解決

サポート

初心者必携の公式トラブル解決アプリを利用しよう

Apple公式のサポートアプリを使えば、iPhoneやApple製品に関する、さまざまなトラブルの解決方法を確認できる。また、電話によるサポートや、持ち込み修理を予約することも可能だ。端末の残り保証期間なども確認できるので、特に初心者ユーザーにはインストールをおすすめしたい。利用するにはApple IDでのサインインが必要となる。

App

Apple サポート
作者／Apple
価格／無料

1 サポートが必要な端末とトラブル内容を選択

サポートが必要な端末を選択し、カテゴリからトラブルの内容を選択。キーワードで検索することも可能だ

アプリを起動しApple IDのサインインを確認したら、マイデバイス一覧からサポートが必要な端末を選択。続けてトラブルの内容を選択していこう。

2 トラブルの解決方法を選択する

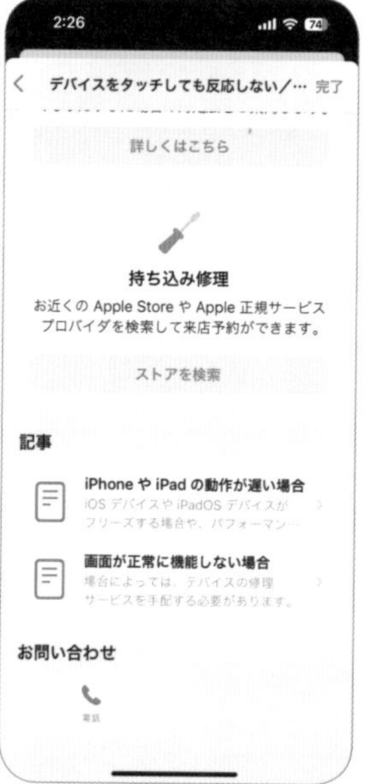

まずは記事を確認してトラブルの解決方法をチェックしよう。解決しなかった場合は、チャットや電話で問い合わせるか、持ち込み修理を予約したい場合は「ストアを検索」をタップ。

3 持ち込み修理を予約する

「ストアを検索」をタップして近くの店舗を選択すると、このように予約可能な時間帯が表示される。日時を指定して予約したら、その時間に店舗を訪れて修理を依頼しよう

SECTION 8

254 パスコード パスコードを忘れて誤入力した時の対処法

iPhoneを初期化してパスコードなしの状態で復元しよう

iPhoneのロック画面で、Face IDの認証を失敗すると、パスコード入力を求められる。このパスコードも忘れてしまうとiPhoneにはアクセスできない。また11回連続で間違えるとパソコンに接続して初期化を求められる。

このような状態でも、「iCloudバックアップ」(No229で解説)さえ有効なら、そこまで深刻な状況にはならない。「探す」アプリやiCloud.comでiPhoneのデータを消去(No227で解説)したのち、初期設定中にiCloudバックアップから復元すればいいだけだ。ただし、iCloudバックアップが自動作成されるのは、電源とWi-Fiに接続中の場合(設定が有効ならモバイル通信中も)のみ。最新のバックアップが作成されているか不明なら、電源とWi-Fiに接続した状態で一晩置いたほうが安心だ。一度同期したパソコンがあればもっと確実だ。iTunes(MacではFinder)に接続すれば、ロックを解除しなくても「今すぐバックアップ」で最新バックアップを作成できるので、そのバックアップから復元すればよい。ただし、「探す」機能がオンだと復元を実行できないので、「探す」アプリなどで一度iPhoneを消去する手順は必要となる。これらの手順で初期化できない場合でも、リカバリーモードで強制的にiPhoneを初期化し、iCloudバックアップから復元することが可能だ。ただしこの操作にはパソコンが必要となる点と、機種によってリカバリモードへの入り方が異なる点に注意しよう。

>>> パスコードを初期化する手順

1 パスコードを間違え続けるとロックされる

パスコードを6回連続で間違えると1分間使用不能になり、7回で5分間、8回で15分間と待機時間が増えていく。11回失敗すると完全にロックされ、パソコンに接続して初期化を求められる。

2 「探す」アプリなどでiPhoneを初期化

他にiPhoneやiPad、Macを持っているなら、「探す」アプリで完全にロックされたiPhoneを選択し、「このデバイスを消去」→「続ける」でiPhoneを初期化しよう。または、パソコンのWebブラウザでiCloud.comにアクセスし、「探す」画面から初期化することもできる。

3 iCloudバックアップから復元する

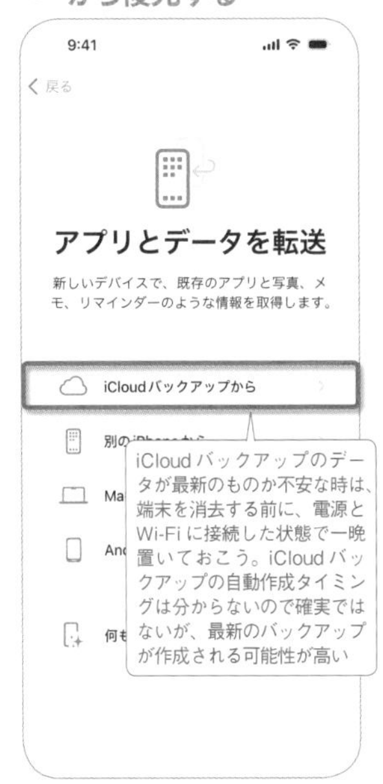

初期設定中の「アプリとデータを転送」画面で「iCloudバックアップから」をタップして復元しよう。前回iCloudバックアップが作成された時点に復元しつつ、パスコードもリセットできる。

4 同期済みのiTunesがある場合は

一度iPhoneと同期したパソコンがあるなら、iPhoneのロックがかかった状態でもiTunes(MacではFinder)と接続でき、「今すぐバックアップ」で最新のバックアップを作成することが可能だ。念の為、「このコンピュータ」と「ローカルバックアップを暗号化」にチェックして、各種IDやパスワードも含めた暗号化バックアップを作成しておこう。続けて手順2の通り、「探す」アプリやiCloud.comの「探す」画面で、iPhoneを初期化する。

5 パソコンのバックアップから復元する

iPhoneを消去したら、初期設定を進めていき、途中の「Appとデータ」画面で「MacまたはPCから復元」をタップ。iTunes(MacではFinder)に接続して「このバックアップから復元」にチェックし、先ほど作成しておいたバックアップを選択。あとは「続ける」で復元すれば、パスコードが削除された状態でiPhoneが復元される。

6 リカバリーモードで強制初期化する

パソコンと同期したことがなく、「探す」機能でもiPhoneを初期化できない場合は、「リカバリーモード」(No255で解説)で端末を強制的に初期化しよう。その後iCloudバックアップから復元すればよい。ただし、この操作はパソコンが必要になるほか、機種によって操作が異なるので注意しよう。

トラブル解決とメンテナンス

マスト!

255 初期化 トラブルが解決できない時のiPhone初期化方法

バックアップさえあれば初期化後にすぐ元に戻せる

No226で紹介しているトラブル対処をひと通り試しても動作の改善が見られないなら、「すべてのコンテンツと設定を消去」を実行して、端末を初期化してしまうのがもっとも簡単&確実なトラブル解決方法だ。

ただ初期化前には、バックアップを必ず取っておきたい。iCloudは無料だと容量が5GBしかないので、以前は空き容量が足りない際にバックアップ項目を減らす必要があった。しかし現在は、iCloudの空き容量が足りなくても、「新しいiPhoneの準備」を利用することで、一時的にすべてのアプリやデータ、設定を含めたiCloudバックアップを作成できる。写真ライブラリ(No230で解説)をバックアップすれば、端末内の写真の復元も可能だ。バックアップが保存されるのは最大3週間なので、その間に復元を済ませよう。iCloudでバックアップを作成できない状況なら、パソコンで暗号化バックアップする。パソコンのストレージ容量が許す限りiPhoneのデータをすべてバックアップでき、iCloudではバックアップしきれない一部のログイン情報なども保存される。

なお、iPhoneが初期化しても直らないような深刻なトラブルであれば、最終手段として「リカバリモード」を試そう。リカバリモードを実行すると、完全に工場出荷時の状態に初期化されたのち、パソコンからデータを復元することになる。それでもダメなら、他の端末でAppleサポートアプリ(No253で解説)を使うか、Webブラウザでhttps://support.apple.com/にアクセスして、アップルストアなどへの持ち込み修理を予約しよう。

>>> iPhoneを初期化してiCloudバックアップで復元

1 「新しいiPhoneの準備」を開始

まず「設定」→「一般」→「転送またはiPhoneをリセット」で、「新しいiPhoneの準備」の「開始」をタップし、一時的にiPhoneのすべてのデータを含めたiCloudバックアップを作成しておく。

2 iPhoneの消去を実行する

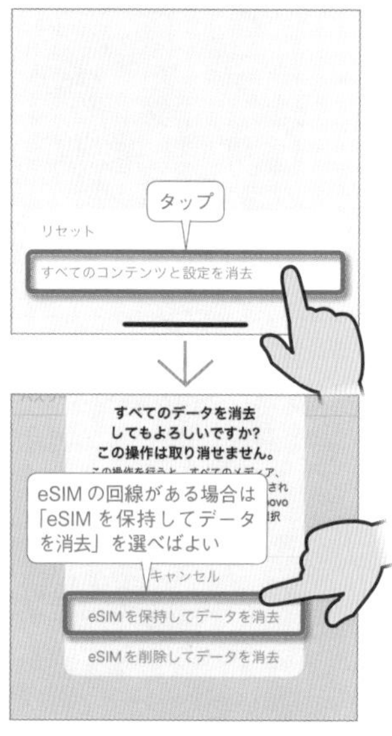

バックアップが作成されたら、「設定」→「一般」→「転送またはiPhoneをリセット」→「すべてのコンテンツと設定を消去」をタップ。「続ける」で開始されるiCloudバックアップの作成はスキップして、「iPhoneを消去」で消去を実行しよう。

3 iCloudバックアップから復元する

初期化した端末の初期設定を進め、「アプリとデータを転送」画面で「iCloudバックアップから」をタップ。最後に作成したiCloudバックアップデータを選択して復元しよう。

>>> パソコンを使った復元とリカバリモード

1 パソコンでバックアップを作成する

iPhoneでiCloudバックアップを作成できないなら、パソコンのiTunes(MacではFinder)でバックアップを作成してみよう。iPhoneをパソコンと接続して、「このコンピュータ」と「ローカルバックアップを暗号化」にチェックし、パスワードを設定。すると、自動的に暗号化バックアップの作成が開始される。この暗号化バックアップから復元すれば、ログイン情報なども引き継げるほか、手動で保存していないLINEのトーク履歴なども復元できる。

2 MacまたはPCから復元する

iPhoneを消去したら初期設定を進めていき、途中の「アプリとデータを転送」画面で「MacまたはPCから」をタップ。パソコンに接続し作成したバックアップから復元する。

3 最終手段はリカバリモードで初期化

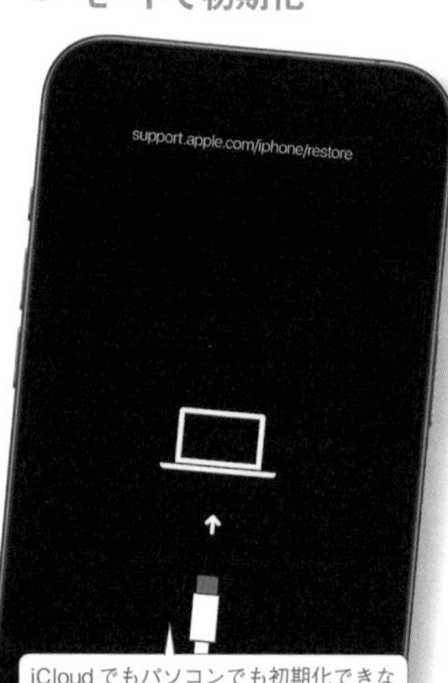

iCloudでもパソコンでも初期化できない時は、リカバリモードを使おう。iTunesが起動中ならいったん閉じる。続けてiPhoneをケーブルでパソコンと接続してiTunes(MacではFinder)を起動。パソコンと接続した状態のまま、音量を上げるボタンを押してすぐ離す、音量を下げるボタンを押してすぐ離す、最後にリカバリモードの画面が表示されるまでスリープ(電源)ボタンを押し続ける。iTunes(MacではFinder)でリカバリモードのiPhoneが検出されたら、まず「アップデート」をクリックして、iOSの再インストールを試そう。それでもダメなら「復元」をクリックし、工場出荷時の設定に復元する

掲載アプリINDEX

気になるアプリ名から記事掲載ページを検索しよう。
なお、iPhoneにはじめからインストールされている標準アプリについては
INDEXに含まれていないのでご注意いただきたい。

iPhone 15 Pro/15 Pro Max/15/15 Plus 便利すぎる! テクニック

S T A F F

Editor 清水義博(standards)

Writer 西川希典

Designer 高橋コウイチ(wf)

DTP 越智健夫

2023年10月20日発行

編集人 清水義博

発行人 佐藤孔建

発行・発売所 スタンダーズ株式会社
〒160-0008
東京都新宿区四谷三栄町
12-4 竹田ビル3F
TEL 03-6380-6132

印刷所 株式会社シナノ

本書の記事内容に関するお電話でのご質問は一切受け付けておりません。編集部へのご質問は、書名および何ページのどの記事に関する内容かを詳しくお書き添えの上、下記アドレスまでEメールでお問い合わせください。内容によってはお答えできないものやお返事に時間がかかってしまう場合もあります。

info@standards.co.jp

ご注文FAX番号 03-6380-6136

https://www.standards.co.jp/